Systematik- und beispielorientierte Gestaltungsvarianten eines
handlungsorientierten technischen beruflichen Unterrichts

BEITRÄGE ZUR ARBEITS-, BERUFS- UND WIRTSCHAFTSPÄDAGOGIK

GEGRÜNDET VON PROF. DR. rer. oec. GERHARD P. BUNK

HERAUSGEGEBEN VON PROF. DR. phil. ANDREAS SCHELTEN

Band 23

Frankfurt am Main · Berlin · Bern · Bruxelles · New York · Oxford · Wien

ROBERT GEIGER

SYSTEMATIK- UND BEISPIELORIENTIERTE GESTALTUNGS- VARIANTEN EINES HANDLUNGSORIENTIERTEN TECHNISCHEN BERUFLICHEN UNTERRICHTS

EINE GEGENÜBERSTELLUNG VON SYSTEMATIK- UND
BEISPIELORIENTIERTEN GESTALTUNGSVARIANTEN
EINES AUTOMATISIERUNGSTECHNIKUNTERRICHTS
BEI MECHATRONIKERN

PETER LANG
Europäischer Verlag der Wissenschaften

Bibliografische Information Der Deutschen Bibliothek
Die Deutsche Bibliothek verzeichnet diese Publikation in der
Deutschen Nationalbibliografie; detaillierte bibliografische
Daten sind im Internet über <http://dnb.ddb.de> abrufbar.

Zugl.: München, Techn. Univ., Diss., 2005

D 91
ISSN 0721-2917
ISBN 3-631-54000-0
© Peter Lang GmbH
Europäischer Verlag der Wissenschaften
Frankfurt am Main 2005
Alle Rechte vorbehalten.

Das Werk einschließlich aller seiner Teile ist urheberrechtlich geschützt. Jede Verwertung außerhalb der engen Grenzen des Urheberrechtsgesetzes ist ohne Zustimmung des Verlages unzulässig und strafbar. Das gilt insbesondere für Vervielfältigungen, Übersetzungen, Mikroverfilmungen und die Einspeicherung und Verarbeitung in elektronischen Systemen.

www.peterlang.de

Vorwort

Beim Verfassen der vorliegenden Arbeit habe ich von verschiedenen Personen und Institutionen Unterstützung erfahren. Diese Unterstützung möchte ich nachfolgend würdigen. Mein besonderer Dank gilt an erster Stelle meinem Doktorvater, Herrn Prof. Dr. phil. habil. Andreas Schelten für seine Unterstützung und seine wertvollen Anregungen.

Darüber hinaus bekam ich von meinen Kollegen am Lehrstuhl in ungezählten Gesprächen wertvolle Hinweise und konstruktive Rückfragen. Mein Dank hierfür richtet sich an Frau Susanne Schollweck und die Herren Hans-Peter Dang, Peter Hoffmann, Markus Müller, PD Dr. Ralf Tenberg und Dr. Michael Vögele. Würdigen möchte ich auch die stets freundliche und professionelle Unterstützung durch die Sekretärinnen des Lehrstuhls, Frau Barbara Bopp, Frau Jutta Köhler und Frau Rosi Schmücker. Besonders bedanke ich mich bei Herrn Dr. Alfred Riedl, der von allen Kollegen am meisten in die Entstehung der vorliegenden Arbeit eingebunden war.

Erfolgreiche Wissenschaft benötigt die Unterstützung von Institutionen. Die vorliegende Arbeit fand Unterstützung durch die Deutsche Forschungsgemeinschaft, für die ich mich herzlich bedanke. Besonders würdigen möchte ich an dieser Stelle auch den Beitrag der Regierung von Oberbayern und des Bayerischen Kultusministeriums. Deren großzügige Abordnung an den Lehrstuhl für Pädagogik ermöglichte die zeitnahe Fertigstellung der Forschungsarbeit.

Weiter gebührt mein Dank der Städtischen Berufsschule für Fertigungstechnik in München und hier vor allem Herrn StD Martin Müller für die unkomplizierte Zusammenarbeit und seinen persönlichen Einsatz bei der Vorbereitung und Durchführung der Datenerhebung. Bei der Überprüfung der in der Untersuchung eingesetzten Unterrichtsmaterialen war mir StR Matthias Weickl von der Städtischen Berufsschule für Fertigungstechnik in München eine große Hilfe, für die ich mich sehr herzlich bedanken möchte. Seine positive und manchmal unkonventionelle Art, Probleme anzugehen, machten das Arbeiten mit ihm zu einem Erlebnis.

Die Durchführung der Untersuchung wäre sehr erschwert worden, hätte mir nicht mein geschätzter Kollege an der Staatlichen Berufsschule Pfaffenhofen, Herr StD Norbert Lang-Reck, in vielen Belangen unbürokratisch und großzügig ausgeholfen, wofür ich ihm sehr dankbar bin. Further help came from my dear colleagues at BOS Scheyern who relieved me of a great deal of work during my final weeks, thanks a lot for that. Danken möchte ich auch der Schulleitung der Staatlichen Berufsschule Pfaffenhofen, namentlich Herrn OStD a.D. Willihard Kolbinger und Herrn OStD Max Förstl für ihre Unterstützung und wohlwollende Begleitung der vorliegenden Arbeit.

Die Aufbereitung und Auswertung der umfangreichen Daten einer empirischen Untersuchung kann nicht ohne die tatkräftige Unterstützung zahlreicher Studenten erfolgen. Für ihre Mithilfe bedanke ich mich bei Frau Gabi Seidl und den Herren Holger Grunwald, Markus Hofbauer, Sebastian Kroll, Christian Stöhr, Oliver Thiemann und Thomas Willimek.

Abschließend möchte ich das Verständnis und die Geduld hervorheben, die mir meine Familie, mein Freundeskreis und vor allem meine Frau Sabine über die letzten Jahre entgegenbrachten und mich sehr herzlich für die große Unterstützung bedanken. Ohne sie wäre das Gelingen der vorliegenden Forschungsarbeit nicht möglich gewesen.

München, im Oktober 2004   Robert Geiger

Inhaltsübersicht

1 Einleitung
2 Aktueller Forschungsstand und Forschungsfragen
   2.1 Bezugsfeld
   2.2 Aktuelle empirische Forschungslage zu handlungsorientiertem Unterricht in der Berufsbildung
   2.3 Forschungsinteresse und Forschungsfragen
3 Theoretische Grundlagen
   3.1 Zum Unterrichtskonzept
   3.2 Lernen mit Selbstlernmaterialien
   3.3 Lehrerverhalten in handlungsorientiertem Unterricht
4 Organisation und Konzeption des untersuchten Unterrichts
   4.1 Organisation des untersuchten Unterrichts
   4.2 Konzeption des untersuchten Unterrichts
5 Forschungsmethodischer Ansatz
   5.1 Methodologische Grundüberlegungen
   5.2 Eingesetzte Methoden der Untersuchung
   5.3 Aufbereitung und Auswertung der Daten
   5.4 Gütekriterien der Untersuchung
6 Durchführung der Untersuchung
   6.1 Voruntersuchung
   6.2 Datenerhebung
   6.3 Aufbereitung und Auswertung der Daten
   6.4 Reflexion der eingesetzten Methoden
7 Darstellung der Untersuchungsergebnisse
   7.1 Überprüfung des themenspezifischen Vorwissens
   7.2 Ergebnisse des Abschlusstests
   7.3 Ergebnisse der teilnehmenden Beobachtung
   7.4 Ergebnisse der Fragebögen
   7.5 Ergebnisse der Auswertung der Arbeitsdokumentationen
8 Beurteilung der Untersuchungsergebnisse
   8.1 Beurteilung des eingesetzten Lehr-Lern-Arrangements
   8.2 Beurteilung der Ergebnisse der teilnehmenden Beobachtung
   8.3 Beurteilung der Testergebnisse und des Lernverlaufs
   8.4 Beurteilung der Ergebnisse der Fragebögen
   8.5 Zusammenfassende Beurteilung im Vergleich mit Ergebnissen anderer Untersuchungen
9 Folgerungen und Ansätze künftiger Untersuchungen
   9.1 Folgerungen für die Unterrichtsgestaltung
   9.2 Forschungsdesiderata
10 Zusammenfassung

Inhaltsverzeichnis

1	Einleitung	11
2	Aktueller Forschungsstand und Forschungsfragen	13
	2.1 Bezugsfeld	13
	2.2 Aktuelle empirische Forschungslage zu handlungsorientiertem Unterricht in der Berufsbildung	14
	2.2.1 Untersuchungen in gewerblich-technischen Berufsfeldern	15
	2.2.2 Untersuchungen im Berufsfeld „Wirtschaft und Verwaltung"	20
	2.2.3 Zusammenfassung	22
	2.3 Forschungsinteresse und Forschungsfragen	23
3	Theoretische Grundlagen	27
	3.1 Zum Unterrichtskonzept	27
	3.1.1 Gemäßigter Konstruktivismus	28
	3.1.2 Instruktion und Konstruktion als komplementäre Ansätze	30
	3.2 Lernen mit Selbstlernmaterialien	31
	3.2.1 Systematikorientiertes Informationsmaterial	33
	3.2.2 Beispielorientiertes Informationsmaterial	34
	3.3 Lehrerverhalten in handlungsorientiertem Unterricht	36
	3.3.1 Systematikorientiertes Lehrerverhalten	37
	3.3.2 Beispielorientiertes Lehrerverhalten	37
4	Organisation und Konzeption des untersuchten Unterrichts	39
	4.1 Organisation des untersuchten Unterrichts	39
	4.2 Konzeption des untersuchten Unterrichts	40
	4.2.1 Unterrichtsinhalte	40
	4.2.2 Organisatorische Rahmenbedingungen	43
	4.2.3 Unterrichtsverlauf	44
	4.2.3.1 Unterstützung des Lernprozesses durch die Lehrkraft	46
	4.2.3.2 Unterrichtsmaterialien	47
5	Forschungsmethodischer Ansatz	51
	5.1 Methodologische Grundüberlegungen	51
	5.2 Eingesetzte Methoden der Untersuchung	52
	5.2.1 Eingangs- und Abschlusstest	53
	5.2.2 Teilnehmende Beobachtung	54
	5.2.3 Eingesetzte Fragebögen	55
	5.2.3.1 Fragen an die Schüler	55
	5.2.3.2 Fragen an den durchführenden Lehrer	55
	5.2.4 Ergänzende Datengewinnung	55
	5.3 Aufbereitung und Auswertung der Daten	56

Inhaltsverzeichnis

- 5.4 Gütekriterien der Untersuchung ... 56
  - 5.4.1 Zur internen und externen Validität der Untersuchung ... 56
  - 5.4.2 Aspekte quantitativer und qualitativer Gütekriterien ... 57
- 6 Durchführung der Untersuchung ... 59
  - 6.1 Voruntersuchung ... 59
    - 6.1.1 Eingesetzte Instrumente und Materialien ... 59
    - 6.1.2 Lehrerverhalten ... 60
  - 6.2 Datenerhebung ... 60
    - 6.2.1 Rahmendaten der untersuchten Klassen ... 61
    - 6.2.2 Eingangstest ... 62
      - 6.2.2.1 Durchführung des Eingangstests ... 62
      - 6.2.2.2 Fragen zu bisherigen Lerninhalten ... 63
      - 6.2.2.3 Fragen zu Lerninhalten der Untersuchung ... 64
    - 6.2.3 Abschlusstest ... 65
      - 6.2.3.1 Durchführung des Abschlusstests ... 65
      - 6.2.3.2 Beschreibung der Aufgaben des schriftlichen Teils ... 66
      - 6.2.3.3 Beschreibung der Programmieraufgabe ... 68
    - 6.2.4 Teilnehmende Beobachtung ... 69
    - 6.2.5 Fragebögen für die Versuchsteilnehmer ... 69
      - 6.2.5.1 Fragebögen 1 und 2 ... 69
      - 6.2.5.2 Fragebogen 3 ... 70
    - 6.2.6 Fragebögen für den durchführenden Lehrer ... 70
    - 6.2.7 Schülerunterlagen, Arbeitsdokumentationen ... 70
  - 6.3 Aufbereitung und Auswertung der Daten ... 70
    - 6.3.1 Eingangstest ... 70
    - 6.3.2 Abschlusstest ... 71
      - 6.3.2.1 Schriftlicher Teil des Abschlusstests ... 71
      - 6.3.2.2 Programmieraufgabe des Abschlusstests ... 74
    - 6.3.3 Teilnehmende Beobachtung ... 82
    - 6.3.4 Eingesetzte Fragebögen ... 83
    - 6.3.5 Schülerunterlagen, Arbeitsdokumentationen ... 85
  - 6.4 Reflexion der eingesetzten Methoden ... 85
    - 6.4.1 Eingangstest ... 85
    - 6.4.2 Abschlusstest ... 86
    - 6.4.3 Teilnehmende Beobachtung ... 87
    - 6.4.4 Eingesetzte Fragebögen ... 87
    - 6.4.5 Schülerunterlagen, Arbeitsdokumentationen ... 87
- 7 Darstellung der Untersuchungsergebnisse ... 89
  - 7.1 Überprüfung des themenspezifischen Vorwissens ... 89
    - 7.1.1 Fragen zu den Lerninhalten der Untersuchung ... 90
    - 7.1.2 Fragen zu den bisherigen Lerninhalten ... 91
  - 7.2 Ergebnisse des Abschlusstests ... 92
    - 7.2.1 Schriftlicher Teil des Abschlusstests ... 92
    - 7.2.2 Programmieraufgabe des Abschlusstests ... 93

7.3 Ergebnisse der teilnehmenden Beobachtung 95
7.4 Ergebnisse der Fragebögen 96
    7.4.1 Gebundene Fragen der Schülerfragebögen 96
        7.4.1.1 Fragen zum Leittext 96
        7.4.1.2 Fragen zur Unterstützung des Lehrers 101
        7.4.1.3 Vorerfahrungen zum Lerninhalt des untersuchten Unterrichts...... 103
        7.4.1.4 Frage nach dem eigenen Anteil am Gruppenergebnis 103
    7.4.2 Offene Fragen der Schülerfragebögen 104
        7.4.2.1 Fragebogen 1 104
        7.4.2.2 Fragebogen 2 107
        7.4.2.3 Fragebogen 3 110
    7.4.3 Fragen an den Lehrer 115
7.5 Ergebnisse der Auswertung der Arbeitsdokumentationen 117

8 Beurteilung der Untersuchungsergebnisse 119
  8.1 Beurteilung des eingesetzten Lehr-Lern-Arrangements 119
  8.2 Beurteilung der Ergebnisse der teilnehmenden Beobachtung 121
  8.3 Beurteilung der Testergebnisse und des Lernverlaufs 121
    8.3.1 Eingangstest 121
    8.3.2 Lernverlauf und Abschlusstest 122
  8.4 Beurteilung der Ergebnisse der Fragebögen 123
    8.4.1 Gebundene Fragen an die Schüler 123
    8.4.2 Ungebundene Fragen an die Schüler 124
    8.4.3 Fragen an den durchführenden Lehrer 125
  8.5 Zusammenfassende Beurteilung im Vergleich mit Ergebnissen anderer Untersuchungen 126

9 Folgerungen und Forschungsdesiderata 129
  9.1 Folgerungen für die Unterrichtsgestaltung 129
  9.2 Forschungsdesiderata 131

10 Zusammenfassung 133

Literatur 135

Anhang 141

1 Einleitung

Mit der Einführung lernfeldorientierter Rahmenlehrpläne durch die KMK erfolgte in den letzten Jahren ein richtungsweisender Schritt. Zur Umsetzung der neuen Rahmenlehrpläne werden didaktische Grundsätze als geeignet betrachtet, die sich an einer Pädagogik ausrichten, für die eine Handlungsorientierung leitend ist und welche die Lernenden zur selbstständigen Planung, Durchführung und Beurteilung von Arbeitsaufgaben im Rahmen der Berufstätigkeit befähigen soll.

Diese Umorientierung erfordert neue Lehr-Lern-Umgebungen. Anders als im bisherigen Berufsschulunterricht sind neue Lehr-Lern-Umgebungen auf fächerübergreifendes und ganzheitliches Lernen ausgerichtet. Die Fächertrennung (Fachtheorie, Fachrechnen, Fachzeichnen, usw.) wird durch auf Ganzheitlichkeit ausgerichtete Lernfelder ersetzt. An Arbeitsprozessen angelehnte Lernsituationen und einzelne Lernsequenzen orientieren sich am Prinzip der vollständigen Handlung. In den neuen Lehr-Lern-Umgebungen wird somit die Wandlung vom fachsystematischen zum handlungssystematischen Unterricht sichtbar.

Lernfeldorientierter Unterricht an einer Berufsschule konstituiert sich durch situationsbezogenes Lernen in realitätsnahen, berufstypischen Aufgabenbereichen. Komplementär hierzu ist ein solcher Unterricht durch geführtes, systematisches Lernen in definierten Wissensdomänen gekennzeichnet. Moderner beruflicher Unterricht umfasst selbstgesteuertes Lernen ebenso wie einen lehrergeführten Dialog. Situiertes Lernen ist hier verknüpft mit systematikorientiertem Lernen.

Für den Erwerb professioneller Handlungskompetenz ist jedoch bisher ungeklärt, wie Fachsystematik und Handlungssystematik als unterschiedliche Orientierungen bei der Unterrichtsgestaltung bzw. wie schülerselbstgesteuerte Wissenskonstruktion und lehrergeführte Instruktion lernförderlich zusammenwirken können. Dies soll durch die Gegenüberstellung unterschiedlicher Gestaltungsvarianten eines konstruktivistischen Unterrichts zur Steuerungstechnik in dem vorliegend beschriebenen, von der Deutschen Forschungsgemeinschaft geförderten Forschungsvorhaben empirisch untersucht werden.

Verschiedene Gestaltungsformen dieses konstruktivistischen Unterrichts variieren zu ihrer Untersuchung zum einen das zur Verfügung stehende Selbstlernmaterial. Dieses ist in einer Variante systematikorientiert, in einer anderen situiert-beispielbezogen gestaltet. Beide Formen begleitet zum anderen jeweils ein Instruktionsverhalten der Lehrkraft, das ebenfalls einmal systematikorientiert und in der zweiten Variante situiert-beispielbezogen ausgeprägt ist.

Der vierfach variierte Unterricht findet nacheinander mit Mechatroniker-Auszubildenden der Städtischen Berufsschule für Fertigungstechnik in München statt. Die Lernenden sind mit der Lernumgebung und der Unterrichtsmethode vertraut. Der durchführende Lehrer unterrichtet an der Schule und ist den Lernenden bekannt. Durch die Wahl dieser Rahmenbedingungen werden etwaige Beeinträchtigungsmöglichkeiten eingegrenzt und eine hohe ökologische Validität zu gesichert.

Ergebnisse dieser Forschungsarbeit sollen ergründen helfen, welche Wechselwirkungen dieser Gestaltungsmerkmale in einer konstruktivistischen Lernumgebung besonders lernförderlich für den Wissenserwerb sind, der zu professioneller beruflicher Handlungsfähigkeit führt.

2 Aktueller Forschungsstand und Forschungsfragen

Das nachfolgende Kapitel gibt einen Überblick über die aktuelle empirische Forschungslage zu handlungsorientiertem Lernen in der beruflichen Bildung. Nach einer Darstellung des Bezugsfeldes der vorliegenden Forschungsarbeit und einer allgemeinen Betrachtung werden relevante empirische Forschungsarbeiten aus dem gewerblich-technischen Bereich sowie aus dem Berufsfeld „Wirtschaft und Verwaltung" vorgestellt. Dieser Bestandsaufnahme folgt eine Darstellung des Forschungsinteresses und der Forschungsfragen.

2.1 Bezugsfeld

Die von der Kultusministerkonferenz in den Handreichungen zur Erarbeitung von Rahmenlehrplänen geforderte Handlungsorientierung des Unterrichts (KMK 2000, S. 10) ist eine Umsetzungsform der moderaten konstruktivistischen Auffassung über die Gestaltung von Lehr-Lern-Arrangements. Diese Auffassung kann zurzeit als leitende Idee für modernen beruflichen Unterricht bezeichnet werden. Der Begriff „konstruktivistisch" ist hierbei im Sinne eines Unterrichtsgestaltungskonzeptes und nicht paradigmatisch zu interpretieren (vgl. Kapitel 3.1). „Wissenserwerb wird hier vor allem im Zusammenhang mit dem situierten Lernen und den mit diesem verbundenen instruktionalen Ansätzen diskutiert" (Gerstenmaier, Mandl 2000, S. 5). Aus gemäßigter konstruktivistischer Sicht ist es „weder möglich noch sinnvoll, allein auf aktive Konstruktionsleistungen der Lernenden zu vertrauen; man kann Lernenden aber auch nicht ständig fertige Wissenssysteme nach feststehenden Regeln vermitteln. [...] Im Sinne einer pragmatischen Perspektive lässt sich als Ziel eine Balance zwischen expliziter Instruktion durch Lehrende und konstruktiver Aktivität der Lernenden" formulieren (Reinmann-Rothmeier, Mandl 1997, S. 376f.).

Die Suche nach der richtigen Balance zwischen Instruktion und Konstruktion beschreibt prägnant eines der aktuellen Probleme der Berufspädagogik sowie der vorliegenden Arbeit. Entsprechend findet sich in Kapitel 3.1 eine ausführlichere Erörterung der relevanten Hintergründe und Zusammenhänge. Weitere Bezüge zur vorliegenden Arbeit ergeben sich aus der gegenwärtigen Diskussion der Fragen nach dem Verwendungsbezug schulischen Wissens, der Gefahren einer Vernachlässigung von inhaltlichem Wissen und der Aufgaben der Berufsschule gegenüber betrieblichen Lernorten. Diese Bezüge werden im Folgenden näher erläutert.

Handlungssicheres Definieren und Lösen von komplexen beruflichen Problemen erfordert ein Professionswissen (siehe Pätzold 2000, S. 80). Dieses setzt sich als Strukturwissen aus deklarativen, prozeduralen und konditionalen Wissensbestandteilen zusammen. „Professionswissen wird einerseits erworben durch eine wissenstheoretische Ausbildung und andererseits durch das Erlernen der berufsüblichen Routinen, Deutungsmuster, Handlungsschemata durch die Arbeit im Beruf" (ebd.). Aktuell wird von der beruflichen Bildung vermehrt gefordert, Kompetenzentwicklung solle sich inhaltlich stärker an einem bestimmten Verwendungsbedarf orientieren. Beurteilungskriterium für die Wissens- oder Kompetenzqualität ist hierbei, inwieweit ein konkreter Verwendungsbedarf tatsächlich gedeckt wird (siehe Heid 2000, S. 33). Eine Überbetonung dieser Verwendungsorientierung birgt jedoch die Gefahr, „dass die wohl nur in der fachlichen Systematik begründete *Diskursivität* des Wissens von einer rezeptnahen *Kasuistik* verdrängt [...] und damit zugleich die Transferqualität generierten Wissens [...] sowie die ‚Marktposition' bzw. die Autonomie, Flexibilität und Mobilität des (Un-)Wissenden bzw. des (In-)Kompetenten beeinträchtigt wird" (ebd. S. 35, Hervorhebungen im Original).

Hierbei ist Weinert zuzustimmen, der auf Gefahren und Konsequenzen aus einer Vernachlässigung von inhaltlichem Wissen hinweist (1998, S. 113ff.) und sowohl situiertes als auch systematisches Lernen als wesentliche Bedingungen für intelligentes, flexibel nutzbares Wissen kennzeichnet (ebd. S. 111).

Für den berufsbezogenen Unterricht in der Berufsschule bilden Lernfelder die Grundlage für die Gestaltung von Rahmenlehrplänen. Für ihre didaktische Umsetzung soll fächerübergreifend das Konzept der Handlungsorientierung favorisiert werden (KMK 2000, S. 10). Wie bereits beschrieben, stellt handlungsorientierter Unterricht eine Umsetzungsform der gemäßigten konstruktivistischen Auffassung von Lernen dar, die als leitende Idee für modernen beruflichen Unterricht zu sehen ist. Nach Dubs (1995b, S. 894f.) wird bei den gemäßigten Konstruktivisten „das selbstgesteuerte Lernen durch den von der Lehrkraft unterstützten Dialog in der Gesamtklasse ergänzt, und den Lernenden stehen häufig fertige Informationen oder Demonstrationen der Lehrkraft als Modell – beides im Sinn von objektivem Wissen – zur Verfügung, die im weiteren Dialog oder in selbstgesteuertem Lernen verarbeitet werden". Konstitutiv für Schule – also auch für Berufsschule – ist nach Baumert (1997, S. 2, zit. nach Terhart 2000, S. 199), die „Balance zwischen eingeführtem, systematischem Lernen in definierten Wissensdomänen und situationsbezogenem Lernen im praktischen Umgang mit lebensweltlichen Problemen zu finden". Für die Anbahnung beruflicher Handlungskompetenz liegt nach Schelten (1997, S. 608ff.) die Aufgabe der Berufsschule gegenüber betrieblichen Lernorten darin, in erster Linie Begründungswissen als deklarativen Wissensanteil im Verbund mit anderen Wissensarten zu vermitteln. Um guten Berufsschulunterricht zu praktizieren, ist eine Verknüpfung von Handlungs- und Fachsystematik Erfolg versprechend (Pätzold 2000, S. 83). Denn damit bleibt die eigentliche Stärke schulischen Lernens leitend, es nämlich „systematisch, kumulativ, langfristig und explizit, d.h. reflexiv auf sich selbst bezogen anzulegen" (Baumert 1997, S. 2, zit. nach Terhart 2000, S. 199).

2.2 Aktuelle empirische Forschungslage zu handlungsorientiertem Unterricht in der Berufsbildung

Auch wenn man eine allmähliche Zunahme empirischer Forschungsvorhaben in den letzten Jahren berücksichtigt, ist das zentrale Forschungsdefizit für die Berufs- und Wirtschaftspädagogik die derzeitige schmale empirische Basis für konstruktivistische Lernumgebungen (vgl. Reinmann-Rothmeier, Mandl 1997, S. 370). Festzustellen ist, dass „einerseits zahlreiche neue Lehr-Lern-Arrangements entwickelt und in die Ausbildung implementiert werden, andererseits aber vergleichsweise wenig empirisch gesicherte Befunde zur optimalen Konstruktion und vor allem zum optimalen Umgang mit komplexen Lehr-Lern-Arrangements in der kaufmännischen" (Klauser 1998, S. 250f.) und technischen Ausbildung vorliegen. Der Einsatz komplexer Lehr-Lern-Verfahren führt nicht automatisch zu einem effektiveren Lernen. Dabei zeigt sich die besonders problematische Tendenz, „dass all zuviel Gewicht auf die Entwicklung komplexer Lernumgebungen gelegt wird und die instruktionale Einbettung und Gestaltung zu kurz kommt" (Brettschneider, Gruber, Kaiser, Mandl, Stark 2000, S. 400). Ebenso müsste das „bisher ungeklärte Verhältnis fach- und handlungssystematischer Vorgehensweise als organisatorische Strukturierung des Unterrichts [...] in jedem Fall vorab geklärt werden" (Schäfer, Bader 2000, S. 148).

Die Denkschrift der Deutschen Forschungsgemeinschaft (DFG) zur Berufsbildungsforschung an den Hochschulen der Bundesrepublik Deutschland (1990) fordert eine Lernprozessforschung als Grundlagenforschung, die Lernprozesse mikrostrukturell zu identifizieren sucht

2 Aktueller Forschungsstand und Forschungsfragen

und ihre Gestaltung empirisch fundiert (Denkschrift, S. 62). Für kaufmännisch-verwaltende Berufe hat das DFG-Schwerpunktprogramm „Lehr-Lern-Prozesse in der kaufmännischen Erstausbildung" (Förder-Nr. 191, Förderung 1993 - 1999) einen solchen Weg bereits beschritten und spezifische Besonderheiten dieses Berufsfeldes im Rahmen des so genannten „Dualen Systems der beruflichen Ausbildung" untersucht (siehe Beck, Heid 1996, Beck, Dubs 1998 und Beck 2000). Hier zeigt sich, dass die Berücksichtigung der bereichsspezifischen Besonderheiten des kaufmännisch-verwaltenden Bereichs zu neuen und überraschenden Einsichten führt. Für den Bereich der technischen Berufsbildung stehen vergleichbare Ansätze bisher aus (Nickolaus 2000, S. 204). Qualifizierungsmaßnahmen in der Berufsausbildung sind in hohem Maße kontextbezogen, während erworbenes Wissen größtenteils als domänenspezifisch anzusehen ist. Eine eigenständige mikrostrukturelle Lernprozessforschung für technische Berufe muss zwingend neben die in der kaufmännischen beruflichen Erstausbildung treten. Auch hier gilt, „dass die Gegenstandskomponente [...] für den Verlauf des erfolgreichen Wissenserwerbs von entscheidender Bedeutung ist" (siehe Beck 1998, S. 7).

Ein weiteres Defizit stellen die aus unterschiedlichen empirischen Arbeiten hervorgehenden, teilweise widersprüchlichen Erkenntnisse zur Kompetenzentwicklung. Stellvertretend hierfür stehen kontroverse Ergebnisse der Forschergruppen um Sembill und Nickolaus zu differentiellen Effekten methodischer Grundentscheidungen in der kaufmännischen und technischen Berufsausbildung. Eine abgesicherte Einschätzung bedarf hier einer breiteren domänenspezifischen Befundlage. Achtenhagen und Grubb hingegen heben den konstruktivistischen Ansatz eindeutig hervor und stellen einen weiteren Forschungsbedarf fest. Sie verweisen dabei auf Folgendes: „The competencies required by changes in work often require instruction that integrates both academic and vocational competencies, work-based learning, and more constructivistic and systems-oriented teaching in the place of the didactic, sequential, skills-centered methods that have dominated in the past" (2001, S. 631). Nach Gruber, Mandl, Renkl (1999, S. 20) muss insbesondere der Frage nachgegangen werden, „unter welchen Bedingungen welche Form der instruktionalen Unterstützung notwendig ist, um erfolgreiches konstruktives Lernen in komplexen Lernumgebungen ermöglichen zu können". Vor diesem Hintergrund muss das „bisher ungeklärte Verhältnis fach- und handlungssystematischer Vorgehensweise als organisatorische Strukturierung des Unterrichts [...] in jedem Fall vorab geklärt werden" (Schäfer, Bader 2000, S. 148).

2.2.1 Untersuchungen in gewerblich-technischen Berufsfeldern

Der Bereich der technischen beruflichen Bildung kann im Vergleich zum Berufsfeld „Wirtschaft und Verwaltung" nur mit spärlichen Befunden aufwarten (vgl. Nickolaus 2001, S. 241). Deutliche Fortschritte brachte Mitte der neunziger Jahre der bayerische Modellversuch „Fächerübergreifender Unterricht in der Berufsschule" (FügrU, vgl. Heimerer, Schelten, Schiessl, 1996), in dessen Verlauf drei Dissertationen entstanden (Riedl 1998, Tenberg 1997, Glöggler 1997). Da die hier vorgestellte Untersuchung an die Forschungsarbeiten zum Modellversuch „Fächerübergreifender Unterricht in der Berufsschule" (FügrU) anknüpft, sollen diese im Folgenden kurz vorgestellt werden.

Modellversuch „Fächerübergreifender Unterricht in der Berufsschule (FügrU)"

Der Lehrstuhl für Pädagogik der Technischen Universität (TU) München führte während des Modellversuchs „Fächerübergreifender Unterricht in der Berufsschule" (FügrU) in Bayern (Laufzeit 1991 bis 1995) im Rahmen der wissenschaftlichen Begleitung mehrere empirische Untersuchungen zu handlungsorientiertem Lernen durch.

Riedl (1998) untersucht einen handlungsorientierten Elektropneumatikunterricht aus dem Berufsfeld Metall und unterzieht Schülergruppen nach diesem Unterricht einer berufsnahen Handlungsaufgabe. Bei der Unterrichtsanalyse zeigt sich, „dass die Bearbeitung von Leittexten, wie sie hier eingesetzt werden, in einem handlungsorientierten Unterricht vorwiegend final ausgerichtet ist" (S. 259). Schüler bearbeiten insbesondere praktische Anteile der durchaus theoriehaltigen Aufgaben. Sie verfolgen in einem weitgehend selbstgesteuerten Unterricht theoretische Lerninhalte nur insoweit, wie sie für das Erreichen der gesteckten Handlungsziele unbedingt erforderlich sind. Dabei erwerben sie in erster Linie ein zielgerichtetes, in hohem Maße kontextspezifisches Funktionswissen. Bei der Analyse der Bearbeitung einer Handlungsaufgabe deuten erkennbare Wissensdefizite auf Mängel im Grundlagenwissen hin. Erforderliche, ursächliche Zusammenhänge mit ihren Wirkungsprinzipien sind den Schülern nicht klar. Diese verhindern in einer neuen, komplexen Situation ein theoretisch gesteuertes und reflektiertes Lösungsvorgehen. Einfachere Lösungsschritte, die ähnlich zum vorausgegangenen Unterricht sind, werden jedoch sicher bearbeitet. Diese Phänomene sind auf eine finale Ausrichtung auf die geforderten praktischen Aufgabenteile im Unterricht rückführbar (S. 237ff.).

Gegenstand der von Tenberg (1997) durchgeführten Forschungsarbeit ist ein handlungsorientierter Unterricht zur Kraftübertragungstechnik (Berufsfeld Metall), in dem sich das Interesse der Schüler vorwiegend auf reale Unterrichtsgegenstände und deren Handhabung richtet (S. 223). Die teilnehmenden Schüler empfinden im Unterricht ein Lehrereinwirken als unangenehm, wenn sich dies in einer intensiven Überwachung ausdrückt. Andererseits bemängeln sie ein Fehlen der Lehrer, wenn sie bei fachlichen Problemen nicht zur Verfügung stehen (S. 197). Tenberg schließt hieraus: „Entsprechend den zu vermittelnden Wissenskomponenten, dem schülerspezifisch schon bestehenden Fachwissen und dem Neuigkeitsgrad der jeweiligen Lerninhalte muss der Pädagoge die Unmittelbarkeit seiner Vorgehensweise in jeder Unterrichtseinheit individuell abwägen. Im Grundlagenbereich, bei geringem Vorwissensstand der Schüler und großem Neuigkeitsgrad ist auch in Zukunft eine direkte Vermittlung durch den Lehrer als vorteilhaft einzuschätzen" (S.217f.). Tenberg betont weiter, dass Grundlagenwissen im handlungsorientierten Unterricht nicht an Bedeutung verlieren darf. Er empfiehlt der Frage nachzugehen, „wie dem durch finale Lernintentionen verursachten Defizit von Grundlagenwissen begegnet werden kann" (S. 219) und vermutet, dass durch ein Zusammenwirken mit fachsystematischen Unterrichtseinheiten in einem handlungsorientierten Unterricht das bestehende Grundlagenwissen aufgenommen und handlungssystematisch situiert, verknüpft sowie weiterentwickelt werden kann (S. 224). Auf der Grundlage seiner Erkenntnisse zweifelt Tenberg die Eignung und Einsetzbarkeit konsequent handlungsorientierter Lehr-Lern-Arrangements für Grundlagenwissen an. Geeignet erscheint ihm diese Unterrichtsform jedoch bei großen Anteilen an Zugriffs- und Anwendungswissen (S. 224).

Glöggler (1997) untersucht einen handlungsorientierten Unterricht zur Steuerungstechnik aus dem Berufsfeld Elektrotechnik. Die Ergebnisse zeigen, dass sich als Wirkung dieses Unterrichts das explizite Handlungswissen in Bezug auf die Erstellung einer steuerungstechnischen Anlage in weiten Teilen erheblich verbessert hat. Erkennbar wird eine deutliche Zunahme des Umfanges und eine verbesserte Gliederung des Wissens zu einzelnen Handlungseinheiten und eine Verlagerung von untergeordneten Handlungseinheiten hin zu übergeordneten (S. 230f.), was auf eine Strukturierung schließen lässt. Die bemerkenswerten Veränderungen einzelner, herausragender Konzepte des Handlungswissens werden auf ein beratendes Einwirken der Lehrer zurückgeführt, denen es offensichtlich gelingt, ein für die Praxis bedeutsames Wissen im Gedächtnis der Schüler zu verankern (S. 231).

2 Aktueller Forschungsstand und Forschungsfragen

Weitere wichtige einschlägige Arbeiten

Eine wichtige Zugangsperspektive zu der hier vorgestellten Forschungsarbeit erschließt sich aus einer Studie von Schollweck (2001). Die Feldforschung mit stark explorativem Charakter soll klären helfen, welche Gestaltungsmerkmale und Bedingungen zu einer lernförderlichen Balance zwischen eigentätiger Wissenskonstruktion der Lernenden und lehrergestützter Instruktion in der Steuerungstechnik führen. Schollweck betrachtet bei ihrer Untersuchung in 24 Fallstudien die Einschätzungen und Beurteilungen einzelner Schüler in einem handlungsorientierten Unterricht zur Elektropneumatik. Diesen Metalltechnik-Unterricht beschreibt Riedl (2001) näher. Die Untersuchung will ergründen, welche Gestaltungsmerkmale und Bedingungen zu einer lernförderlichen Balance zwischen eigentätiger Wissenskonstruktion der Lernenden und lehrergestützter Instruktion in der Steuerungstechnik führen. Weiter setzt sich die Untersuchung mit der mentalen und sozialen Grauzone von ‚selbstlernenden' Schülern auseinander. Dieses Desiderat wurde in allen der im Rahmen von „FügrU" durchgeführten videogestützten Unterrichtsanalysen deutlich. Die lernenden und arbeitenden Schüler erleben einen sehr individuellen Lernprozess, relativ fern von der Oberfläche der eigentlichen Lernumgebung. Um diese Lernwelten aus individueller und sozialer Perspektive einschätzen zu können, müssen sie spezifisch erhoben werden. Ablaufende Lernprozesse in diesem konstruktivistischen Unterricht werden aus der „Innensicht" der Beteiligten analysiert. Untersucht werden Schüler zweier Industriemechaniker-Klassen im 3. Ausbildungsjahr. Die Erhebung findet in einer alltagsähnlichen Situation statt, in der die Forscherin als teilnehmende Beobachterin und Interviewerin agiert. Problemspezifische Interviews in Form von Gruppen- bzw. Einzelgesprächen werden dann geführt, wenn sich Probleme im Lernprozess oder in der Interaktion bzw. Motivationsdefizite zeigen. Als ein Ergebnis der Forschungsarbeit zeigt sich, dass die befragten Schüler in diesem handlungsorientierten Unterricht fachsystematisch gegliederte Selbstlernmaterialien gegenüber situiert-beispielorientierten bevorzugen.

Nickolaus und Bickmann (2002) gehen am Beispiel der Grundausbildung von Elektroinstallateuren der Frage nach, ob sich ausgewählte Kompetenzaspekte und die Lernmotivation in Abhängigkeit von zur Wahl stehenden Lehr-Lern-Arrangements unterschiedlich entwickeln. Als Kompetenzaspekte berücksichtigen sie Sachwissen, methodisches Vorgehen und die Fähigkeit, alltagsadäquate Probleme zu lösen. Die Lernmotivation wurde mit Hilfe eines spezifisch angepassten Instrumentariums von Prenzel u. a. erfasst (Prenzel u. a. 1998). Die über ein Schuljahr angelegte Feldstudie vergleicht den Alltagsunterricht zwischen „zwei Klassen, in welchen eher direktive und zwei Klassen in welchen eher handlungsorientierte Lehr-Lern-Arrangements geschaffen wurden" (Nickolaus, Bickmann 2002, S. 237). In den Ergebnissen zum Sachwissen zeigte sich eine eindeutige Überlegenheit der eher direktiv unterrichteten Klassen. Weniger deutlich sind die Ergebnisse bei der Entwicklung des prozeduralen Wissens. Entgegen den Hypothesen der Forscher zeigte sich hierbei nicht die erwartete Überlegenheit handlungsorientierter Unterrichtsformen. Nickolaus und Bickmann sehen auch hier die eher direkte Unterrichtsform in positivem Licht. Ebenso konnten sich die handlungsorientierten Unterrichtsformen bei der Lösung alltagsadäquater problembehafteter Aufgaben nicht durchsetzen. Die Ergebnisse der Erhebungen zur Motivationsentwicklung weisen laut Nickolaus und Bickmann darauf hin, dass „für die Motivationsausprägung Bedingungen verantwortlich sind, deren Einlösung nicht automatisch mit der Wahl der Unterrichtsform gewährleistet wird, sondern an die entsprechende Ausgestaltung der jeweiligen Unterrichtsform gebunden ist" (ebd. S. 242). Leider bleibt die konkrete Ausgestaltung der beiden untersuchten Unterrichtsformen bis auf wenige Hinweise unklar. Es wird lediglich erklärt, dass es sich um „Unterrichtsformen, wie sie im Unterrichtsalltag gängig sind" handle (ebd. S. 237). Darin würden Mischformen praktiziert: so seien in „handlungsorientierten, selbstgesteuerten Unterrichtsformen auch direktive Elemente eingebaut (...) und umgekehrt" (ebd. S. 237).

In der Forschungsarbeit „Differenzielle Effekte von Unterrichtskonzeptionsformen in der gewerblichen Erstausbildung" suchen Nickolaus, Heinzmann und Knöll (2004) nach Unterschieden zwischen systematischem Instruktionsunterricht und einer selbstgesteuerten Erarbeitungsform. Die Untersuchung mit Schülern des Ausbildungsberufs Elektroinstallateur der Jahrgangsstufe 10 knüpft an die vorangehende Untersuchung von Nickolaus und Bickmann (2002) an. Es werden deklaratives und prozedurales Wissen, Problemlösefähigkeit und Motivation erhoben. Verglichen wird wiederum zwischen einer eher direktiven und einer eher handlungsorientierten Variante eines beruflichen Unterrichts. Dabei zeigt sich, dass die eher direktiv unterrichteten Schüler nicht wie erwartet ein ausgeprägteres deklaratives Wissen aufbauen als die Schüler der eher handlungsorientierten Konzeptionsform. Nickolaus, Heinzmann und Knöll stellen fest, dass die direktiv unterrichteten Klassen im weiteren Verlauf hinsichtlich des prozeduralen Wissenserwerbs besser abschneiden, sich gegen Ende der Unterrichtsstrecke aber keine signifikanten Unterschiede bei beiden Wissensarten abzeichnen. Im Bereich des deklarativen Wissens lässt sich für beide Konzeptionsformen ein stetiger Zuwachs feststellen, während die Zunahme des prozeduralen Wissenserwerbs eher schwach ausfällt. Auch die Untersuchungen zur Problemlösefähigkeit zeigen in der ersten Durchsicht der Ergebnisse kaum Unterschiede zwischen den verschiedenen Unterrichtskonzeptionsformen. Die eher direktiv unterrichteten Schüler sind während der Unterrichtsphase zuerst im Vorteil, während die handlungsorientiert unterrichteten Schüler erst nach und nach aufholen. Beim letzten Reparaturauftrag gegen Ende des Erhebungszeitraums lässt sich nahezu kein Unterschied zwischen den beiden Konzeptionsformen feststellen. Im Rahmen der Motivationsentwicklung betrachten Nickolaus, Heinzmann und Knöll die bislang ausgewerteten Daten zu verschiedenen Motivationsstufen. Dabei zeigt sich, dass die handlungsorientiert unterrichteten Klassen keine verbesserte Lernmotivation aufweisen. Eine durchgeführte Regressionsanalyse ergibt für den Zeitpunkt des Abschlusstests eine Varianzaufklärung von 78%. Hier zeigen sich hohe Aufklärungswerte für die Ergebnisse im Zwischentest (58,1%), das Vorwissen (10%) und das Alter der Schüler (3,5%). Weiter sind Zusammenhänge zwischen der wahrgenommenen Überforderung der Schüler, der Motivation und der Größe der Klasse feststellbar. Je weniger ein Schüler Überforderung wahrnimmt, je geringer die Schülerzahl in der Klasse, je höher die Motivation des Probanden, desto besser ist das Ergebnis des Probanden im Abschlusstest. Im Lichte ihrer Ergebnisse schlagen Nickolaus, Heinzmann und Knöll vor, das derzeitige Präferieren handlungsorientierter Unterrichtskonzeptionen im berufschulischen Unterricht der gewerblich-technischen Erstausbildung zu überdenken. Ihrer Meinung nach erfüllten sich die hohen Erwartungen an die methodische Ausgestaltung des Unterrichts nicht. Nickolaus, Heinzmann, Knöll weisen abschließend darauf hin, dass die zugeschriebene Relevanz des Einflusses unterrichtsmethodischer Arrangements relativiert werden müsse. Andere Faktoren wie das Vorwissen der Schüler, die wahrgenommene Überforderung der Schüler sowie die Klassenstärke seien stärker mit einzubeziehen.

Vögele (2003) untersucht im Rahmen des Modellversuchs „Multimedia und Telekommunikation für berufliche Schulen" (Euler, Schelten, Zöller 2001) in Bayern einen handlungsorientierten Unterricht an der Berufsschule für Informationstechnik. Ziel der explorativen Studie ist es, computerunterstützten handlungsorientierten Unterricht in den Ausbildungsberufen der Informations- und Telekommunikationstechnik zu untersuchen und aufzuzeigen, wie die Schüler bei der Bearbeitung einer Lernstrecke mit Hilfe eines Computers vorgehen. Durch unterschiedliche methodische Zugänge werden Schüler- und Lehrersicht erhoben und das individuelle Vorgehen von 14 Schülerpaaren analysiert. Die Ergebnisse der Untersuchung zeigen, dass der untersuchte Unterricht geeignet ist, die angestrebten Unterrichtsziele zu vermitteln. Von den befragten Schülern wird die Möglichkeit, im Team zusammen zu arbeiten und sowohl Lernweg als auch Lerntempo selbst bestimmen zu können eindeutig positiv beurteilt. Beide Aspekte wirken sich auch positiv auf die Motivation und auf den Lernerfolg aus. Die gute Zusammenarbeit der Schülerpaare kann auch auf die freiwillige Gruppenbildung zurückgeführt werden. Bei der Simulation elektronischer Schaltungen mit der Lernsoftware wird die hohe Motivation der Schüler besonders deutlich. Sie versuchen die Aufgabenstellung mit sehr viel Geduld selbstständig zu lösen. Eine anwesende Lehrkraft wird nur sehr selten befragt. Bei diesem Teil der Lernstrecke wird deutlich, welche Schülerteams systematisch vorgehen und welche ausschließlich durch Ausprobieren zu einer korrekten Lösung gelangen. Im zweiten Fall wird eine Schaltung so lange variiert, bis die Simulation eine funktionierende Schaltungsfunktion bestätigt. Anschließende Lernzielkontrollfragen zeigen, dass diese Gruppen die Schaltungsfunktion nicht vollständig verstanden haben. Der Lernerfolg insgesamt wird von den befragten Schülern kritisch eingeschätzt. Viele von ihnen messen einen Unterrichtserfolg an dem vermittelten Fachwissen. Ziele des untersuchten Unterrichts sind jedoch auch die Förderung von Methoden- und Sozialkompetenzen. Sehr häufig bemängeln sie außerdem die Form der Arbeitsaufträge, die zurückhaltende Rolle des Lehrers, die eingesetzte Unterrichtssoftware und die Stabilität der Rechnerausstattung. Die Arbeitsaufträge seien zu wenig detailliert, insgesamt zu umfangreich und teilweise mit zu geringem Bezug zu den Inhalten der beruflichen Ausbildung. Vom Lehrer erwarten die Schüler insgesamt mehr Unterstützung und ein stärkeres Durchgreifen bei Disziplinproblemen. Die Offenheit der gestellten Arbeitsaufträge führt häufig zu einer langwierigen Suche in der Software nach den entsprechenden Inhalten. Die Auswertung des Vorgehens sowie der Arbeitsergebnisse und der Lernzielkontrollfragen zeigen, dass die Schüler die Inhalte zumeist kopieren. Die Kritik der Schüler an der Software bezieht sich vor allem auf die Gliederung und die Bedienung des Programms. Die Schüler sollten sich selbstständig mit dem Programm auseinander setzen. Dabei bleiben jedoch Aufbau und Gliederung teilweise unklar und Möglichkeiten, welche die Software bietet unentdeckt. Hierbei müssten instruktionsorientierte Phasen mit konstruktionsorientierten verknüpft werden.

Wülker (2003) untersucht in der Fachstufe I bei Zimmerern die Entwicklung des deklarativen und prozeduralen Wissens in Abhängigkeit von der Unterrichtsform. Beim deklarativen Wissen zeigen sich signifikante Vorteile für eher direktiv unterrichtete Klassen. Für das prozedurale Wissen ergeben sich für die eher direktiv unterrichteten Auszubildenden gegenüber den eher handlungsorientiert unterrichteten geringfügig schlechtere Werte, wenngleich der Unterschied zwischen den Unterrichtsformen nicht signifikant ist. Die schwächeren Schüler der handlungsorientiert unterrichteten Klassen erreichen jedoch deutlich schlechtere Ergebnisse als die schwachen eher direktiv unterrichteten Schüler. Die starken Schüler der eher handlungsorientierten Varianten erreichen die mit Abstand besten, die schwachen Schüler jedoch auch die mit Abstand schlechtesten Ergebnisse (ebd. S. 124). Auf der Grundlage dieser Ergebnisse schlägt der Forscher vor, das derzeitige Präferieren handlungsorientierter Unterrichtskonzeptionen im berufschulischen Unterricht der gewerblich-technischen Erstausbildung zu überdenken. Seiner Meinung nach erfüllten sich die hohen Erwartungen an die methodische Ausgestaltung des Unterrichts nicht. Sie weisen abschließend darauf hin, dass die zugeschriebene Relevanz des Einflusses unterrichtsmethodischer Arrangements relativiert werden müsse. Andere Faktoren wie das Vorwissen der Schüler, die wahrgenommene Überforderung der Schüler sowie die Klassenstärke seien stärker mit einzubeziehen.

2.2.2 Untersuchungen im Berufsfeld „Wirtschaft und Verwaltung"

Im Berufsfeld „Wirtschaft und Verwaltung" zeigt sich die Forschungslage ergiebiger. Einen wesentlichen Fortschritt in den letzten Jahren bedeutete dafür zweifellos das DFG-Schwerpunktprogramm zur Lehr-Lern-Forschung in der kaufmännischen Erstausbildung (Förder-Nr. 191, Förderung 1993 - 1999). In diesem wurde der Weg, den die Forschung im gewerblich-technischen Bereich in dieser Breite noch vor sich hat bereits beschritten und spezifische Besonderheiten dieses Berufsfeldes im Rahmen des so genannten Dualen Systems untersucht (siehe Beck & Heid 1996, Beck & Dubs 1998 und Beck 2000). In den Ergebnissen des Schwerpunktprogramms zeigt sich, dass die Berücksichtigung der bereichsspezifischen Besonderheiten des kaufmännisch-verwaltenden Bereichs zu neuen und überraschenden Einsichten führt. Qualifizierungsmaßnahmen in der Berufsausbildung sind in hohem Maße kontextbezogen. Erworbenes Wissen ist in hohem Maße domänenspezifisch. Im Folgenden werden ausgewählte Arbeiten des DFG-Schwerpunktprogramms skizziert, die Bezugspunkte zur vorliegenden Arbeit ausweisen.

Sloane et al. (2000, S. 128 ff.) präsentieren in ihrer Untersuchung „Fächer- und Lernortübergreifender Unterricht – Maßnahmen zur Förderung beruflicher Handlungskompetenz" Ergebnisse zu den Fragen, wie sich Lehr-Lern-Arrangements mit einer fächer- und lernortübergreifenden Ausrichtung überhaupt entwickeln und in die kaufmännische Ausbildung implementieren lassen. Bei einer Umsetzung dieser Lehr-Lern-Arrangements werden dann die Lernerfolge bei veränderten Wissensstrukturen und ggf. die Anwendung der erworbenen Kompetenzen aufgezeigt. Dabei ist festzuhalten, dass sowohl die Entwicklung als auch die Implementation komplexer Lehr-Lern-Arrangements auf die vorgefundenen Bedingungen anzupassen sind. Es zeigt sich bei einer Durchsetzung eines hier beschriebenen Lehr-Lern-Arrangements, dass sich das Wissen der Lernenden stark verändert und dass die Anwendung des erworbenen Wissens vermutet werden kann, weil die Lernenden fächer- und lernortübergreifende Lehr-Lern-Arrangements befürworten.

Inwieweit ein selbstorganisiertes Lernen eine Verbesserung der komplexen Problemlösefähigkeit induziert untersuchen Sembill et al. (2000, S. 118 ff.) in ihrer Arbeit ‚Prozessanalysen selbstorganisierten Lernens – Ein komplexes Lehr-Lern-Arrangement zur Verbesserung der Problemlösefähigkeit'. Dabei zeigt sich, dass die komplexe Problemlösefähigkeit innerhalb einer adäquaten, also auf konstruktivistisches Lernen ausgerichteten Lernumgebung deutlich zunimmt, auch bei Schülern mit ungünstigen Voraussetzungen. Auffallend ist hierbei im Vergleich von selbstorganisiertem Lernen (SoLe) und Traditionellem Lernen (TraLe) die wesentlich höhere Präsenz der Schüler bei Ersterem. Konkret heißt dies, dass die Lernenden aufgrund der Häufigkeit und inhaltlich höheren Wertigkeit ihrer Äußerungen und Fragestellungen eine stärkere Auseinandersetzung mit der Thematik beweisen. Die von den Lernenden „wahrgenommenen Mitgestaltungsmöglichkeiten und das Ernstgenommenfühlen" (ebd., S. 120) setzen Sembill et al. in engen Zusammenhang mit Interesse und intrinsischen Motivationsfaktoren. Emotionale Faktoren hängen insbesondere von der Kommunikation und Kooperation innerhalb des Gruppenverbandes ab. Abschließend stellen Sembill et al. fest, dass traditioneller Unterricht eine massive Unterforderung für den Einzelnen darstellt.

Die von van Buer/Matthäus et al. (2001, S. 40 ff.) vorgestellte Untersuchung ‚Entwicklung der kommunikativen Kompetenz und des kommunikativen Verhaltens Jugendlicher in der kaufmännischen Erstausbildung – Befragungen und Beobachtungen in den Lernorten Schule und Betrieb' zeigt als zentralen Punkt der Ergebnisdarstellung die hohe Bedeutung des kommunikativ-interaktionellen Angebots der Lehrkraft im Unterricht. Die kommunikative Feinstruktur im Unterricht sollte nach van Buer/Matthäus et al. mehr Beachtung finden, weil diese

2 Aktueller Forschungsstand und Forschungsfragen

ausbaufähiges Potential birgt, um die kommunikative Kompetenz der Lernenden weiter zu prägen.

Auch Euler et al. (Beck 2000, S. 54ff.) befassen sich mit der „Förderung sozialkommunikativer Handlungskompetenz durch spezifische Ausprägungen des dialogorientierten Lehrgesprächs". Das Lehrgespräch hat für Euler et al. deshalb zentrale Bedeutung, weil es in traditionellen Unterrichtsformen heute überwiegend noch Anwendung findet und weil auch handlungsorientierte Konzepte ohne Lehrgespräch nicht auskommen. Daher drängt sich die Frage auf, inwieweit das dialogorientierte Lehrgespräch Einfluss auf die Entwicklung ausgewählter Sozialkompetenzen hat.

Mit der Untersuchung „Bedingungen und Auswirkungen berufsspezifischer Lernmotivation in der kaufmännischen Erstausbildung" versuchen Krapp/Wild et al. (2001, S. 81 ff.) die Frage zu klären, wie sich motivationsausbildende Strukturen im Laufe der Ausbildung bei Versicherungskaufmännern/-kauffrauen verändern. Dabei zeigte sich, dass sich die „Entwicklung berufsbezogener Interessen" im ersten Ausbildungsjahr zunächst negativ entwickelt, sich nach einer Stabilisierungsphase aber auf verhältnismäßig hohem Niveau einpendelt. „In den (qualitativen) Analysen zur Veränderung berufsbezogener individueller Interessenstrukturen konnte, entgegen diesen zum Teil negativen globalen Entwicklungstrends, bei allen Probanden die Entstehung neuer (themenspezifischer) Interessen nachgewiesen werden" (ebd., S. 82 f.). Die „Qualität des Erlebens" stellt sich lernortspezifisch dar. Das Erleben von Selbstbestimmung, von Kompetenz und sozialer Eingebundenheit stellt sich zu Beginn der Ausbildung für die Lernenden am Lernort Betrieb im Vergleich zum Lernort Berufsschule deutlich positiver dar, um sich letztendlich im weiteren Verlauf der Ausbildung zu nivellieren. Auf welchem Niveau sich das emotionale Erleben einpendelt, hängt von der didaktischen Auslegung der Lernsituation ab. Hinsichtlich der „Auswirkungen der Erlebensqualität auf die Motivation" stellen Krapp/Wild et al. fest, „dass die Art der emotionalen Erfahrungen einen Einfluss auf die Entstehung und Aufrechterhaltung interessenrelevanter motivationaler Orientierung und die Ausprägung berufsbezogener Interessen hat ..." (ebd., S. 83). Die „Bedeutung des Ausbildungsinteresses für den Lernerfolg" zeigte sich im Wesentlichen erst im zweiten Ausbildungsjahr, insbesondere durch die Abschlussnoten.

Motiviertes Lernen betrachten auch Prenzel et al. (2000, S. 111 ff.) in ihrer Studie „Selbstbestimmung, motiviertes und interessiertes Lernen in der kaufmännischen Erstausbildung – Ein Forschungsprojekt in vier Strängen". Dabei zeigt sich, dass Lernen einerseits durch entsprechendes Interesse angeregt wird, dass sich andererseits aber Lernen insbesondere aufgrund eines Pflichtgefühls oder aufgrund der vermuteten Wichtigkeit der Inhalte einstellt. Bemerkenswert stellen sich die Motivationsunterschiede zwischen Berufsschule und Betrieb dar. Die Wahlmöglichkeiten, die Rückmeldungen und das kollegiale Lernklima sprechen für den Betrieb, währen die Berufsschule auf eine gute Strukturierung ihres Unterrichts verweisen kann. Entscheidend ist nach Prenzel et al. – unabhängig vom Lernort – der Zusammenhang zwischen der Ausgestaltung der Lernumgebung und den Ausbildungs- und Entwicklungschancen. Abschließend geben Prenzel et al. an, dass eine Entwicklung der Lernmotivation vermutlich auf ein zwischen Lehrern und Schülern verbessertes Rückmeldeverfahren zurückzuführen ist.

Bloech, Hartung, Orth (1998) untersuchen in zwei Studien den Einsatz von Unternehmensplanspielen zur Förderung beruflicher Handlungskompetenz. Die Erhebungen stellen einer komplexitätsgesteigerten Planspielversion eine herkömmliche Planspieldurchführung mit konstanter Komplexität gegenüber. Hierbei zeigt sich, dass eine an individuelle Lernfortschritte angepasste Komplexitätserhöhung grundsätzlich geeignet erscheint, unternehmerische Handlungskompetenz zu fördern. Bei der Planspiel-Durchführung mit schrittweise gesteigerter Komplexität traten tendenziell bessere Lernerfolge auf als bei einem Planspiel mit konstanter (hoher) Komplexität.

Niegemann, Gronki-Jost, Neff (1999) überprüfen arbeitsanaloge Lernaufgaben als ein Instruktionsdesign zur Förderung des selbstständigen Erwerbs von theoretischem Wissen in der kaufmännischen Berufsausbildung. Unterschieden werden ein theoretisch-konzeptuelles Wissen und ein operativ-kalkulatorisches Wissen. Festgestellt werden soll, wodurch sich ein Wissenserwerb verbessern lässt und wie dazu ein weitgehend selbständiges Lernen in einer computerunterstützten Lernumgebung beitragen kann. Drei Gruppen von Lernenden erhalten instruktionale Hilfen unterschiedlicher Ausprägung. Hierbei zeigt sich: „Die beiden Gruppen mit Theorieinstruktion sind der Gruppe ohne Instruktion nicht generell überlegen. Es kommt vielmehr auf die Art der Theorieinstruktion an" (ebd. S. 26).

Stark, Gruber, Renkl und Mandl (2000) gehen in einer Studie bei angehenden Bankkaufleuten der Frage nach, wie anwendbares Wissen mit Hilfe von beispielbasierten Lernumgebungen gefördert werden kann. Beispielbasierte Lernumgebungen haben sich bereits in vielen Anwendungsbereichen bewährt. Lösungsbeispiele stellen zum einen bequeme Handlungsanweisungen dar. Zum anderen laden sie jedoch auch dazu ein, die präsentierte Information passiv und oberflächlich zu verarbeiten, was sich in der Regel negativ auf den Lernerfolg auswirkt. Um diesen unerwünschten Nebeneffekt zu vermeiden bzw. das Lernverhalten und den Lernerfolg positiv zu beeinflussen, kombinieren Stark, Gruber, Renkl und Mandl in einer experimentellen Studie Lösungsbeispiele mit Problemlöseaufgaben. Die Effekte dieser instruktionalen Maßnahme werden im Fachgebiet des kaufmännischen Rechnens an einer Berufsschule untersucht. Fünfzehn Auszubildende einer Bank werden mit der kombinierten Lernbedingung konfrontiert, 15 andere angehende Bankkaufleute haben nur Lösungsbeispiele zur Verfügung. Stark, Gruber, Renkl und Mandl erfassen in der Forschungsarbeit die Häufigkeit und Art der Elaborationen sowie Transferleistungen. Durch die kombinierte Lernmethode werden sowohl die Menge als auch die Qualität der Elaborationen gesteigert. Versuchspersonen mit der kombinierten Lernbedingung erreichen zudem signifikant und substantiell höhere Transferleistungen. Stark, Gruber, Renkl und Mandl empfehlen einen Instruktionsansatz zu verwenden, „der problemlöse- und beispielbasiertes Lernen systematisch integriert" (ebd. S. 216).

2.2.3 Zusammenfassung

Die vorgestellten Arbeiten stellen einen Ausschnitt der aktuellen empirischen Forschungslage zur Berufsbildung mit Bezug zur vorliegenden Arbeit dar. Gemessen an der Bedeutung, die handlungsorientiertem Unterricht in mittlerweile allen veröffentlichten Lehrplänen beigemessen wird, verwundert das immer noch nicht zufrieden stellende Ausmaß empirischer Forschung, vor allem im Bereich der gewerblich-technischen Berufsbildung. Der Ruf nach einer Ausweitung empirischer Forschung im berufsbildenden Bereich wird zusätzlich dadurch unterstützt, dass die oben beschriebenen Arbeiten sich in Teilen widersprechen. Besonders hervorzuheben sind hier die unterschiedlichen Haltungen der beiden Forschergruppen um Sembill und um Nickolaus gegenüber einer Bevorzugung des Konzeptes der Handlungsorientierung in der beruflichen Bildung.

In der obigen Auflistung relevanter empirischer Untersuchungen finden sich keine internationalen Forschungsarbeiten. Die Gründe hierfür sieht der Verfasser der vorliegenden Arbeit in der systembedingten Eigenheit der deutschen beruflichen Ausbildung. Unabhängig von dieser Einschätzung bedient sich die vorliegende Arbeit selbstredend der Ergebnisse internationaler theoretischer wie empirischer Arbeiten (z.B. zum Konstruktivismus, zur Cognitive Load Theory usw.).

2.3 Forschungsinteresse und Forschungsfragen

Die vorliegende Forschungsarbeit sieht die Aufgabe der Berufsschule darin, über theoretisch gesteuerte und reflektierte Lernprozesse berufliche Handlungskompetenz zu entwickeln. Dem liegt ein Verständnis von Unterricht zugrunde, wonach insbesondere ein durchdringendes Verstehen des Gelernten durch den Schüler und ein Anwendenkönnen des erworbenen Wissens in beruflichen Anforderungssituationen bewirkt werden soll.

Eine erkenntnisorientierte empirische Grundlagenforschung für eine moderne technische Berufsbildung trifft hier in konstruktivistischen Lerneinheiten auf ein situiertes, an technischen Geräten ausgerichtetes Lernen, das im Unterricht vollständige Handlungen in Realsituationen zulässt. Bei der Arbeit an Aufgabenstellungen aus der beruflichen Praxis wird der Schülerselbststeuerung eine hohe Bedeutung zugemessen. Begleitend dazu finden sich lehrerzentrierte Lernsequenzen. Diese stehen in einer Wechselwirkung mit situierten Lernsequenzen und ergänzen und bereichern sie.

Die hier vorgestellte Forschungsarbeit sucht nach Erkenntnissen, wie situiert-beispielbezogenes und systematikorientiertes Lernen in einem handlungsorientierten Unterricht lernförderlich zusammenwirken. Hierbei geht es um Wechselwirkungen und den daraus resultierenden Effekten zwischen diesen didaktischen Grundorientierungen für die Entwicklung beruflicher Handlungskompetenz. Weiter geht es darum, nach einer lernwirksamen Balance zwischen Konstruktion und Instruktion zu suchen. Das heißt, domänenspezifisch soll hier im Lernbereich Automatisierungstechnik der von Gruber, Mandl und Renkl (1999, S. 20) aufgeworfenen Frage nachgegangen werden, „unter welchen Bedingungen welche Form der instruktionalen Unterstützung notwendig ist, um erfolgreiches konstruktives Lernen in komplexen Lernumgebungen ermöglichen zu können".

Als ein Ergebnis der oben beschriebenen Forschungsarbeit von Schollweck (2001) zeigte sich, dass die teilnehmenden Schüler des beobachteten handlungsorientierten Unterrichts fachsystematisch gegliederte Selbstlernmaterialien gegenüber den situiert-beispielorientierten bevorzugen. Stark, Gruber, Renkl, Mandl (2000) empfehlen hingegen den Einsatz von Lösungsbeispielen in komplexen Lernumgebungen. Dieser Widerspruch lenkt das Forschungsinteresse auf die Frage, ob und wie sich unterschiedlich gestaltete Selbstlernmaterialien auf den Lernerfolg in einem handlungsorientierten Unterricht auswirken. Ergänzend dazu erlangt die Frage nach der Beschaffenheit einer begleitenden Unterstützung und Instruktion der Schüler durch den Lehrer Bedeutung. Konkret zielt die Untersuchung auf Wirkungen von zwei verschiedenen Arten von Lehrerunterstützung kombiniert mit zwei verschiedenen Arten von Selbstlernmaterial in einem konstruktivistischen Unterricht. Lehrerunterstützung und Selbstlernmaterial sind jeweils in einer beispielorientierten Variante und einer systematikorientierten Variante in einer Zwei-Mal-Zwei-Matrix miteinander kombiniert. Um dies in einem bisher unerforschten Gegenstandsbereich näher zu klären, wurde der folgende Untersuchungsansatz gewählt. Ein konstruktivistisch ausgerichteter, handlungsorientierter Unterricht zu einem Lerngegenstand der Automatisierungstechnik wird in verschiedenen Gestaltungsvarianten durchgeführt und tiefgehend analysiert. Die beiden zentralen Bedingungsfaktoren der Untersuchung sind:

- Gestaltungsmerkmale von Selbstlernmaterialien für Lernende
- Unterstützungs- und Instruktionsverhalten einer Lehrkraft im Unterricht

Damit sucht die Forschungsarbeit nach Erkenntnissen zu einem lernförderlichen Zusammenwirken von schülerselbstgesteuerter Wissenskonstruktion und einem damit korrespondierenden Betreuungsverhalten der Lehrkraft bei der Instruktion und Unterstützung der Lernenden. Aus dem gewählten Untersuchungsansatz ergeben sich vier unterschiedliche Treatments (siehe Übersicht 2-1), in denen die Gestaltungsvarianten miteinander variiert werden.

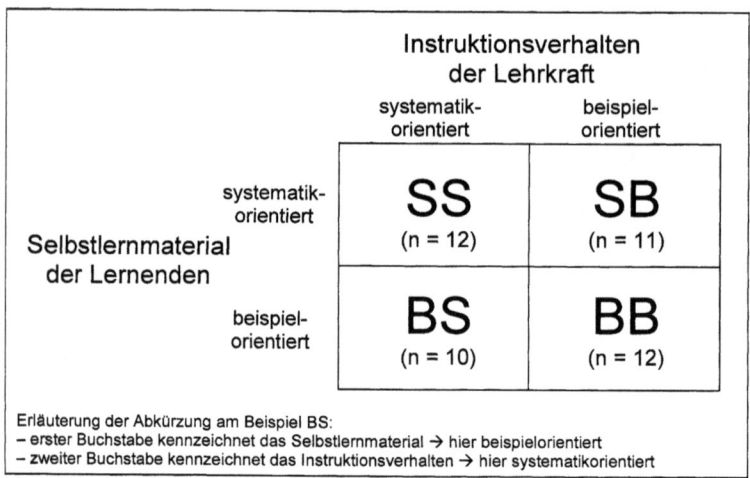

Übersicht 2-1: Gestaltungsvarianten der Lernstrecke

Die Fragestellungen zu diesem Lehr-Lern-Arrangement zielen auf eine Analyse der Auswirkungen, die eine Kombination einer bestimmten Art von Selbstlernmaterialien mit der jeweiligen Art der Lehrerunterstützung auf den Erwerb von Fachwissen und einer damit verbundenen beruflichen Handlungsfähigkeit haben. Hierzu wird das im Unterricht erworbene Wissen zur untersuchten Domäne als theoretische Repräsentation dieses Problemraumes schriftlich getestet. Weiter wird analysiert, wie die Lernenden das erworbene Wissen auf neue Handlungsanforderungen in einer Handlungsaufgabe transferieren können. Zusätzlich werden diese Daten durch weitere qualitative und quantitative Daten für eine spätere Interpretation gestützt (vgl. Kapitel 5).

Forschungsgegenstand ist ein konstruktivistischer Unterricht in der Berufsschule im Berufsfeld Metalltechnik. Lerninhalte sind Speicherprogrammierbare Steuerungen (SPS) aus dem Lernbereich Automatisierungstechnik für den Ausbildungsberuf „Mechatroniker" (vgl. Kapitel 4.2.1). Diese Lerninhalte (und damit auch ihre Untersuchungsrelevanz) sind in vielen Ausbildungsberufen der Metall- und Elektrotechnik von sehr hoher Bedeutung. Sie kennzeichnet ein hoher Abstraktions- und Komplexitätsgrad. Hinzu kommen stark zunehmende Anforderungen bei der Überwachung und Störungssuche automatisierter Anlagen in vielen Berufen. Wissenschaftlich fundierte und empirisch geprüfte Aussagen als Hinweise für die Unterrichtsgestaltung für einen situierten Wissenserwerb in einer komplexen Lernumgebung fehlen für die technische berufliche Bildung. Daher stößt eine qualifizierende Vermittlung solcher Ausbildungsinhalte immer wieder auf methodisch-didaktische Schwierigkeiten bei der Umsetzung im Unterricht. Häufig beklagen Lehrkräfte und Ausbilder, dass für die Unterrichtsplanung und -durchführung systematisierende Erkenntnisse nicht vorliegen.

Hypothesen der Untersuchung

Die nachfolgend vorgestellten Untersuchungshypothesen gehen aus den theoretischen Überlegungen zu dieser Forschungsarbeit und bereits vorliegenden, damit in Zusammenhang stehenden empirischen Ergebnissen hervor.

Hypothese 1: Die verschiedenen Gestaltungsvarianten des analysierten Unterrichts führen zu unterschiedlichen Lernergebnissen. Dabei werden zwischen den Gestaltungsvarianten SB und BS die geringsten Unterschiede in der Wissensrepräsentation der Domäne sowie der Transferfähigkeit dieses Wissens erwartet. Größere Unterschiede werden für die Gestaltungsvarianten SS und BB gegenüber den Gestaltungsvarianten SB und BS erwartet (H1).

Für die erwarteten Lernergebnisse wird vermutet, dass diese dann besonders günstig sind, wenn systematikorientierte und beispielorientierte Grundorientierungen des Selbstlernmaterials und der Art der Lehrerunterstützung gegenseitig miteinander kombiniert werden (Gestaltungsvarianten SB und BS in Übersicht 2-1). Hinter dieser Annahme steht die konstruktivistische Auffassung, dass Lernprozesse dann besonders nachhaltig sind, wenn eine hohe Aktivität der Lernenden unter vielschichtigen Betrachtungsperspektiven zu einer Eigenkonstruktion von Wissen führt. In den Gestaltungsvarianten SB und BS sind individuelle Verarbeitungsprozesse zwischen unterschiedlichen Lernperspektiven (situiert und systematisierend) besonders stark ausgeprägt, was Übertragungsleistungen zwischen den verschiedenen Betrachtungsebenen der Lerngegenstände erfordert. Diese Übertragungsleistungen sind in den gleichförmig verteilten Gestaltungsmerkmalen der Varianten SS und BB nicht in dem Maße erforderlich. Daher werden hierfür größere Unterschiede erwartet.

Hypothese 1 ergibt sich somit aus theoriegeleiteten Überlegungen zu der Annahme, dass sich eine komplementäre Anordnung instruktionaler und konstruktiver Gestaltungsmerkmale positiv auf den Erwerb von Handlungskompetenz in einem handlungsorientierten Unterricht auswirkt. Die Überlegenheit der komplementären gegenüber einer gleichförmigen Verteilung der vorliegend untersuchten Gestaltungsmerkmale eines handlungsorientierten Unterrichts kommt in H2 zum Ausdruck:

Hypothese 2: Die erwarteten Lernergebnisse sind dann besonders günstig, wenn systematikorientierte und beispielorientierte Grundorientierungen des Selbstlernmaterials und der Art der Lehrerunterstützung miteinander kombiniert werden (H2).

Hypothese 2.1: Die Gestaltungsvariante SS fördert besonders nachhaltig eine systematikorientierte Ausformung der Wissensrepräsentation der Domäne. Die Transferfähigkeit dieses Wissens wird jedoch gegenüber den anderen Varianten als geringer erwartet (H2.1).

Hypothese 2.2: Die Gestaltungsvariante SB führt bei den Lernenden zu einer Verknüpfung der systematischen Wissensrepräsentation der Domäne mit konkreten Anwendungssituationen. Wissensrepräsentation der Domäne und Transferfähigkeit dieses Wissens werden hier in höchster qualitativer Ausformung erwartet (H2.2).

Hypothese 2.3: Die Gestaltungsvariante BS führt bei den Lernenden zu einer Verknüpfung konkreter Anwendungssituationen mit der systematischen Wissensrepräsentation der Domäne. Die Wissensrepräsentation der Domäne sowie die Transferfähigkeit dieses Wissens werden in hoher qualitativer Ausformung erwartet (H2.3).

Hypothese 2.4: Die Gestaltungsvariante BB fördert besonders nachhaltig Bezüge der theoretischen Lerninhalte zu praktischen Anwendungssituationen. Insgesamt werden jedoch geringere Anteile einer systematischen Wissensrepräsentation der Domäne erwartet (H2.4).

Fragen der Untersuchung und Erläuterung der Hypothesen

Aus den vorausgehenden Forschungshypothesen ergeben sich nachfolgende Fragen, welche die vorliegende Forschungsarbeit zu klären sucht. Kurze Anmerkungen erläutern die hinter den Forschungshypothesen liegenden Vermutungen.

Frage 1 (zu H1): Wie unterscheiden sich die Lernergebnisse der verschiedenen Gestaltungsvarianten des analysierten Unterrichts (F1)?

Nach H1 ist zu vermuten, dass die unterschiedlichen Gestaltungsvarianten der Lernstrecke zum Erwerb verschiedenartiger Fähigkeiten führen. Von besonderem Interesse ist hier, wie sich diese Kompetenzen unterscheiden. Hierzu werden die im schriftlichen Teil des Abschlusstests erzielten Ergebnisse den der praktischen beruflichen Aufgabenstellung gegenübergestellt.

Frage 2 (zu H2 und den Unterhypothesen H2.1 – H2.4): Bei welcher Kombination von systematikorientierter und beispielorientierter Grundorientierung der jeweiligen abhängigen Variablen sind die Lernergebnisse besonders günstig (F2)?

Für die stärkste Ausformung einer systematikorientierten Wissensrepräsentation der Domäne scheint Gestaltungsvariante SS am besten geeignet, da hier auch mit den höchsten Zeitanteilen diese Lernperspektive verfolgt wird. Die Aufgabenstellungen werden hier am stärksten aus abstrahierender Perspektive gelöst, wodurch vermutlich eine fachsystematische Struktur der Wissensinhalte am besten angelegt werden kann. Jedoch ist zu vermuten, dass die Transferfähigkeit dieses Wissens nicht so hoch ausgeprägt ist wie in den Varianten SB und BS, in denen dies gezielt von der Lehrkraft gefördert wird.

Mit ähnlicher Argumentation scheint Gestaltungsvariante BB besonders geeignet, erworbene theoretische Lerninhalte (die jedoch in geringerem Umfang erwartet werden) besonders stark mit praktischen Anwendungssituationen zu hinterlegen. Da jedoch systematisierende Lernanteile geringer ausgeprägt sind, ist eine geringere Ausprägung der Wissensrepräsentation der Domäne zu erwarten.

Entsprechend einer konstruktivistischen Auffassung von Lernen sind Lernprozesse, die träges Wissen vermeiden helfen und zu erfolgreichem Wissenstransfer befähigen, dann besonders nachhaltig, wenn sie durch eine hohe Aktivität der Lernenden zu einer Eigenkonstruktion von Wissen führen. Insbesondere sind hierbei individuelle Verarbeitungsprozesse der Lerninhalte erforderlich. Daher werden für die Gestaltungsvarianten SB und BS insgesamt die besten Lernergebnisse erwartet, da hier individuelle Verarbeitungsprozesse zwischen unterschiedlichen Lernperspektiven (situiert und systematisierend) besonders stark ausgeprägt sind. Dies erfordert Übertragungsleistungen zwischen diesen verschiedenen Betrachtungsebenen der Lerngegenstände. Zwischen den Gestaltungsvarianten SB und BS werden zudem geringe Vorteile für Variante SB beim Erwerb der systematischen Wissensrepräsentation der Domäne erwartet, da diese von den Lernenden eigenaktiv erarbeitet wird.

3 Theoretische Grundlagen

Im folgenden Kapitel werden zunächst in Abschnitt 3.1 die theoretischen Grundlagen zum Konzept des in der vorliegenden Forschungsarbeit untersuchten Unterrichts dargestellt. Daran schließt in den Abschnitten 3.2 und 3.3 eine theoretische Verortung der Gestaltungsvarianten der eingesetzten Selbstlernmaterialien und des Lehrerverhaltens an.

3.1 Zum Unterrichtskonzept

Die traditionelle Art des Wissenserwerbs in der Schule mit ihrem unzureichenden Anwendungsbezug ist zunehmend in die Kritik geraten. Wissen wird demnach kaum in bestehendes Vorwissen integriert und zu wenig damit vernetzt. Notwendige Bezüge zwischen praktischen und theoretischen beruflichen Anforderungen werden nicht oder zumindest in zu geringem Maße hergestellt. In diesem Zusammenhang wird das Phänomen des „trägen Wissens" intensiv diskutiert, nach dem vorhandenes Wissen in konkreten Handlungssituationen nicht zum Einsatz gebracht werden kann (näher siehe z.B. Gruber, Renkl 2000). Daraus leiten sich Forderungen für Wissenserwerbsprozesse ab, die eine Anwendbarkeit von Wissen verbessern sollen.

Für die konkrete Gestaltung des in Kapitel 4 näher beschriebenen Unterrichts der vorliegenden Untersuchung bilden die Ausführungen von Dubs (1995b) und Riedl, Schelten (2004) die theoretische Grundlage. Dubs führt Merkmale konstruktivistischen Unterrichts an (ebd. S. 890f.) und kennzeichnet die folgenden konstruktivistischen Elemente guter Unterrichtsgestaltung (vgl. ebd. S. 893f.):

a) Konstruktivistischer Unterricht erfolgt in einer starken Lernumgebung, d.h. die Lernumgebung wird so gestaltet, dass sich die Lernenden ihr Wissen aus komplexen, realistischen Problemen in authentischen Situationen konstruieren.

b) Lernen findet in der „Zone der proximalen Entwicklung" (Vygotsky 1962, zit. nach Dubs 1995b, S. 893) statt, d. h. die Lernsituation ist so komplex, dass sie nicht von einem Einzelnen bewältigt werden kann, sondern eine kollektive Anstrengung (Mitschüler, Lehrer) erfordert.

c) Die Lernenden haben genügend Spielraum für die eigene Wissenskonstruktion. Wissen wird nicht präsentiert, sondern erarbeitet und entwickelt.

d) Lehrer in einem konstruktivistischen Unterricht
 - fördern und akzeptieren die Autonomie und Initiative der Lernenden,
 - ermöglichen es den Lernenden den Ablauf der Lernprozesse zu beeinflussen,
 - holen die Schüler auf deren Kenntnisstand ab,
 - fördern den Dialog untereinander und verzichten darauf, fertige Lösungen zu geben und
 - fördern die Diskussion von Fehlern, Widersprüchen, Hypothesen und Wahrheiten.

Riedl (2004, S. 89ff.) beschreibt für einen voll entwickelten handlungsorientierten Unterricht acht Bestimmungsgrößen. Vergleicht man diese mit den genannten vier konstruktivistischen Elementen guter Unterrichtsgestaltung, so zeigen sich in den beiden Unterrichtsbeschreibungen große Ähnlichkeiten (siehe Übersicht 3-1). Aufgrund der teilweisen Übereinstimmung der beiden Unterrichtsbeschreibungen kann festgestellt werden, dass ein voll entwickelter handlungsorientierter Unterricht den Anforderungen eines gut gestalteten, konstruktivistischen Unterricht gerecht wird. In den Teilbereichen „Innere Differenzierung", „Handlungssystematisches Vorgehen" und „Integrative, offene Leistungsfeststellung" gehen seine Anforderungen sogar über die eines gemäßigt konstruktivistischen Unterrichts hinaus. Bis zu welchem Grad die Gestaltungsmerkmale eines handlungsorientierten und konstruktivistischen Unterrichts im Rahmen der vorliegend beschriebenen Untersuchung umgesetzt werden konnten beschreibt Kapitel 8.1.

Bestimmungsgrößen eines handlungsorientierten Unterrichts	Konstruktivistische Elemente guter Unterrichtsgestaltung
Komplexe Aufgabenstellung und Lerngebiet	Komplexe Lernsituation
Integrierter Fachunterrichtsraum	Starke Lernumgebung
Selbststeuerung und Freiheitsgrade	Spielraum zur Wissenskonstruktion
Kooperatives und kommunikatives Lernen	
Unterstützende Lehrerrolle	Unterstützende Lehrerrolle
Innere Differenzierung	
Handlungssystematisches Vorgehen	
Integrative, offene Leistungsfeststellung	

Übersicht 3-1: Vergleich der Bestimmungsgrößen eines handlungsorientierten Unterrichts (Riedl 2004, S. 89ff.) mit den konstruktivistische Elementen guter Unterrichtsgestaltung (Dubs 1995b, S. 893f.)

Die genannten Gestaltungsmerkmale werden im untersuchten Unterricht durch instruktionale Phasen des Lehrers ergänzt. In diesen lehrerzentrierten Phasen werden Lerninhalte vermittelt, wiederholt und zusammengefasst. Konstruktive Lernphasen, in denen die Lernenden selbstständig Inhalte erarbeiten wechseln sich komplementär mit instruktiven Phasen ab (ausführlicher hierzu in Abschnitt 3.1.2).

In der Gesamtschau der Gestaltungsmerkmale entspricht der untersuchte handlungsorientierte Unterricht einer Umsetzung von Vorstellungen einer gemäßigten konstruktivistischen Auffassung von Unterricht, deren Grundzüge und Genese der folgende Abschnitt darstellt.

3.1.1 Gemäßigter Konstruktivismus

Ein „gemäßigter Konstruktivismus", der insbesondere den Zusammenhang von Lernen und Instruktion thematisiert, kann derzeit als eine theoretische Basis für die Gestaltung modernen beruflichen Unterrichts gesehen werden. „Wissenserwerb wird hier vor allem im Zusammenhang mit dem situierten Lernen und den mit diesem verbundenen instruktionalen Ansätzen diskutiert" (Gerstenmaier, Mandl 2000, S. 5). Dieser Ansatz eines wissensbasierten Konstruktivismus gilt als pragmatische Kombination einer traditionellen, objektivistisch-normativen Position und der konstruktivistisch-interpretativen Sichtweise (zur Gegenüberstellung siehe Übersicht 3-2).

Vertreter einer objektivistischen Position, wie z. B. Popper (1993) gehen davon aus, dass eine objektive Wirklichkeit von Gegenständen, Objekten und Ideen existiert (ausführlicher hierzu Euler 1994, S. 212ff.). Die ihn umgebende Welt ist somit für jeden Menschen gleich. Daraus folgt, dass sich Aussagen über die Objekte und Ideen dieser Welt treffen lassen, die eindeutig als wahr oder falsch bezeichnet werden können. Lernen im Sinne einer objektivistischen Auffassung beschreibt somit den Versuch der möglichst getreuen Abbildung von externem Wis-

3 Theoretische Grundlagen

sen und Kenntnissen über die Objekte und Ideen der Welt und deren Beziehungen untereinander auf interne Repräsentationen. In der Lehre wird dabei auf dieser objektivistischen Grundlage aus traditioneller Sicht versucht, durch eine von außen gesteuerte Wissensvermittlung kognitive Strukturen bei den Lernenden zu verändern.

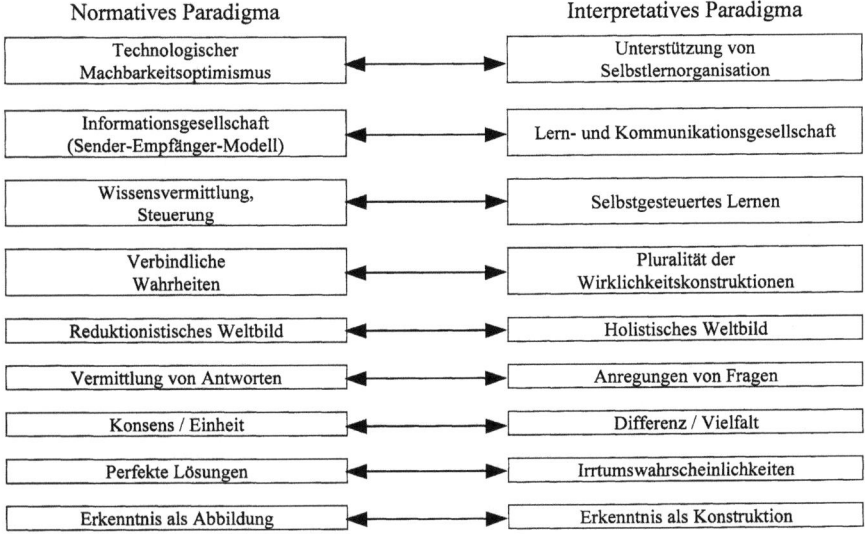

Übersicht 3-2: Normatives versus interpretatives Paradigma (Siebert 1999, S. 15)

Der „Konstruktivismus" als Erkenntnistheorie „ist ein Beitrag zu einem *Paradigmenwechsel*, zu einer Wende von einer *normativen* zu einer *interpretativen Weltanschauung*" (Siebert 1999, S. 15, Hervorhebungen im Original). Häufig führt die unreflektierte Gleichsetzung des Konstruktivismus als Erkenntnistheorie mit einer konstruktivistischen Lerntheorie zu Fehlbeurteilungen konstruktivistischer Pädagogik (vgl. Meixner & Müller 2001, S. 4). Die einzige Überschneidung besteht hierbei, dass eine konstruktivistische Lerntheorie wie auch radikale Konstruktivisten davon ausgehen, dass Wissen abhängig vom Subjekt individuell „erzeugt" wird. In didaktischen Kontexten wurde der Konstruktivismus jedoch „nie in seiner radikalen Form, sondern immer schon als ein gemäßigter, moderater vertreten" (Terhart 2000, S. 191). Dies erklärt auch die oftmals synonyme Verwendung der Begriffe „gemäßigt konstruktivistisch" und „konstruktivistisch" für die Beschreibungen eines Unterrichts. Aus schulischer Sicht spricht schon allein die zeitliche Begrenztheit von Unterricht gegen die Umsetzung radikal konstruktivistischer Ansätze. Unter einer gemäßigt-konstruktivistischen Perspektive wird versucht, „die Prinzipien von Instruktion und Konstruktion miteinander zu verbinden. Aus pragmatischer Sicht erscheint es zum einen weder möglich noch sinnvoll, im Unterricht ständig fertige Wissenssysteme nach feststehenden Regeln vermitteln zu wollen; auf der anderen Seite hätte es wenig Sinn, allein auf die Konstruktionsleistungen der Lernenden zu vertrauen" (Reinmann-Rothmeier, Mandl 2001, S. 627f.). Im Sinne einer pragmatischen Perspektive lässt sich als Ziel eine Balance zwischen expliziter Instruktion durch Lehrende und konstruktiver Aktivität der Lernenden" formulieren (vgl. ebd.).

3.1.2 Instruktion und Konstruktion als komplementäre Ansätze

Lernen erfolgt immer in einem bestimmten Kontext. Beim Anwenden von Gelerntem muss ein zu transferierendes Wissen dekontextualisiert und in neuen Situationen als konditionalisiertes Wissen angewendet werden. Dieses Problem stellt sich insbesondere bei „Instruktionsmethoden, die es für wichtig erachten, dass Lernprozesse als authentische Aktivitäten in einen möglichst hohen Realitätsbezug eingebettet sind [...]. Solcherart aufgebautes Wissen ist aber extrem kontextualisiert und in seiner Anwendbarkeit limitiert" (Steiner, 1996, S. 287). Zu Instruktionsmethoden, die dieser Gefahr unterliegen zählt Steiner (S. 306f.) z.B. Ansätze wie ‚situated learning', ‚anchored instruction' oder ‚cognitive apprenticeship'. In diesen problemorientierten Lernumgebungen, die sich am Konzept des explorativen Lernens orientieren, erhalten Lernende möglichst wenig Anleitung und Steuerung von außen (zur Definition siehe Reinmann-Rothmeier, Mandl 1998, S. 480ff.). Problematisch hierbei sind insbesondere der hohe Zeitaufwand und die mangelnde Unterstützung der Lernenden, woraus häufig Orientierungslosigkeit und Überforderung resultieren. Einen Überblick über hierauf bezogene Ergebnisse aus der ATI-Forschung geben Reinmann-Rothmeier, Mandl (1997, S. 378f.). Zusammenfassend ist hierfür festzustellen, dass „vor allem Lernende mit weniger günstigen Lernvoraussetzungen von einer hoch strukturierten Lernsituation profitieren, Lernende mit guten Lernvoraussetzungen dagegen nicht. [...] Als der stärkste Prädikator für spätere Lernleistungen erweist sich meist das domänenspezifische Vorwissen" (ebd.).

Bisherige Forschungsergebnisse zu ähnlich komplexen Inhaltsbereichen wie dem des vorliegend untersuchten Unterrichts deuten auf einen schmalen Grat zwischen Aktivierung und Überforderung der Lernenden hin. Häufig ist in einem an Handlungszielen ausgerichteten Unterricht eine finale Lernintention erkennbar (vgl. Riedl 1998, S. 259). Grundlagenwissen wird dann vernachlässigt. Ein Weg diesem Nachteil zu begegnen, besteht in der komplementären Anordnung instruktiver und konstruktiver Ansätze. Das ergänzende Zusammenwirken mit instruktionalen Phasen im Unterricht beugt zudem der Gefahr der Überforderung der Lernenden im Prozess der Selbststeuerung vor.

Lernumgebungen, die „den Lernenden sowohl Freiraum für individuelle Wissenskonstruktion gewähren als auch vielfältige Möglichkeiten gezielter Unterstützung anbieten" (Reinmann-Rothmeier, Mandl 1998, S. 485), werden als adaptive Lernumgebungen bezeichnet. Eine solche Gestaltung soll oben benannte Probleme weitgehend selbstgesteuerten Lernens verringern. Die hier untersuchte Lerneinheit entspricht dieser Klassifizierung, da hier eine Problemorientierung vorliegt, in der die Lernenden bei der Problemlösung nicht alleine gelassen, sondern individuell unterstützt werden. Dubs (1995b, S. 899ff.) merkt hierzu an, dass ein fachsystematisches Vorgehen, das zum Kognitivismus tendiert und ein handlungssystematisches Vorgehen mit konstruktivistischer Ausrichtung gut miteinander in Einklang zu bringen sind. Forschungsergebnisse eines explorativen Schulversuchs im kaufmännischen Bereich (ebd., S. 895ff.) weisen darauf hin, dass sich für ein nicht optimales, ausschließlich selbstgesteuertes Lernen verschiedene Optimierungsmöglichkeiten durch helfende Maßnahmen der Lehrkraft bieten. Auch die verschiedenen Ergebnisse der in Kapitel 2.2.1 skizzierten Arbeiten von Tenberg (1997) und Riedl (1998) weisen mehrfach in diese Richtung.

Nach Aebli (1980 u. 1981) sind grundlegende Prozesse kognitiven Aufbaus durch die Verknüpfung begrifflicher Elemente durch Relationen gekennzeichnet. Längere Verknüpfungssequenzen können dann zu Elementen verdichtet werden. Steiner zufolge muss daneben „ein dritter Prozess, das *Organisieren* oder *Strukturieren* entsprechend den bereichsspezifischen Gegebenheiten postuliert werden" (1996, S. 298, Hervorhebungen im Original). Durch einen Instruktor, der die entsprechende Organisation der aufzubauenden Wissensstrukturen oder mentalen Modelle kennt, sind Aufbauprozesse entsprechend zu planen, anzuleiten und zu evaluieren. Das begleitende Kontrollieren des Verstehensprozesses als ‚comprehension monitoring' wird als nötiges und geeignetes Vorgehen bezeichnet, „gegen die verheerende Additivität in der Verarbeitung von zu lernendem Material anzukämpfen und eine stärker auf integrative Behandlung des Lernstoffes ausgerichtete Instruktion durchzusetzen" (ebd. S. 299). Wissen soll in vielfältigen potentiellen Anwendungsbereichen erworben und während dieses Erwerbsprozesses auch abstrahiert werden. Damit wird es nicht abstraktes, sondern von den Lernenden selbst abstrahiertes und damit leichter transferierbares (deklaratives) Wissen. Ein Streben nach Wissensstrukturierung im Unterricht steht nicht im Widerspruch zu situierter Kognition, da nicht die Darstellung fertiger Systeme und vorgegebener Strukturen das Ziel ist. Vielmehr betont ein strukturorientierter Ansatz ein Herausarbeiten der Tiefenstrukturen des Wissens (Einsiedler 1996, S. 188).

Schelten (1997, S. 608ff.) sieht für die Anbahnung beruflicher Handlungskompetenz die Aufgabe der Berufsschule gegenüber betrieblichen Lernorten darin, in erster Linie Begründungswissen als deklarativen Wissensanteil im Verbund mit anderen Wissensarten zu vermitteln. Gruber und Mandl (1996, S. 603) kennzeichnen zwar prozedurales Wissen für konkrete Aufgaben als „wesentlich nützlicher als deklaratives, da es wegen der Verknüpfung mit spezifischen Kontextbedingungen immer richtig anwendbar ist". Für Problemsituationen, für die kein solches Wissen vorliegt, muss jedoch auf einer elaborierten deklarativen Wissensbasis prozedurales Wissen neu generiert werden können. Kognitive Strukturen sind „kein Abbild der Realität, sondern ein flexibles Gebilde abstrakter Symbole, Pläne, Operationen, Regeln usw. Der Aufbau der internen Strukturen ist eine konstruktive, stark vom individuellen Vorwissen bestimmte Leistung" (Einsiedler 1996, S. 174). Zu stark vorstrukturierte Lernsequenzen würden daher eigene Konstruktionsleistungen hemmen. Ein mittlerer Grad an Strukturierung und Schwierigkeit würde demnach in einer Art Entdeckungslernen dazu führen, die Strukturen selbst herauszufinden (ebd. S. 175). Bei dieser Globalthese wird jedoch weder die Bereichs- und Adressatenspezifität noch die Art der Strukturierungshilfen thematisiert. Aus der Forschung zur Unterrichtsqualität ist bekannt (Helmke, Weinert 1997), dass ein hoher Grad an Strukturierung verbunden mit Kleinschrittigkeit und Zusatzhinweisen ein sehr wirksamer Unterrichtsfaktor ist. Daraus abgeleitet erscheint es günstiger, Unterrichtsinhalte optimal zu strukturieren und diese gleichzeitig mit Fragen, Aufgaben und Problemstellungen zu verknüpfen, die widersprüchlich und konflikthaltig sind und ein selbstständiges Entdecken stimulieren (ausführlicher zur Strukturbildung ebd. S. 177f., Forschungsergebnisse zu hierarchischer Wissensstrukturierung ebd. S. 181). Auch hier ist es aus konstruktivistischer Sicht notwendig, Wissensstrukturen entlang konkreter Handlungen zu entwickeln. Dabei „sind Lernende anzuregen, die eigentlichen abstrakten semantischen Relationen zu extrahieren" (ebd. S. 187). Lernende müssen jedoch mit den entsprechenden Techniken externer Hilfen und Darstellungen vertraut sein, damit diese helfen, logische Strukturen und interne Verstehensstrukturen aufzubauen (ebd. S. 185).

3.2 Lernen mit Selbstlernmaterialien

In konstruktivistischen Lehr-Lern-Prozessen wird den Lernenden ein hoher Grad an Selbststeuerung übertragen. Der Wissenserwerb erfolgt aktiv, situativ, konstruktiv und sozial (vgl. hierzu detailliert Reinmann-Rothmeier, Mandl 1998, S. 459ff.). Die Selbststeuerung der Lernenden wird im vorliegend untersuchten Unterricht durch Selbstlernmaterialien gestützt. Diese bestehen aus einem Leittext und dem dazugehörigen Informationsmaterial. Der Einsatz von Leittexten zur Führung selbstgesteuerter Lernprozesse in der technischen beruflichen Bildung ist nicht neu und geht auf Modellversuche zur Erprobung neuer Ausbildungsmethoden in der betrieblichen Bildung in den achtziger Jahren zurück. Diese Impulse aus der betrieblichen Bildung wurden in den beruflichen Schulen aufgenommen und weiterentwickelt. Leittexte können einen handlungsorientierten Unterricht strukturieren und den Lernenden als Leitfaden zur Unterrichtssteuerung dienen (vgl. Schelten 2000, S. 108ff.). Sie erfüllen dabei folgende Funktionen (vgl. Rottluff 1992):

- Einführung in den neuen Ausbildungsabschnitt
- Festlegen von Regeln für den Lern- und Arbeitsprozess
- Vorstellen der anstehenden Arbeitsziele und praktischen Aufgaben
- Anleiten des Kenntniserwerbs und der Arbeitsplanung mit Hilfe von Leitfragen und Impulsen
- Hinweise auf Medien, die benötigte Informationen zu Lerninhalten enthalten oder Bereitstellen von Informationen, wenn passende Medien fehlen
- Auswerten der Arbeitsergebnisse durch Selbst- und Fremdeinschätzung anhand von Auswertungshilfsmitteln

In individualisierten Unterrichts- oder Unterweisungsformen dienen Leittexte den Lernenden als Leitfaden. Rottluff beschreibt Leittexte als „die lange Leine, mit der der Ausbilder seine Gruppe führt" (ebd., S. 11). Vielfältige Lerngegenstände und Lernsituationen stellen unterschiedliche Anforderungen an Leittexte, die nicht von ein und demselben vorgegebenen Leittextschema abgedeckt werden können. Jedoch lassen sich durch die folgenden grundsätzlichen Eigenschaften Gemeinsamkeiten des Lernens mit der Leittextmethode beschreiben (ebd., S. 10 u. 12):

- Das Lernen zielt auf eine umfassende berufliche Handlungskompetenz, bei der auch berufsübergreifende Qualifikationen (Schlüsselqualifikationen) betont werden.
- Die Lernenden bearbeiten in der Regel komplexe Aufgabenstellungen.
- Lernende erarbeiten sich Kenntnisse möglichst selbständig und selbstreguliert.
- Die Planung der Arbeit kann je nach Komplexitätsgrad der Aufgabe und Kenntnisstand der Lernenden auch durch Planungsanweisungen unterstützt werden.
- Für das Lernen sind vielfältige Medien verfügbar, die von den Lernenden gesichtet und ausgewählt werden müssen.
- Lernprozesse berücksichtigen weitgehend das individuelle Lerntempo und die Lernleistungsfähigkeit Einzelner.
- Lernende arbeiten möglichst in Teams zusammen.
- Lernende werten die Ergebnisse ihrer Arbeit nach Abschluss einer Gesamt- oder Teilaufgabe zuerst selbst aus und besprechen die Ergebnisse dann mit der Lehrkraft.
- Die Lehrkraft übernimmt die Rolle des Lernberaters. Sie gibt dabei unterstützende Hilfen, ohne jedoch fertige Lösungen zu präsentieren.

Leittexte sind vorbereitete Unterrichtsmaterialien, mit denen sich Lernende weitgehend selbstständig Kenntnisse aneignen können. Durch Leittexte werden Lernprozesse vorstrukturiert und die Lernenden sowohl inhaltlich als auch methodisch geführt. Sie geben Aufgabenstellungen und Anweisungen vor und zeigen für die konkrete Bearbeitung der Aufgaben er-

3 Theoretische Grundlagen

gänzende, externe mediale oder personale Informationsquellen auf. Leittexte stellen Informationen über Ziel, Inhalt und Verlauf eines Ausbildungsabschnittes bereit. Durch sie wird eine Selbstkontrolle und Auswertung von Arbeitsergebnissen durch die Lernenden ermöglicht.

Im Bereich der beruflichen Bildung liegen Leittexte meist in schriftlicher Form vor; daneben können Informationen auch audiovisuell oder multimedial angeboten werden (vgl. Schelten 2000, S. 112.). Was jedoch im Unterricht der vorliegenden Forschungsarbeit nicht der Fall ist. Die Selbstlernmaterialien bestehen hier aus einem Leittext, der die oben genannten Funktionen erfüllt, und einem mehrseitigen Geheft, das als Informationsmaterial bezeichnet wird. Dieses Informationsmaterial enthält alle Informationen, die für die Bearbeitung der Aufgaben des beobachteten Unterrichts erforderlich sind. Um die Auswirkungen der unterschiedlich gestalteten Varianten der Selbstlernmaterialien nicht zu beeinträchtigen, sind den Lernenden während des untersuchten Unterrichts keine weiteren Hilfsmittel oder Nachschlagewerke erlaubt.

Die Gestaltungsvarianten der Leittexte des untersuchten Unterrichts unterscheiden sich nur in den Verweisen und Bezügen zur entsprechenden Variante des Informationsmaterials. Der Aufbau der Leittexte ist darauf ausgerichtet, die oben angeführten Funktionen eines Leittextes zu erfüllen und ähnelt sich in beiden Varianten stark (vgl. Kapitel 4.2.3.2 und Anhang, S. 142-159). Die nachfolgend näher beschriebenen Gestaltungsvarianten der eingesetzten Informationsmaterialien unterscheiden sich in ihrem Aufbau grundlegend. Eine Variante weist eine Struktur auf, die sich an der hinter dem Lerninhalt liegenden Fachsystematik orientiert. Die andere Variante besteht im Wesentlichen aus zwei vollständigen Lösungsbeispielen, anhand derer die Lernenden ihr für die Bearbeitung der Aufgaben des Leittextes benötigtes Wissen erarbeiten.

3.2.1 Systematikorientiertes Informationsmaterial

Die Vermittlung von Lerninhalten orientiert sich traditionell an dem systematischen Aufbau der Lerninhalte und der betreffenden Fachwissenschaft, aus der diese entstammen. Fach- und Lehrbücher sind traditionell fachsystematisch aufgebaut. Die meisten metalltechnischen Lehrbücher zielen dabei auf eine systematisch-logische Strukturierung des Lehrstoffes ab (vgl. Nashan, Ott 1995, S. 167). Kommen hier Beispiele zum Einsatz, so sind diese meist weder zusammenhängend noch komplex und dienen der Verbesserung der Anschaulichkeit der systematischen Zusammenhänge.

Der Aufbau der systematikorientierten Variante des Informationsmaterials ist an dem eines sachlogisch-systematischen (vgl. Glöckel 2003, S. 193) bzw. logisch-systematischen Lehrgangs (vgl. Pahl 1998, S. 116f.) oder auch Fachbuchs angelehnt. „Die logisch-systematische Form ist dadurch gekennzeichnet, dass ein abgegrenztes Gebiet, als System geordnet, vorhanden ist" (Pahl 1998, S. 119). Das Informationsmaterial ist jedoch nicht mit einem Lehrgang zu verwechseln, da ein Lehrgang im Gegensatz zu problemorientierten Unterrichtsverfahren „vorwiegend mitteilenden Charakter" besitzt (vgl. Pahl 1998, S. 113).

Das innerhalb der Steuerungstechnik abgegrenzte Gebiet der Schrittkettenprogrammierung wird in der der systematikorientierten Variante des eingesetzten Informationsmaterials systematisch geordnet dargeboten. Der Aufbau des Informationsmaterials geht vom Elementaren zum Komplexen und orientiert sich an fachwissenschaftlichen Bezügen der Domäne. Bei der Bearbeitung der Aufgabenstellungen des Leittextes erfasst der Lernende das systematisch dargebotene Wissen des Informationsmaterials und setzt es zur Lösung der Aufgaben ein. Es ist hier nicht erforderlich, das benötigte Wissen vor der Anwendung aus dem situierten Kontext einer Beispielaufgabe zu lösen. Der systematisch dargebotene Wissensaufbau soll den Lernenden beim Erwerb einer Wissensrepräsentation der Domäne unterstützen. Das benötigte Wissen wird mit Hilfe der systematikorientierten Variante des Informationsmaterials in analytisch abstrahierter Form erworben. Das erarbeitete Wissen liegt nicht-situiert vor und kann daher direkt für die Bearbeitung der Problemstellungen des Leittextes angewendet werden.

Bis auf wenige Ausnahmen (z.B. Reinmann-Rothmeier, Mandl & Ballstaedt, 1995, zum Einsatz von Lerntexten in der Weiterbildung) stellt sich die Literaturlage bezüglich einer Theorie des systematikorientierten Aufbaus von Selbstlernmaterialien sehr eingeschränkt dar. Wünschenswert wäre in diesem Zusammenhang eine systematische Darstellung der unterschiedlichen Gestaltungsvarianten von Selbstlernmaterialien mit einer Betrachtung der jeweiligen Stärken und Schwächen im Rahmen einer empirischen Forschungsarbeit.

Einen Gegensatz zum eben dargestellten, traditionellen Aufbau des systematikorientierten Informationsmaterials stellt die nachfolgend beschriebene beispielorientierte Variante des eingesetzten Informationsmaterials dar.

3.2.2 Beispielorientiertes Informationsmaterial

In der beispielorientierten Gestaltungsform sind die zu vermittelnden theoretischen Lerninhalte in den Selbstlernmaterialien handlungssystematisch mit konkreten beruflichen Bezügen verknüpft. Die Selbstlernmaterialien beinhalten hierfür zwei vollständige Lösungsbeispiele: Ein einfacheres Lösungsbeispiel, mit Hilfe dessen in die Problematik eingeführt wird, und ein komplexes, aus dem die Schüler das zur Bearbeitung der komplexen Programmieraufgaben erforderliche Wissen extrahieren. Der Lernende ist bei der Bearbeitung der Aufgabenstellungen zu den beiden Lösungsbeispielen des Informationsmaterials gezwungen, eine abstrahierende Perspektive einzunehmen und das situiert dargebotene Wissen aus den Beispielen zu lösen und zur Lösung der Aufgaben einzusetzen.

Beispiele sind seit jeher ein fester Bestandteil von Lehr-Lern-Prozessen. So führen Beispiele z. B. in einen neuen Themenbereich ein oder dienen der Verbesserung des Verständnisses neu eingeführter Zusammenhänge. Anhand von Gegenbeispielen werden Geltungsbereiche allgemeiner Aussagen identifiziert und Anwendungsbeispiele zeigen auf, wie das erarbeitete Wissen auf konkrete Fragestellungen angewendet werden kann (Reimann 1997, S. 1). Reimann (ebd. S. 1f) unterscheidet drei grundsätzliche Funktionen von Beispielen:

1. *Motivationale Funktion*
Durch das Beispiel soll Neugierde geweckt werden, z.B. dadurch, dass ein ungewöhnlicher Vorgang gezeigt wird und beim Lernenden die Frage aufkommt, wie es dazu gekommen sein mag. Ebenfalls motivierend wirkt die durch das verwendete Beispiel aufgezeigte Relevanz des zu vermittelnden Wissens.

2. *Beispiele als Materialien für exploratives Lernen*
In Lehrsituationen, die Begriffsbildungsexperimenten ähneln, aber auch beim Einsatz von Simulationen zu Lehrzwecken ist der Lernende gehalten, durch die Analyse von Beispielen auf allgemeine Begriffe oder Zusammenhänge zu schließen. Die gefragten Begriffe werden hierbei nicht vorgegeben, sondern vom Schüler gefunden bzw. induziert.

3. *Beispiele als Illustration allgemeiner Prinzipien und Prozeduren*
In dieser Funktion dienen Beispiele dazu, bereits eingeführte allgemeine Prinzipien oder Prozeduren durch das Aufzeigen konkreter Anwendungen zu illustrieren.

In Teilen finden in der vorliegenden Arbeit alle drei genannten Funktionen von Beispielen Anwendung. Zum ersten wecken sowohl das erste, einfachere Lösungsbeispiel sowie das komplexe Lösungsbeispiel der zweiten Aufgabe die Neugier der Lernenden. Die Beispiele aus der beruflichen Praxis bezeugen darüber hinaus die hohe Relevanz der zu erarbeitenden Lerninhalte. Zum zweiten analysieren die Schüler die beiden Lösungsbeispiele mit Hilfe der Erschließungsfragen und finden bzw. bestätigen die gefragten Begriffe und Schemata selbständig. Zum dritten werden die Prinzipien und Prozeduren der Schrittkettenprogrammierung - dem Lerninhalt des untersuchten Unterrichts - durch die konkreten Anwendungsbeispiele illustriert.

In den vorliegend untersuchten Lernprozessen handelt es sich zentral um den Erwerb zu erlernender Schemata, mit Hilfe derer SPS-Schrittketten programmiert werden. Nach Stark (1999, S. 20) können Lösungsbeispiele die Induktion von zu erlernenden Schemata fördern. Dabei ist gemeint, dass Lösungsbeispiele „die Struktur eines abstrakten Konzeptes veranschaulichen" können. Somit bieten sie „Lernenden die Möglichkeit, allgemeine Prinzipien aus einer gut strukturierten Lösung zu extrahieren" (ebd. S. 20).

Eine weitere Funktion von Lösungsbeispielen besteht in der „*Prozeduralisierung* von Fertigkeiten" (Anderson, Farrel, Sauers 1984, zit. nach Stark 1999, S. 20, Hervorhebung im Original). Demnach können geeignete Beispiele „als Modelle zur Extraktion oder zur Übernahme von Prozeduren dienen" (ebd., S. 20). Eine Ähnlichkeit zwischen dem gewählten Beispiel und der zu lösenden Aufgabe erleichtert die Prozeduralisierung. Der Vorteil gegenüber einem klassischen, systematikorientiert aufgebauten Lehrtext besteht hierbei darin, dass die Überführung in eine Prozedur hier schon erbracht ist. Der Prozeduralisierungsprozess ist direkt. Die gefundene Prozedur kann sofort zur Problemlösung eingesetzt werden. Das Wissen des systematikorientiert aufgebauten Lehrtextes muss dazu erst in eine Prozedur überführt werden (vgl. ebd., S. 20).

Als eine Erklärung für die Effektivität des Lernens mit Hilfe von Lösungsbeispielen dient in letzter Zeit bevorzugt die *Cognitive Load* Theorie (vgl. Sweller, VanMerrienboer, Paas 1998 und VanMerrienboer, Kirschner, Kester 2003). Nach dieser Theorie besteht ein Zusammenhang zwischen dem Umgang mit Kapazitätsbeschränkungen des menschlichen Informationsverarbeitungssystems und der Leistungsfähigkeit beim anfänglichen Erwerb kognitiver Fähigkeiten. Im Zentrum der Theorie steht die Kapazitätsbeschränkung der einzelnen Bereiche des Arbeitsgedächtnisses. Laut Sweller (1988) resultiert die kognitive Belastung bei Lernprozessen aus der Menge an Informationen, die für kognitive Vorgänge bei der Bearbeitung von Aufgabenstellungen bereit gehalten werden müssen sowie aus den für die Bearbeitung der Aufgaben erforderlichen Prozessen selbst. Aus der genannten Kapazitätsbeschränktheit ergeben sich Probleme, wenn mehr Informationen in die Verarbeitungsprozesse einbezogen werden müssen als dafür notwendige Kapazitäten verfügbar sind. Als Konsequenz dieses Defizits steigt die Fehlerwahrscheinlichkeit drastisch an. Sweller, VanMerrienboer und Paas (1998, zitiert nach Renkl 2003, S. 94f.) unterscheiden drei unterschiedliche Formen von *Cognitive Load*: *Intrinsic Load* bestimmt sich über die Komplexität des Lernmaterials und kann somit nicht ohne weitere Maßnahmen durch instruktionale Intervention verändert werden. *Extraneous Load* bezeichnet die Belastung, die durch die Verarbeitung von Informationen entsteht, die nicht unmittelbar dem Wissenserwerb dienen. Derartige Belastungen, wie z.B. das Umrechnen von Größen in Berechnungsaufgaben zur technischen Mechanik, sind durch die instruktionale Gestaltung der Lernsituation bedingt und können demnach auch instruktional verändert werden. *Germane Load* beschreibt die kognitive Belastung aus den Lernprozessen selbst. Ziel der Gestaltung von Lehr-Lern-Situationen muss es daher sein, die Verarbeitungskapazitäten dahingehend zu optimieren, dass der Lernprozess von einem möglichst hohen Anteil an *Germane Load* gekennzeichnet ist.

Aus der Sicht der *Cognitive Load* Theorie liegt der wichtigste Vorteil des Lernens aus Lösungsbeispielen darin, dass es geringen *Extraneous Load* verursacht und daher mehr Raum für die eigentlichen Lernprozesse (*Germane Load*) bleibt. Diese theoriegestützte Erklärung der Effektivität des Lernens mit Hilfe von Lösungsbeispielen wurde von Renkl (2003) empirisch überprüft und bestätigt. Renkl (ebd. S. 100) empfiehlt, Lösungsbeispiele so zu gestalten, dass „ihre Verarbeitung wenig kognitive Kapazität in Anspruch nimmt". VanMerrienboer, Kirschner, Kester (2003, S. 12) weisen in diesem Zusammenhang auf die Wichtigkeit von Erschließungsfragen und Arbeitsaufträgen für den Lernerfolg hin: „Asking questions about worked-out examples or completion tasks is important to ensure that learners elaborate them".

3.3 Lehrerverhalten in handlungsorientiertem Unterricht

In einem handlungsorientierten Unterricht kommt den „Lehrenden die Rolle von Beratern und Experten" (Bonz 1999, S. 151) zu. Die „Führungs- und Lenkungsfunktion" (ebd.) nimmt hier im Gegensatz zum herkömmlichen Unterricht zum größten Teil der Leittext wahr. Die Steuerung des Unterrichts wird somit auch durch die Selbsttätigkeit der Schüler mitbestimmt (vgl. Schelten 2004, S. 184). Gleichwohl behält die Lehrkraft selbstredend die Aufsicht über das Lerngeschehen in dem von ihr vorbereiteten Lehr-Lern-Arrangement.

Da die Lehrkraft in einem handlungsorientierten Unterricht nicht die Rolle des zentralen Wissensvermittlers übernimmt, tritt sie zunehmend in den Hintergrund. Sie wird zum Organisator, Initiator sowie hauptsächlich Berater und Unterstützer der Lernprozesse im Unterricht. Die Lehrkraft gibt den Auszubildenden in Fachgesprächen laufend Rückmeldungen über deren Lernfortschritt. Bei etwaigen Fragen ist die Lehrkraft stets in der Lage, die Schüler über Gespräche zur selbstständigen Problemlösung anzuleiten. Weichen Schüler von einer Musterlösung ab und entwickeln eigene Lösungsvorschläge, so werden diese von der Lehrkraft nachvollzogen und gegebenenfalls korrigiert. Häufig entstehen hierbei für den Lernprozess fruchtbare Fachgespräche zwischen Lehrkraft und Schülern.

Eine positive Veränderung, welche die Verschiebung des Schwerpunkts des Lehrerverhaltens von der Führung hin zur Beratung bewirkt, besteht in der Versachlichung der Lehr-Lern-Prozesse. Dies gründet sich darauf, dass die schriftlich formulierten Lerninhalte vom Schüler objektiver wahrgenommen werden als die persönlichen Äußerungen der Lehrkraft. Durch den Einsatz von Leittexten verringert sich die Gefahr, „daß der Lernerfolg durch persönliche oder emotionale Hintergründe zwischen Lernenden und Lehrenden beeinflusst wird" (Bonz 1999, S. 152). Neben der positiven Wirkung eines Methodenwechsels stellt diese Wirkung eines handlungsorientierten Unterrichts aus der unterrichtlichen Praxis betrachtet einen weiteren Grund für die Durchführung eines solchen dar.

Um eventuell auftretenden Phasen der Orientierungslosigkeit oder Frustration bei den Lernenden vorzubeugen, ist es unbedingt erforderlich, dass die Lehrkraft in einem handlungsorientierten Unterricht ständig für die Schüler erreichbar ist. So muss die Lehrkraft „auch bei Fortgeschrittenen in kritischen Momenten beim Lernen (Motivationseinbruch, Lernprobleme, Organisationsprobleme) mit Lernberatung zur Verfügung stehen" (Dubs 1999, S. 164). Als geeignete Orientierungshilfe für die Beschaffenheit einer solchen Lernberatung und Unterstützung dient z.B. das Scaffolding (vgl. Dubs 1999).

3 Theoretische Grundlagen

Im Sinne einer lernförderlichen Verschränkung konstruktiver und instruktiver Elemente in einem modernen, beruflichen Lehr-Lern-Arrangement (vgl. Kapitel 3.1.2) tritt die Lehrkraft im vorliegend beschriebenen Unterricht nicht nur als Berater und Unterstützer der individuellen Lernprozesse der Schüler auf. An zwei definierten, lehrerinitiierten Punkten im Unterrichtsverlauf werden Lerninhalte instruktiv vom Lehrer wiederholt und vertieft. Diese Lehrerinstruktion für die gesamte Schülergruppe eines Treatments (vgl. Kapitel 2.3, Übersicht 2-1) unterscheidet sich ebenso wie die individuelle oder in der Kleingruppe gegebene Unterstützung des Lehrers in ihrer grundsätzlichen Ausrichtung.

Die lehrerinitiierte Instruktion für die Schülergruppe eines Treatments erfolgt nicht in einem reinen Lehrervortrag. Als Vermittlungsmethode wird hier der „Dialog als Instruktion" gewählt (vgl. Dubs 1995a, S. 135). Das Ziel des Dialogs als Instruktion ist es, „die Lernenden durch geschickte Vermittlung zwischen ihrem Wissen und Können sowie neuen Lerninhalten mittels Fragen, Hinweisen, Ergänzungen (Scaffolding) zu einem bestimmten Ziel zu führen. Dabei ist nicht nur das Ergebnis (Produkt) sondern auch der Weg zum Ziel (Prozess) von Bedeutung, indem die Lernenden im Dialog auch bewusst erfahren müssen, auf welchem Weg (Prozess) sie zum Ergebnis (Produkt) gekommen sind" (ebd.). Diese Zielsetzung des Dialogs als Instruktion entspricht in seiner Beachtung der Vorgehensweise für die Zielerreichung dem Wesen eines handlungsorientierten Unterrichts. Zugleich erfüllt die gewählte Methode des Dialogs als Instruktion die Anforderungen an das geforderte instruktive Element im Rahmen eines gemäßigt-konstruktivistischen Unterrichts.

Im Rahmen der vorliegend beschriebenen Untersuchung kamen zwei Varianten eines Lehrerverhaltens zum Einsatz. Das Instruktions- und Unterstützungsverhalten der Lehrkraft ist in der systematikorientierten Variante eher abstrahierend-systematisierend und in der beispielorientierten Ausprägung eher konkretisierend-beispielbezogen. Die jeweilige Gestaltungsvariante der Lerneinheiten richtet sich dabei jedoch nicht starr und maskenhaft an einem methodisch redundanten Vorgehen aus. Vielmehr akzentuieren die jeweiligen Varianten grundsätzliche Orientierungen eines Lehrerverhaltens, die in verschiedenen methodischen Variationen umgesetzt werden. Im Lernprozess ist insbesondere darauf zu achten, dass die Lehrer-Schüler-Interaktion natürlich verläuft und die Lehrkraft Aufforderungen der Schüler nach Hilfestellungen nachkommt.

3.3.1 Systematikorientiertes Lehrerverhalten

In der systematikorientierten Variante des Lehrerverhaltens legen die Instruktionen und Unterstützungen der Lehrkraft abstrahierend allgemeine Prinzipien eines Sachverhalts dar. Das abstrahierend-systematisierende Instruktionsverhalten der Lehrkraft zielt insbesondere auf eine Systematisierung der Lerninhalte. Die zu vermittelnden Lerninhalte, Schemata und Prozeduren werden allgemein und unter Hervorhebung der systematischen Zusammenhänge vermittelt. Bezüge zu den vorliegenden Beispielen und der jeweiligen Aufgabensituation müssen von den Lernenden selbst hergestellt werden. Treten die Lernenden mit Fragen zu konkreten Problemstellungen an den Lehrer heran, erhalten sie hier ebenfalls eine abstrahierende Hilfestellung, die allgemeine Prinzipien zum nachgefragten Sachverhalt erläutert.

3.3.2 Beispielorientiertes Lehrerverhalten

Die Instruktionen sowie das Unterstützungsverhalten der Lehrkraft richten sich in der beispielorientierten Variante des Lehrerverhaltens an Beispielen aus, die konkrete Situationen und Handlungsvollzüge in den Vordergrund rücken. Dieses konkretisierend-beispielbezogene Lehrerverhalten zielt auf eine handlungssystematische Situierung der Lerninhalte. Systematisierende Abstraktionen und Verallgemeinerungen müssen hier von den Lernenden selbst vorgenommen werden. Bei Fragen der Schüler zu auftretenden Problemen vermeidet die Lehrkraft eine Einordnung des Problems in eine Fachsystematik ebenso wie die Herstellung fachsystematischer Bezüge. Hilfen werden hier bezogen auf das vorliegende Problem gegeben.

4 Organisation und Konzeption des untersuchten Unterrichts

Das folgende Kapitel stellt die Organisation und Konzeption des untersuchten Unterrichts dar. Neben den Unterrichtsinhalten werden der Unterrichtsverlauf, die Lernmaterialien sowie die Lerngegenstände und Räumlichkeiten beschrieben. Der Unterricht lief in den Schulwochen vom 22.01.01 bis 09.02.01 an der Städtischen Berufsschule für Fertigungstechnik in München mit Schülern zweier Klassen der 1. Fachstufe Mechatroniker. Die Ergebnisse der vielfältigen Datenerhebungen über den Unterricht werden in Kapitel 7 vorgestellt. Die Darstellung des methodischen Hintergrunds der Untersuchung erfolgt im nächsten Kapitel 5.

4.1 Organisation des untersuchten Unterrichts

Im Schuljahr 2000/01 wurden an der Städtischen Berufsschule für Fertigungstechnik in München insgesamt neun Klassen des Ausbildungsberufs Mechatroniker in drei Jahrgangsstufen unterrichtet. Der Unterricht an dieser Schule ist in Blockform organisiert. Die Schüler der 11. Jahrgangsstufe besuchen 12-mal je eine Woche die Berufsschule und sind nach jeder Blockwoche für ca. zwei Wochen und in den Schulferien in ihrem Ausbildungsbetrieb. Grundlage für die schulspezifische Gestaltung der Unterrichtsverteilungspläne für die drei Jahrgangsstufen bildet der Rahmenlehrplan für den Ausbildungsberuf Mechatroniker/Mechatronikerin (Beschluss der Kultusministerkonferenz vom 30. Januar 1998), der vom Freistaat Bayern unmittelbar übernommen wurde. Aus Gründen einer inhaltlichen Umgestaltung der Unterrichtsverteilungspläne wurden im Schuljahr 2000/01 an der Städtischen Berufsschule für Fertigungstechnik Lerninhalte der Lernfelder des Rahmenlehrplanes zu Teilen in eigene Lernfelder zusammengefasst. So fanden sich Inhalte der Lernfelder „Realisieren mechatronischer Teilsysteme" und „Design und Erstellen mechatronischer Systeme" des Rahmenlehrplans im Lernfeld „Automatisierungstechnik" der Berufsschule wieder.

Für das Lernfeld Automatisierungstechnik sind in der 11. Jahrgangsstufe acht Unterrichtsstunden pro Blockwoche vorgesehen. Während des regulären Unterrichts in der 11. Jahrgangsstufe können die Klassen im Lernfeld Automatisierungstechnik in vier der acht Unterrichtsstunden in zwei Gruppen mit jeweils ca. 15 Schülern geteilt werden. Durch die Unterstützung der Schulleitung der Städtischen Berufsschule für Fertigungstechnik konnten aufgrund des speziellen Unterrichtsinteresses für den Zeitraum der Untersuchung noch vier weitere Teilungsstunden zur Verfügung gestellt werden. Die acht Unterrichtsstunden des untersuchten Unterrichts fanden somit alle in geteilter Form im selben Unterrichtsraum statt.

Während der Durchführung des untersuchten Unterrichts ließ sich der normale Ablauf der Unterrichtsorganisation der 11. Jahrgangsstufe weitgehend aufrechterhalten. Die zusätzlichen Teilungsstunden und die beiden Unterrichtsstunden für den Abschlusstest blieben hier die einzige Umstellung. Probleme bereitete hingegen anfänglich die zusätzliche Belegung des Unterrichtsraumes mit acht Unterrichtsstunden pro Untersuchungswoche. Der modern ausgestattete Unterrichtsraum mit der dem aktuellen Industriestandard entsprechenden Montageanlage wird von Industriemechanikern, Mechatronikern und den Maschinenbautechnikern der angegliederten Technikerschule genutzt. Die zusätzlichen Unterrichtsstunden im Unterrichtsraum mit der Montageanlage konnten jedoch ohne Nachteile für den Verlauf des untersuchten Unterrichts in die verbleibenden Lücken des entsprechenden Raumbelegungsplanes gelegt werden. Darüber hinaus stellte die Technikerschule Belegungszeit zur Verfügung.

4.2 Konzeption des untersuchten Unterrichts

Als theoretische Basis für das Konzept des untersuchten Unterrichts dient der Ansatz eines „gemäßigten Konstruktivismus" (vgl. Kapitel 3). Dieser Ansatz gilt als pragmatische Kombination einer konstruktivistischen Position und der traditionellen, objektivistisch-normativen Sichtweise. Aus traditioneller Sicht wird auf objektivistischer Grundlage versucht, durch eine von außen gesteuerte Wissensvermittlung kognitive Strukturen bei den Lernenden zu verändern. In konstruktivistischen Lehr-Lern-Prozessen wird den Lernenden ein hoher Grad an Selbststeuerung übertragen, in denen ein Wissenserwerb aktiv, situativ, konstruktiv und sozial erfolgt (vgl. hierzu detailliert Reinmann-Rothmeier, Mandl 1998, S. 459ff.).

Wie in Kapitel 3 ausführlicher dargelegt, bilden für die konkrete Gestaltung des untersuchten und nachfolgend beschriebenen Unterrichts die Ausführungen von Dubs (1995b) und Riedl, Schelten (2004) die theoretische Grundlage. Der untersuchte Unterricht sowie die Lernunterlagen wurden vom Autor der vorliegenden Arbeit in Zusammenarbeit mit dem durchführenden Lehrer StD Martin Müller konzipiert und erstellt. Herr Müller ist Fachbetreuer für den Bereich Automatisierungstechnik der Städtischen Berufsschule für Fertigungstechnik. Er verfügt über eine mehr als 25-jährige Erfahrung im Unterricht bei Industriemechanikern, Mechatronikern und Maschinenbautechnikern. Darüber hinaus gibt Herr Müller seit mehreren Jahren SPS-Kurse für Studierende der TU München.

In der untersuchten Lernstrecke werden die Schüler durch die Bearbeitung eines handlungssystematisch aufgebauten Leittextes durch den Unterricht geführt. Der Leittext verweist auf ein didaktisch aufbereitetes Informationsmaterial, mit dessen Hilfe die komplexer werdenden Aufgaben bearbeitet werden (vgl. Geiger, Riedl 2004, bzw. Riedl 2001). Die Städtische Berufsschule für Fertigungstechnik in München setzt seit längerer Zeit moderne Unterrichtsformen um, bei denen „Handlungsorientierung" leitend ist. Da hierbei zumeist Leittexte zum Einsatz kommen, sind die Schüler mit dieser Unterrichtsmethode vertraut. Darüber hinaus erfolgt in der 10. Jahrgangsstufe eine gezielte Vorbereitung im Bereich der Mikromethoden.

Das selbstgesteuerte Lernen der Schüler begleiten zwei instruktionale Sequenzen der Lehrkraft am Tageslichtprojektor für die gesamte Schülergruppe eines Treatments. Diese instruktionalen Hilfen sind für alle vier untersuchten Gestaltungsvarianten (vgl. Kapitel 2, Übersicht 2-1) gleich an inhaltlich definierten Punkten des Lernverlaufes in quantitativ identischen Anteilen vorgesehen. An weiteren inhaltlich definierten Punkten erfolgt im Leittext eine Aufforderung zu Fachgesprächen mit dem Lehrer. Diese Fachgespräche dienen vornehmlich der Lernkontrolle für Lehrer und Schüler. Darüber hinaus steht es den Lernenden frei, durch Nachfragen zusätzliche Unterstützung von der Lehrkraft anzufordern.

4.2.1 Unterrichtsinhalte

Die Untersuchung erforscht Lehr-Lern-Prozesse zur Automatisierungstechnik im Ausbildungsberuf „Mechatroniker". Automatisierungsanlagen erfüllen vielerlei Aufgaben. Sie steuern Ventile, regeln, positionieren, zählen, dosieren Abfüllvorgänge usw. Dieser Lernbereich ist sowohl für den Mechatroniker als auch für viele andere Metall- und Elektroberufe von höchster Relevanz. Der untersuchte Unterricht vermittelt Kenntnisse zu Speicherprogrammierbaren Steuerungen (SPS). In dieser Lerneinheit erfolgt die Einführung in das Programmieren von Schrittketten. Automatisierte Anlagen werden durch die Abfolge von programmierten Schritten gesteuert. Dieser Lerninhalt entspricht den Lehrplanvorgaben der Berufsschule für den Ausbildungsberuf Mechatroniker im zweiten Ausbildungsjahr. Anhand der

4 Organisation und Konzeption des untersuchten Unterrichts

Programmieraufgabe 1 des untersuchten Unterrichts erfolgt eine kurze Erläuterung dieses für den Lernerfolg zentralen Lerninhalts (siehe Übersicht 4-1).

Programmieraufgabe 1 - Teilautomatisierte Bohrmaschine

Die untenstehende Bohrmaschine soll mittels einer Speicherprogrammierbaren Steuerung teilautomatisiert werden. Durch Betätigen des Starttasters S1 wird der Spannvorgang gestartet. Nach dem Spannen des Werkstücks durch den Zylinder 1 erfolgt automatisch der Vorschub des Bohrwerkzeugs durch den Zylinder 2. Nach Beendigung des Bohrvorgangs fährt das Bohrwerkzeug zurück und das Werkstück wird entspannt. Die Anlage kann durch das Betätigen der Rücksetztaste S0 in den Ausgangszustand zurückgesetzt werden. Die Steuerung wird mit doppelt wirkenden Zylindern und *monostabilen* Magnetventilen realisiert.

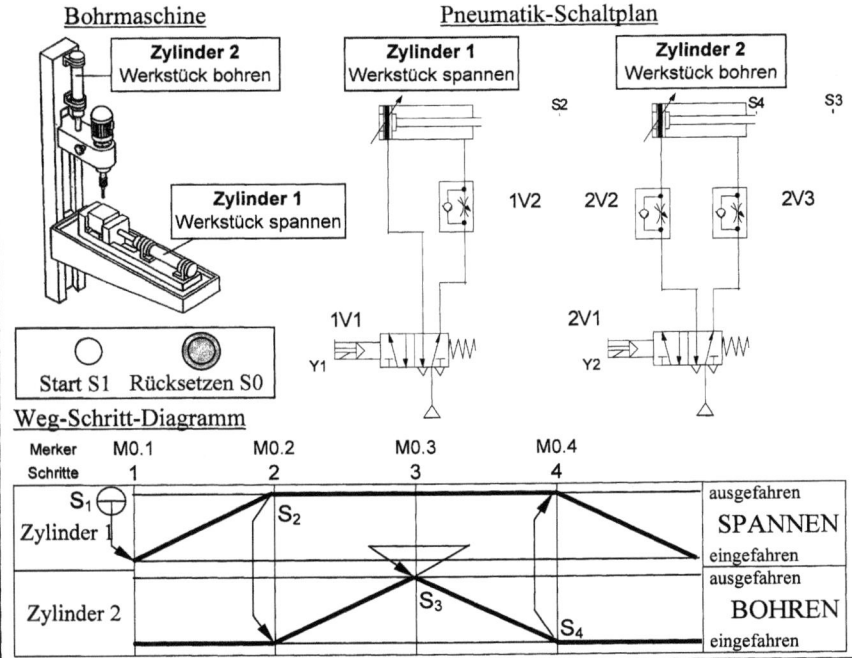

Übersicht 4-1: Beispiel einer Schrittkettenprogrammierung

In SPS-Programmen werden die durch Sensoren und Schalter aufgenommenen Eingangssignale gemäß einer vom Programmierer festgelegten Anordnung von logischen Verknüpfungen in Ausgangssignale umgesetzt. Eingangs- wie Ausgangssignale liegen hier in digitaler Form vor, d. h. sie können nur die Werte 1 oder 0 annehmen. Auf die Verarbeitung analoger Signale und Messwerte wird in der untersuchten Unterrichtseinheit nicht eingegangen.

SPS-Programme zur Steuerung des automatisierten Ablaufs einer Folge von Arbeitsschritten weisen zur Verbesserung der Übersichtlichkeit eine leicht zu erfassende Struktur auf. Zu diesem Zweck teilt man die Programme in Netzwerke auf, die jeweils nur einen Verknüpfungsbaum enthalten dürfen, d. h. alle Eingänge (links) eines Netzwerkes dürfen nur auf einen Ausgang (rechts) zusammenlaufen (vgl. Übersicht 4-2). Inhaltlich zusammengehörende Netzwerke werden in Funktionen zusammengefasst, die dann beim Starten des Programms sequentiell zur Abarbeitung kommen. Einfache Programme setzen sich meist nur aus den Funktionen „Schrittkette" und „Befehlsausgabe" zusammen (vgl. Übersicht 4-2). Dabei befinden sich der besseren Übersichtlichkeit und Nachvollziehbarkeit halber alle Netzwerke, in denen Eingangssignale verknüpft sind, in der Funktion „Schrittkette" und alle Netzwerke, die durch ein Ausgangssignal einen Vorgang auslösen, in der Funktion „Befehlsausgabe". In Übersicht 4-2 sind beispielhaft die korrespondierenden Netzwerke des Vorgangs „Bohrzylinder ausfahren" in den Funktionen „Schrittkette" und „Befehlsausgabe" abgebildet.

Bei der Programmierung der teilautomatisierten Bohrmaschine wird der Gesamtablauf in einzelne Programmierschritte zerlegt. Bei dem Vorgang „Bohrzylinder ausfahren" handelt es sich um den zweiten Schritt des automatisierten Ablaufs. Verknüpfungsergebnisse von Netzwerken der Schrittkette oder anderen Funktionen sowie Signalzustände werden in so genannten Merkern gespeichert. Meist kommen dazu die im Beispiel verwendeten Speicherglieder zum Einsatz. Im Beispiel speichert der Merker M0.2 des zweiten Programmierschritts den Wert des Verknüpfungsergebnisses seines Netzwerks „Bohrzylinder ausfahren", d. h. den Wert des Ausgangs Q des Speicherglieds.

Die hier verwendeten Speicherglieder werden durch das Signal, das am Eingang S anliegt gesetzt. Liegt am Eingang S ein Signal mit dem Wert 1 an, so wird der Wert des Ausgangs Q des Speicherglieds - und somit auch der Wert des Schrittmerkers – gleich 1. Das Rücksetzen des Speichergliedes erfolgt analog dazu durch den Wert des am Eingang R anliegenden Signals. Liegt hier ein 1-Signal an, so wird der Wert des Speicherglieds – und somit auch des Merkers – auf 0 zurückgesetzt. In der Befehlsausgabe werden durch die Merker Ausgangssignale an die angeschlossenen Ventile u. ä. ausgegeben.

Betrachtet man die Netzwerke des Beispiels „Bohrzylinder ausfahren" in den Funktionen Schrittkette und Befehlsausgabe, so könnte man zu dem Schluss kommen, dass hier Redundanzen vorliegen oder dass umständlich programmiert wurde. Zur Vorbereitung auf die Programmierung komplexer SPS-Programme ist es jedoch notwendig, dass sich die Schüler an das vorgegebene Programmierschema halten, auch wenn einfache automatisierte Prozesse ohne die strukturierte Programmierung weniger umständlich zu Programmieren wären.

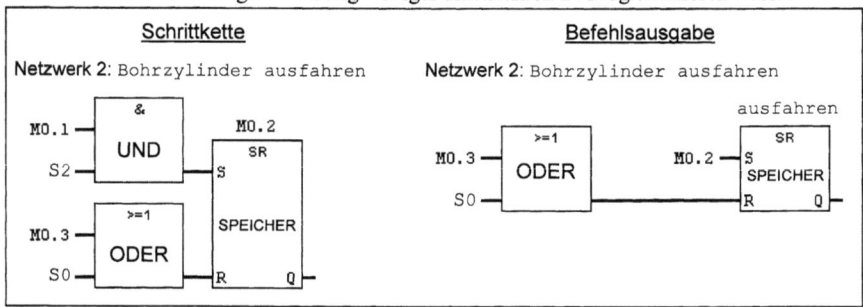

Übersicht 4-2: Schrittkette und dazugehörige Befehlsausgabe zum 2. Programmierschritt

Im Netzwerk „Bohrzylinder ausfahren" der Funktion „Schrittkette" (Übersicht 4-2, links) sind zwei Eingangssignale in einer UND-Verknüpfung miteinander verbunden. Bei den Signalen handelt es sich um M0.1, den Schrittmerker des vorangehenden Programmierschrittes, und S2, den Näherungsschalter, der anzeigt, ob der Spannzylinder ausgefahren ist. Somit wird sichergestellt, dass der Bohrvorgang erst eingeleitet wird, wenn das Werkstück richtig gespannt ist. Liegen bei beiden Eingängen 1-Signale vor, so nimmt das Speicherglied den Wert

1 an. Dieses Verknüpfungsergebnis wird in dem Speicherglied gespeichert und mit der Bezeichnung Schrittmerker M0.2 versehen. Dieses gespeicherte Verknüpfungsergebnis des Beispielnetzwerkes in Übersicht 4-2 – dient im nachfolgenden Programmierschritt der Schrittkette (nicht abgebildet) wiederum als eines der beiden Eingangssignale der UND-Verknüpfung am S-Eingang des Speicherglieds.

In der Befehlsausgabe (Übersicht 4-2, rechts) liegt das gespeicherte Verknüpfungsergebnis aus Schritt 2 - der Schrittmerker M0.2 - als Eingangssignal an einem Speicherglied an. Ist der Wert des Schrittmerkers M0.2 gleich 1, bekommt das entsprechende Ausgangssignal den Wert 1. Im Beispiel bekommt dadurch das Ventil, das den Bohrzylinder steuert, den Befehl zum Umschalten, worauf der Bohrzylinder ausfährt.

Das oben beschriebene Programmierschema ist grundlegend für die Programmierung von SPS-Programmen. Umfangreichere Programme zur Steuerung komplexerer Abläufe weisen lediglich weitere Funktionen auf. Diese dienen z. B. der Programmierung der Auswahl unterschiedlicher Betriebsarten (z. B. Automatik- oder Einzelschrittbetrieb) oder für Meldungen über den Zustand der Anlage bzw. Störungen (vgl. Leittexte und Informationsmaterialien, Anhang S. 142-183).

Weitere Lerninhalte sind die Eigenschaften und der Einsatz von Schrittmerkern und Zeitgliedern, die Betriebsartenauswahl sowie der Aufbau und die Programmierung eines ersten komplexen Schrittkettenprogramms.

4.2.2 Organisatorische Rahmenbedingungen

Für die Automatisierungstechnik sind an der Städtischen Berufsschule für Fertigungstechnik in München verschiedene berufstypische steuerungstechnische Apparaturen als Lernumgebungen in mehreren Unterrichtsräumen vorhanden. Lernende können hier in verschiedenen Lerngebieten (z.B. Pneumatik, Elektropneumatik, SPS und Handhabungstechnik) praxisnah an modernen Fertigungssystemen arbeiten. Das System, mit dem der untersuchte Unterricht arbeitet, ist eine Fertigungsstraße für elektrische Schalter (siehe Übersicht 4-3). Diese Montageanlage entspricht Industriestandard und ist voll produktionstauglich.

Die zur Steuerung des Montageablaufs eingesetzten Automatisierungsgeräte entstammen der Reihe SIMATIC S7 314 und 315 der Firma Siemens. Die zugehörige Software ist Step7 in aktueller Version, welche auf den sechs PCs des Unterrichtsraumes installiert ist und das Betriebssystem Microsoft Windows voraussetzt. Mit der Software lassen sich alle Phasen eines Automatisierungsprojektes (wie Konfiguration und Parametrierung von Hardware und Kommunikation, Erstellung des SPS-Programms, Dokumentation, Simulation, Inbetriebnahme, Service, Fehlersuche, Prozessführung, Archivierung) ausbilden. Weiter sind auf den PCs Textverarbeitungsprogramme installiert, mit denen die Schüler Projektdokumentationen, Arbeitsberichte und Ergebnisprotokolle anfertigen. Der Unterrichtsraum ist mit einem Netzwerkdrucker ausgestattet, auf dem die fertigen Programme der beiden Programmieraufgaben ausgedruckt werden können. Der Tageslichtprojektor und die Projektionswand entsprechen dem gängigen Schulstandard.

Zur Durchführung des praktischen Teils des Abschlusstests wurden die sechs PCs des Unterrichtsraumes sowie neun weitere PCs aus dem sich nebenan befindenden Unterrichtsraum verwendet.

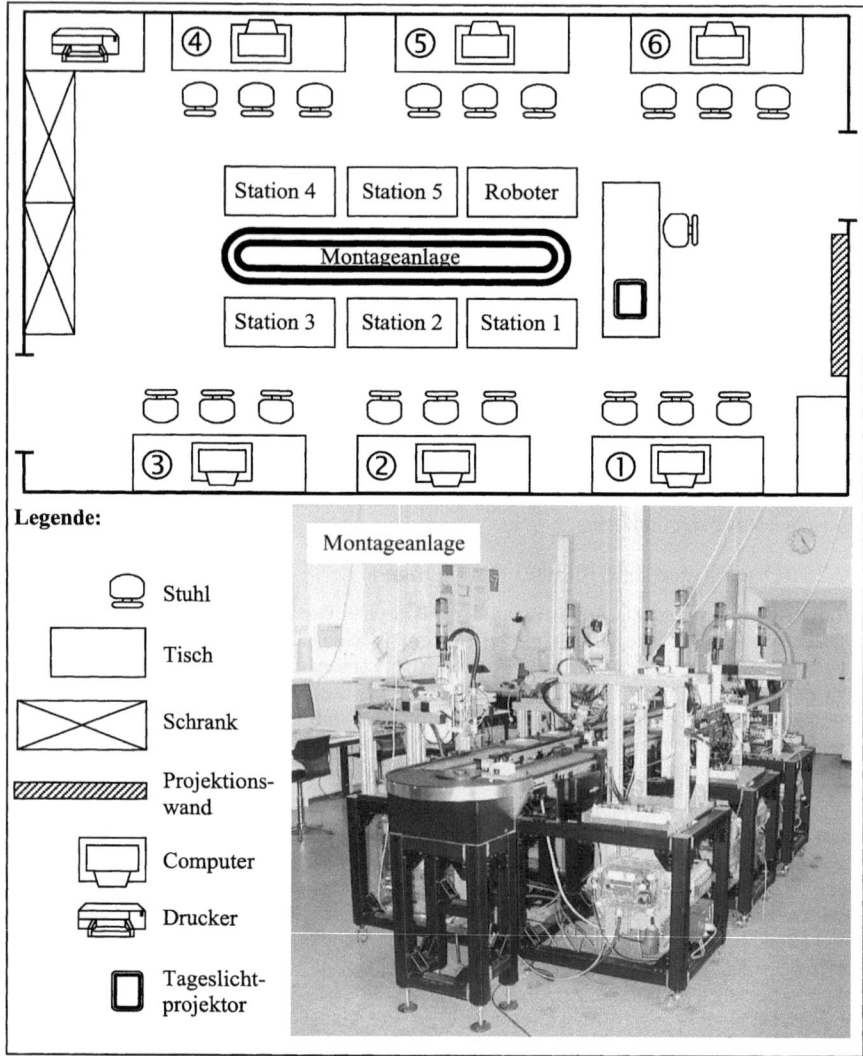

Übersicht 4-3: Unterrichtsraum mit Montageanlage

4.2.3 Unterrichtsverlauf

Die untersuchte Lerneinheit umfasst acht Unterrichtsstunden, die im Zeitraum einer Blockwoche unterrichtet werden. Eine kurze Aufgabenstellung führt anhand eines beruflichen Problems – der Programmierung einer teilautomatisierten Bohrmaschine – in die Thematik ein (siehe Übersicht 4-1, bzw. Anhang, S. 142-159). Hier erfolgen eine Problemsensibilisierung und das Heranführen an die Lerninhalte.

4 Organisation und Konzeption des untersuchten Unterrichts

Anschließend muss in einer komplexeren Aufgabe ein SPS-Programm für die Ansteuerung einer Station der Automatisierungsanlage geschrieben, getestet und lauffähig auf die Anlage übertragen werden. Bei diesem Vorgehen können die Schüler unterschiedliche fachlich richtige Wege beschreiten.

Der Unterrichtsfortgang in der Lerneinheit wird von Leittexten gesteuert. Die an der Untersuchung teilnehmenden Schüler sind mit dieser Lernform bereits grundsätzlich vertraut. Der Lehrer steht den Schülern in den selbstgesteuerten Unterrichtsphasen als Berater zur Verfügung. An bestimmten Punkten im Lernprozess sind lehrergesteuerte Instruktionsphasen für die gesamte Schülergruppe vorgesehen. In den Selbstlernphasen wird den Schülern ein konstruktivistisches Lernen ermöglicht.

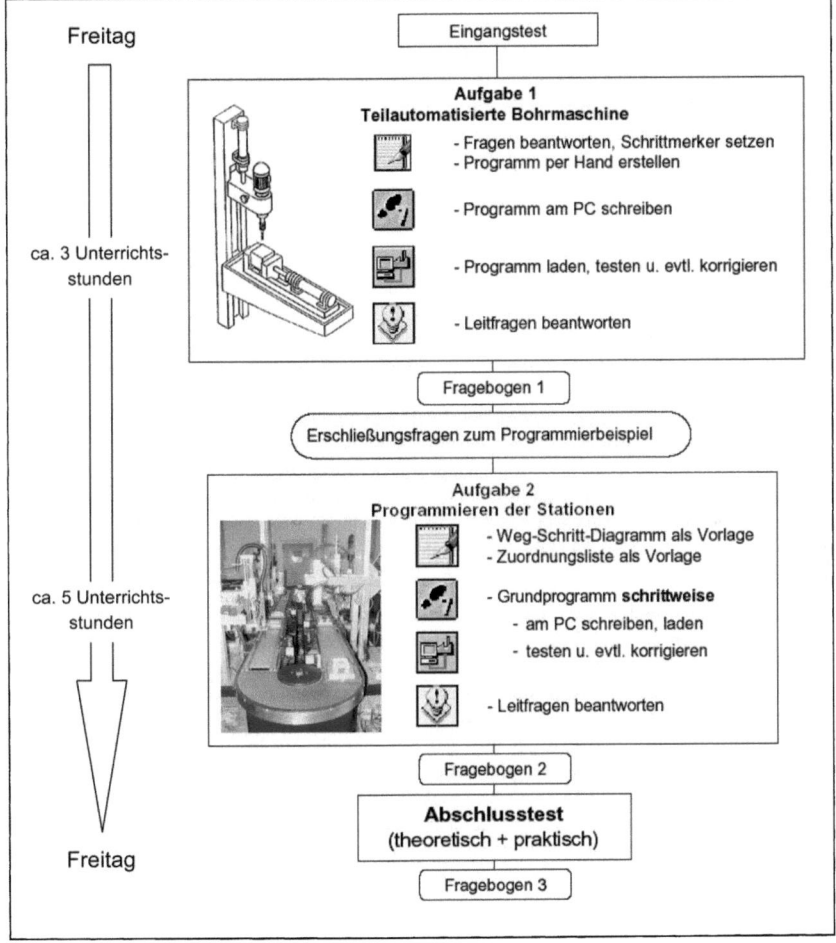

Übersicht 4-4: Übersicht zum Unterrichtsverlauf (vgl. Anhang, S. 143)

Mit Hilfe eines Struktogramms (siehe Übersicht 4-4) erfolgt zu Beginn des Unterrichts eine kurze Einweisung in den Ablauf der bevorstehenden Unterrichtsstunden in Automatisierungstechnik. Organisatorische Fragen werden geklärt. Anschließend beginnen die Schüler mit dem Lesen des Leittextes. Der Unterrichtsverlauf ist durch die beiden Programmieraufgaben in zwei größere Abschnitte unterteilt. In der ersten Aufgabe erarbeiten sich die Schüler bei der Programmierung der Ablaufschritte einer teilautomatisierten Bohrmaschine die Grundbegriffe der Programmierung von Schrittketten. Diese werden beim Programmieren einer der Stationen der Montageanlage vertieft und erweitert. Jeweils vor den Programmieraufgaben führen Leitfragen und zusätzliche Aufgaben die Schüler an die zu bearbeitende Aufgabe heran (vgl. Leittexte der beiden Varianten, Anhang S. 142-159). Am Ende der Lerneinheit erfolgt der Abschlusstest.

Auftretende Probleme sollen nach Möglichkeit in der Gruppe oder im Partnergespräch besprochen und gelöst werden. Der Lehrer tritt in diesem Unterricht weitgehend in den Hintergrund, um ein eigenständiges Arbeiten der Schüler zu fördern. Leittexte nehmen in diesem Unterrichtskonzept eine tragende Rolle ein und führen die Schüler in ihrer Lernarbeit. Sollte jedoch die Hilfe des Lehrers erforderlich sein, so steht es den Schülern frei, diesen herbeizurufen. Der Lehrer richtet die Beratung der Lernprozesse der Schüler dann nach der Variante aus, in der er sich nach dem Untersuchungsdesign gerade befindet (vgl. Kapitel 2.3).

4.2.3.1 Unterstützung des Lernprozesses durch die Lehrkraft

Im untersuchten Unterricht steht der Lehrer den Schülern als Berater zur Verfügung. An bestimmten Punkten im Lernprozess sind lehrergesteuerte Instruktionsphasen für die gesamte in einem Treatment unterrichtete Schülergruppe (ca. 15 Schüler) vorgesehen. Diese instruktionalen Hilfen der Lehrkraft sind für alle vier Gestaltungsvarianten an den gleichen, inhaltlich definierten Punkten des Lernverlaufes in quantitativ identischen Anteilen vorgesehen. Sie ergeben sich aus Arbeitsschritten im Lernverlauf. In den Selbstlernphasen wird den Schülern ein konstruktivistisches Lernen ermöglicht. In diesen Phasen können die Lernenden jedoch auch durch Nachfragen Hilfen von der Lehrkraft anfordern. Sowohl die geplanten instruktionalen Hilfen der Lehrkraft als auch die nachgefragte, optionale Unterstützung unterscheiden sich in den beiden systematikorientierten Gestaltungsvarianten *SS* und *BS* von den beiden beispielbezogenen Gestaltungsvarianten *SB* und *BB* (Erläuterung: *S* – systematikorientiert, *B* – beispielorientiert, der erste Buchstabe kennzeichnet die Beschaffenheit des Informationsmaterials, der zweite Buchstabe die Art der Lehrerunterstützung, vgl. Kapitel 2.3, Übersicht 2-1).

In den Gestaltungsvarianten des Unterrichts mit systematikorientierter Unterstützung (*SS* und *BS*) legen die Hilfen der Lehrkraft abstrahierend allgemeine Prinzipien eines Sachverhaltes dar. Das abstrahierend-systematisierende Instruktions- und Unterstützungsverhalten der Lehrkraft zielt insbesondere auf die Systematisierung der Lerninhalte. Bezüge zu konkreten Beispielen und der jeweiligen Aufgabensituation werden von den Lernenden selbst hergestellt. In den beispielorientierten Varianten *SB* und *BB* richtet sich das Instruktions- und Unterstützungsverhalten der Lehrkraft an Beispielen aus, die konkrete Situationen und Handlungsbezüge in den Vordergrund rücken. Dieses konkretisierend-beispielbezogene Lehrerverhalten zielt auf eine handlungssystematische Situierung der Lerninhalte. In dieser Variante müssen systematisierende Abstraktionen und Verallgemeinerungen von den Lernenden selbst vorgenommen werden.

Um einen natürlichen Unterrichtsablauf nicht zu gefährden, richtet sich die jeweilige Gestaltungsvariante der Lerneinheiten aber nicht starr und maskenhaft an einem methodisch einseitigen Vorgehen aus. Vielmehr akzentuieren die jeweiligen Varianten grundsätzliche Orientierungen von Lernmaterialien und Lehrerverhalten, die in verschiedenen methodischen Variationen umgesetzt werden. Im Lernprozess ist insbesondere darauf zu achten, dass die Lehrer-Schüler-Interaktion natürlich verläuft und die Lehrkraft dem Verlangen der Schüler nach Hilfestellungen nachkommt. Die Grundausrichtungen der jeweiligen Gestaltungsvariante wird dabei jedoch ausdrücklich betont und Hilfestellungen werden entsprechend systematikorientiert oder beispielorientiert gegeben.

4.2.3.2 Unterrichtsmaterialien

Der Unterrichtsfortgang des von einem handlungsorientierten Unterrichtskonzept geprägten Unterrichts wird weitgehend durch einen Leittext gesteuert. Dieser dient den Lernenden als Leitfaden zur Unterrichtssteuerung. Die Leittexte sowie die darin enthaltenen Aufgabenstellungen und Leitfragen sind für alle Gestaltungsvarianten des Unterrichts weitgehend identisch. Sie unterscheiden sich nur insoweit, als dass die Leitfragen, Hinweise und Seitenzahlen den unterschiedlichen Informationsmaterialien entsprechen.

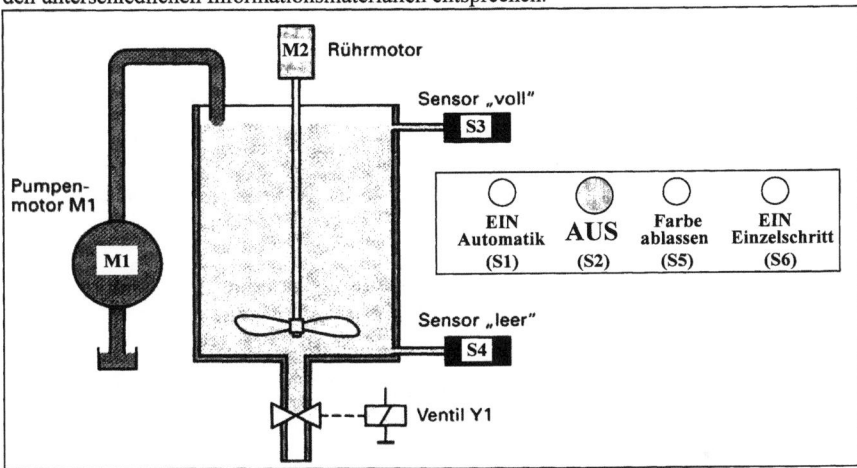

Übersicht 4-5: Programmierbeispiel Farbrührwerk in der beispielorientierten Variante

Unterschiedlich gestaltet sind die Informationsmaterialien, mit denen die Schüler lernen und die anstehenden Aufgaben bearbeiten. Das Informationsmaterial der Unterrichtsvarianten *BS* und *BB* - der beispielorientierten Gestaltungsform - verknüpft die enthaltenen Informationen handlungssystematisch mit vollständig ausgearbeiteten, konkreten beruflichen Beispielen. In Übersicht 4-5 ist die Beispielaufgabe „Rührwerk" abgebildet (vgl. Schmid et al. 2000, S. 182ff.). Aus diesem vollständig gelösten Programmierbeispiel entnehmen die Schüler das für die Bearbeitung der Aufgaben ihres Leittextes erforderliche Wissen über den Aufbau und die Programmierung eines komplexen SPS-Programmes.

Das SPS-Programm zur Steuerung des Farbrührwerks ist im Informationsmaterial mit den Symbolinformationen abgebildet (vgl. Übersicht 4-6). Die Schüler erarbeiten sich das Beispiel mit Hilfe der Erschließungsfragen im Leittext. Zusammen mit den Informationen über die Belegung der Ein- und Ausgänge und dem Schaltplan sind die Schüler in der Lage das Lösungsbeispiel nachzuvollziehen.

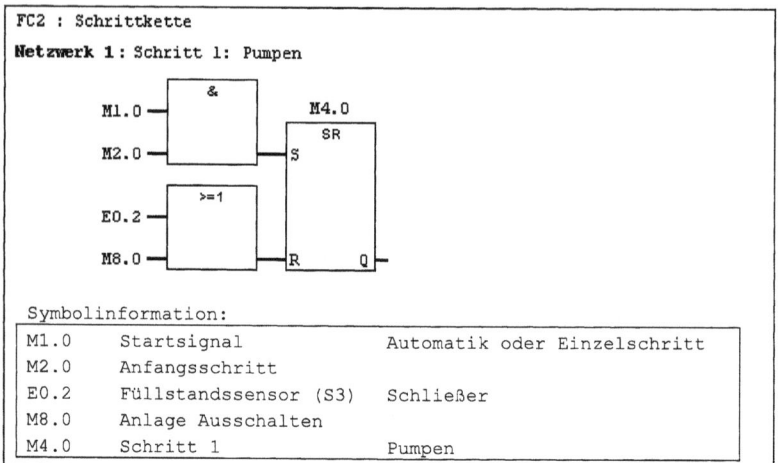

Übersicht 4-6: Netzwerk 1 der Funktion „Schrittkette": Schritt 1, Farbe wird eingepumpt

Erst wenn die Erschließungsfragen bearbeitet und mit dem Lehrer durchgesprochen sind, beginnen die Schüler mit der zweiten Aufgabe des Leittextes, der Programmierung des Montagebandes.

In **Netzwerk 1 (Bild 1)** wird der Schrittmerker M4.0 für den ersten Schritt gesetzt, wenn der Merker des Startsignals M1.0 **(S. 5, Bild 2)** UND der Merker M2.0 ein 1-Signal führen. Bei dem Merker M2.0 handelt es sich wahrscheinlich um einen Startmerker, dessen Abfragen sicherstellt, dass sich die Anlage im Anfangszustand befindet **(vgl. S. 4, Bild 2)**.
Bei der Betrachtung dieses Schrittmerkers fällt auf, dass es sich zwar um den **ersten Schritt** handelt, der **Schrittmerker aber M4.0 heißt.** Dies ist eigentlich unerheblich, da Merkerbezeichnungen innerhalb der Systemgrenzen willkürlich gewählt werden können. Nichtsdestotrotz ist eine **sinnvolle Vergabe der Merkerbezeichnungen** anzustreben, da sie das Nachvollziehen eines Programms erleichtert.

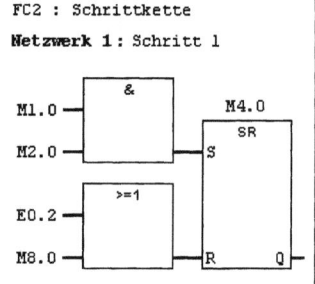

Übersicht 4-7: Netzwerk 1 der Funktion „Schrittkette" in systematikorientierter Variante (Hervorhebungen und Seitenangaben im Original)

Die Unterrichtsvarianten *SS* und *SB* arbeiten mit der systematikorientierten Variante des Informationsmaterials. Diese ist entlang fachwissenschaftlicher Bezüge der Domäne aufgebaut und liefert Informationen, die sich an der Systematik der korrespondierenden Fachwissenschaften orientieren. Die Darstellung der Systematik einer Schrittkettenprogrammierung erläutert insbesondere grundlegende systematische Zusammenhänge. Bezüge zu Lösungsbeispielen werden nicht hergestellt (vgl. systematikorientiertes Informationsmaterial, Anhang, S. 160-169). In Übersicht 4-7 ist das Netzwerk des ersten Programmierschrittes der Funktion „Schrittkette" abgebildet. An dem Netzwerk und der links stehenden Erläuterung wird das Hervorheben der systematischen Bezüge des Lerninhaltes deutlich.

Die systematikorientierte Variante des Informationsmaterials fordert von den Schülern, die unter Betonung der fachwissenschaftlichen Zusammenhänge und nahezu ohne Beispielbezug beschriebenen Sachverhalte auf die Programmieraufgaben des Leittextes zu transferieren.

Die Schüler der beiden Gruppen mit der beispielorientierten Variante des Informationsmaterials sehen sich vor der Aufgabe, das in den Lösungsbeispielen vorgebrachte Wissen zu extrahieren und systematische Bezüge selbst herzustellen. Ist dieser Schritt erfolgt, kann das so erworbene Wissen auf die Programmieraufgaben des Leittextes angewendet werden.

Die Darstellung und Beurteilung der Untersuchungsergebnisse in Kapitel 7 und Kapitel 8 eröffnen einen weiteren, tiefer gehenden Einblick in den eben skizzierten Unterricht.

5 Forschungsmethodischer Ansatz

Das folgende Kapitel stellt den forschungsmethodischen Ansatz der Untersuchung dar. Kapitel 5.1 beschreibt den methodologischen Hintergrund der vorliegenden Arbeit und führt Grundüberlegungen zu qualitativen und quantitativen Datenerhebungen an. Anschließend geht Kapitel 5.2 auf die in der Untersuchung eingesetzten Methoden ein und erläutert diese. Die Aufbereitung und Auswertung der Daten betrachtet Kapitel 5.3. In Kapitel 5.4 erfolgt abschließend eine Betrachtung der für die Untersuchung relevanten Aspekte qualitativer und quantitativer Gütekriterien.

5.1 Methodologische Grundüberlegungen

Im Mittelpunkt der vorliegenden Untersuchung steht ein Unterrichtsvorhaben der Berufsschule, das mittels einer handlungsorientierten Unterrichtskonzeption (vgl. Kap 4.2) den teilnehmenden Schülern berufsrelevante Qualifikationen vermitteln will. Die in Kapitel 2.3 beschriebenen Fragestellungen legen es nahe, sich nicht auf einen rein quantitativen Zugang zur untersuchten Thematik zu beschränken. Ein rein quantitativer Zugang würde sich zu sehr auf die Frage begrenzen, ob eine bessere bzw. eine schlechtere Gestaltungsvariante des untersuchten Unterrichts zu identifizieren sei und die Frage nach dem Wie und Warum vernachlässigen. Über den Lernerfolg hinaus ist es jedoch von großem Interesse, mehr über die Rezeption des Unterrichts durch Schüler und Lehrer sowie über die Bedingungen eines Lernerfolgs zu erfahren. Ein rein explorativer Zugang zu dem untersuchten Unterricht wiederum würde keine Antwort auf die Frage nach dem Lernerfolg der unterschiedlichen Gestaltungsvarianten hervorbringen. Aus den angeführten Gründen werden in der vorliegenden Untersuchung quantitative Daten durch qualitative Daten zum Zweck einer nachfolgenden Triangulation ergänzt. Mit der Triangulation der Datenquellen wird eine gegenseitige Validierung angestrebt, falls die unterschiedlichen Methoden zu vergleichbaren Ergebnissen führen (vgl. Lamnek 1995b, S. 249).

Das vorliegende Forschungsvorhaben stützt sich sowohl auf Daten, die einem quantitativen Zugang entspringen, als auch auf Daten, die einem qualitativen Zugang zugeordnet werden können. Dabei steht ein hypothesenüberprüfendes Vorgehen im Mittelpunkt der Untersuchung. Die im Vorfeld aufgestellten Hypothesen (vgl. Kap. 2.3) werden mittels der Ergebnisse eines zweiteiligen Abschlusstests überprüft, welcher quantitative Daten in Form von Punktwerten der teilnehmenden Schüler liefert. Ein Mittelwertvergleich der vier unterschiedlichen Unterrichtsvarianten gibt Aufschluss darüber, welche der Varianten zum größten Lernerfolg führt (vgl. Kap. 6.2).

Der Untersuchungsgegenstand wird neben der Messung des Lernerfolgs zusätzlich in Bezug auf die Bedingungen des Lernerfolgs und die Rezeption des Unterrichts durch Schüler und Lehrer erschlossen (vgl. Kap. 2.3). Dies erfordert neben dem Überprüfen der aufgestellten Hypothesen ein exploratives Vorgehen mit unterschiedlichen qualitativen Zugängen und Methoden, die variabel eingesetzt und miteinander kombiniert werden. Qualitatives Denken lässt sich nach Mayring (ausführlich dazu Mayring 1996, S. 9 ff.) durch die Grundsätze „Subjektbezogenheit", „Alltagsbezug", „Deskription", „Interpretation" und „Verallgemeinerungsprozess" kennzeichnen. Diese fünf Grundsätze können durch die „13 Säulen qualitativen Denkens" näher spezifiziert werden (vgl. hierzu Mayring 1996, S. 13 ff.).

Subjektbezogenheit bedeutet, dass die betroffenen Subjekte (hier: die Schüler) im Mittelpunkt der Untersuchung stehen. Die Untersuchung findet dabei nicht in einem Labor statt, sondern im natürlichen Umfeld der untersuchten Schüler (Alltagsbezug). Der Grundsatz der Deskription weist darauf hin, dass zu Beginn einer Analyse eine exakte Beschreibung des Gegenstandsbereiches erfolgen muss. Im Vergleich zu einer rein quantitativen Erhebung wird bei einer qualitativen Analyse der Untersuchungsgegenstand immer auch durch eine Interpretation erschlossen. Dabei gewonnene Ergebnisse lassen sich zumeist nicht automatisch verallgemeinern, sondern müssen im Einzelfall begründet werden.

Mayring beschreibt verschiedene Untersuchungspläne qualitativer Forschung (ebd. S. 27 und S. 45). Gemäß dieser Unterscheidung entspricht der qualitative Teil des Forschungsvorhabens weitgehend den Merkmalen einer qualitativen Evaluationsforschung. Laut Mayring gewinnt diese zunehmend an Bedeutung und wird unter anderem in der Pädagogik für Untersuchungen von Lehrplänen und neuen Unterrichtskonzepten eingesetzt. Der Grundgedanke dieses Untersuchungsplans wird wie folgt beschrieben: „Qualitative Evaluationsforschung will Praxisveränderungen wissenschaftlich begleiten und auf ihre Wirkungen hin einschätzen, indem die ablaufenden Praxisprozesse offen, einzelfallintensiv und subjektorientiert beschrieben werden" (ebd. S. 46). Kriterien zur Bewertung können auch induktiv aus den beobachteten Prozessen aufgestellt werden. Die in der Praxis beteiligten Personen stehen im Mittelpunkt des Interesses und sollen selbst zu Wort kommen bzw. an der Evaluation beteiligt werden. Die Untersuchung erfolgt in der Regel im natürlichen Umfeld und nicht in einer Laborsituation.

Bortz weist darauf hin, dass eine Datenerhebung sorgfältig geplant werden muss (vgl. Bortz, Döring 2002, S. 49 ff.). Neben der Auswahl der Methoden gehören dazu auch umfangreiche Überlegungen zur Umsetzung der ausgewählten Methoden sowie die Schulung aller an der Datenerhebung beteiligten Personen. Die Schulung der an der Datenerhebung, Aufbereitung und Auswertung beteiligten Personen der vorliegenden Untersuchung wird in Kapitel 6 näher beschrieben.

5.2 Eingesetzte Methoden der Untersuchung

Wie in Kapitel 2.3 beschrieben, sucht die vorliegende Forschungsarbeit nach Erkenntnissen, wie situiert-beispielbezogene und systematikorientierte Lernphasen in einem konstruktivistischen Unterricht lernförderlich zusammenwirken. Es geht neben der Überprüfung der Lernwirksamkeit der Gestaltungsvarianten auch darum, Aufschlüsse über Wechselwirkungen und daraus resultierende Effekte zwischen den genannten didaktischen Grundorientierungen für die Entwicklung beruflicher Handlungskompetenz zu erhalten. Um dies zu erreichen, kommen neben den erforderlichen Methoden zur Messung des Lernerfolgs in der vorliegenden Untersuchung auch qualitative Methoden zum Einsatz.

Im Folgenden werden die in der Untersuchung eingesetzten Methoden beschrieben. Wie Übersicht 5-1 zeigt, wird ein Teil der Daten der Untersuchung durch eher quantitative Methoden wie den Eingangs- und Abschlusstest erhoben. Im anderen Teil der Datenerhebung kommen ganzheitliche Methoden wie die schriftliche Befragung und die teilnehmende Beobachtung zum Einsatz. Diese gehören nach Mayring und Lamnek zu den wichtigsten Erhebungsmethoden qualitativer Sozialforschung (Mayring 1996, S. 48 ff., Lamnek, 1995a).

5 Forschungsmethodischer Ansatz

Methoden der Datenerhebung	
Eingangstest	Erhebung des Vorwissens zum untersuchten Unterricht *ca. 30 Min. schriftlich (Kapitel 6.2.2, 6.3.1, 6.4.1 und 7.1)*
Abschlusstest	Zweiteiliger Abschlusstest zur Erhebung des Lernerfolgs *- ca. 25 Min. schriftlich* *- ca. 60 Min. Programmieraufgabe* *(Kapitel 6.2.3, 6.3.2 und 7.2)*
Qualitative Beobachtung	Teilnehmende Beobachtung *Zwei Forscher erheben in teilnehmender Beobachtung Daten zum untersuchten Unterricht (Kapitel 6.2.4, 6.3.3 und 7.3)*
Befragung	Schriftliche Befragung der Schüler *Erhebung der Schülersicht mit Fragebogen* *- zwei Fragebögen während des Unterrichts* *- ein Fragebogen nach Bearbeitung des Abschlusstests* Schriftliche Befragung des Lehrers *Erhebung der Lehrersicht mit Fragebogen* *- nach Durchführung jedes Unterrichtsblocks* *(Kapitel 6.2.5, 6.2.6, 6.3.4 und 7.4)*
Ergänzende Datengewinnung	Schülerunterlagen *Sicherung der angefertigten Arbeiten und schriftlichen Ergebnisse, auch in digitaler Form (Kapitel 6.2.7, 6.3.5 und 7.5)*

Übersicht 5-1: Überblick über die in der Untersuchung angewendeten Methoden der Datenerhebung mit Erläuterungen (kursiv). Eine detaillierte Beschreibung der Erhebungsverfahren und der Durchführung der Datenerhebung erfolgt in den in Klammern angegebenen Kapiteln.

5.2.1 Eingangs- und Abschlusstest

Bei den verwendeten Eingangs- und Abschlusstests handelt es sich um Leistungstests. Bortz spricht von Leistungstests, „wenn Aufgaben richtig oder falsch zu beantworten sind, d. h. wenn ein Beurteilungsmaßstab vorliegt" (Bortz, Doering 2002, S. 189). Der Eingangstest und die beiden Teile des Abschlusstests wurden in Zusammenarbeit mit der unterrichtenden Lehrkraft erstellt.

Der Eingangstest besteht aus neun Aufgaben, die das themenspezifische Vorwissen zu den Lerninhalten der Untersuchung überprüfen. Eine ausführlichere Beschreibung des Eingangstests erfolgt in Kapitel 6.2.2. Die Ergebnisse des Eingangstests sind in Kapitel 7.1 beschrieben.

Der Abschlusstest besteht aus zwei Teilen. Zu Beginn des Testabschnittes am Ende des Untersuchungszeitraumes erfolgt die schriftliche Bearbeitung des ersten Teils. Vor dem Beginn der Programmieraufgabe des Abschlusstests wird der bearbeitete schriftliche Teil des Abschlusstests abgegeben. Anschließend sehen sich die Schüler mit einer komplexen beruflichen Programmieraufgabe konfrontiert. Das zu erstellende Programm wird gespeichert und der Auswertung zugeführt. In Kapitel 6.1.3 erfolgt eine ausführlichere Beschreibung des Abschlusstests. Die zugehörigen Ergebnisse sind in Kapitel 7.2 dargestellt.

5.2.2 Teilnehmende Beobachtung

In der Untersuchung wird weiter die Methode der teilnehmenden Beobachtung eingesetzt. Diese Standardmethode der qualitativen Beobachtung ist besonders für Anwendungsgebiete geeignet, in denen der Untersuchungsgegenstand in soziale Situationen eingebettet ist, der Bereich von außen nur schwer einzusehen ist und die Fragestellung einen explorativen Charakter hat (vgl. Mayring 1996, S. 61 ff.). Alle drei Aspekte treffen für die Untersuchung zu. In der teilnehmenden Beobachtung steht der Beobachter nicht außerhalb des zu untersuchenden Gegenstandsbereiches wie in einer nicht teilnehmenden Beobachtung, sondern nimmt selbst an der Interaktion teil. Entsprechend der Rolle des Beobachters können weitere Unterscheidungen getroffen werden: Beobachter, der sich völlig mit dem Feld identifiziert, Teilnehmer als Beobachter, Beobachter als Teilnehmer und reiner Beobachter ohne Interaktion mit dem Feld (ausführlich bei Lamnek 1995b, S. 263). In der durchgeführten Untersuchung entspricht die Rolle des Untersuchungsleiters sowie seines Assistenten gemäß dieser Einteilung der des Beobachters als Teilnehmer. Beide stehen den Schülern für organisatorische Fragen zur Verfügung. Kromrey bezieht sich auf Friedrichs und unterscheidet darüber hinaus weitere Dimensionen bei Beobachtungen (vgl. Kromrey 1995, S. 258 ff.): Sie können verdeckt bzw. offen, systematisch bzw. unsystematisch oder natürlich bzw. künstlich erfolgen. Entsprechend dieser Klassifizierung handelt es sich bei der in der hier beschriebenen Untersuchung durchgeführten Erhebung um eine teilnehmende Beobachtung, die zudem offen, unsystematisch und weitgehend natürlich ist. Bei einer offenen Beobachtung ist dem Untersuchten klar, dass er beobachtet wird. Bei der durchgeführten Untersuchung wurden alle teilnehmenden Schüler im vorab intensiv mit den Zielen und dem Vorgehen der Untersuchung vertraut gemacht. Eine unsystematische Beobachtung ist dadurch gekennzeichnet, dass der Beobachter nicht streng nach vorher festgelegten Kriterien vorgeht. „Während bei der strukturierten Beobachtung aber der Forscher seine Beobachtungen nach einem relativ differenzierten System *im voraus festgelegter Beobachtungskategorien* aufzeichnet, sind bei der unstrukturierten Beobachtung nur mehr oder weniger *allgemeine Richtlinien*, d.h. bestenfalls grobe Hauptkategorien *als Rahmen der Beobachtung* vorhanden" (Lamnek 1995b, S. 250, Hervorhebungen im Original). Da in der Untersuchung möglichst unterschiedliche Aspekte eines computerunterstützten Unterrichtskonzeptes erhoben werden sollen, liegen für die Beobachtung nur sehr grobe Beobachtungskategorien vor. Der Unterschied zwischen einer natürlichen und einer künstlichen Beobachtungssituation liegt in der Umgebung, in der die Untersuchung stattfindet. Eine künstliche Situation wäre beispielsweise die Untersuchung des Lernverhaltens von Schülern in einem Labor anstelle einer Untersuchung in deren angestammten Unterrichtsräumen. Die Beobachtung im Rahmen der vorliegend beschriebenen Untersuchung findet im integrierten Fachunterrichtsraum statt. Die dabei eingesetzten Personalcomputer, die verwendete Unterrichtssoftware sowie die Montageanlage sind den Schülern aus vorhergehenden Unterrichtseinheiten vertraut.

Alle Beobachtungen werden in einem schriftlichen Protokoll festgehalten. Die in der Untersuchung durchgeführten teilnehmenden Beobachtungen können auch als qualitative Beobachtungen bezeichnet werden. „Qualitative Beobachtungen arbeiten mit offenen Kategorien bzw. Fragestellungen, erfassen größere Einheiten des Verhaltens und Erlebens und finden im natürlichen Lebensumfeld bei meist aktiver Teilnahme des Beobachters statt" (Bortz, Doering 2002, S. 322). Die Erhebung der Daten in einer teilnehmenden Beobachtung hat jedoch einen Einfluss auf die zu erhebende Situation selbst. Verschiedene Autoren weisen auf diese Beeinflussung durch die Anwesenheit eines Beobachters hin (vgl. hierzu auch Schunck 1993, S. 71f. oder Kromrey 1995, S. 258). In der vorliegenden Untersuchung wurde versucht, diesen

Einfluss zu minimieren. So nahmen die teilnehmenden Beobachter im Vorfeld des untersuchten Unterrichts mehrmals am Unterricht der Probanden teil, führten Diskussionen mit den Klassen und erreichten eine hohe Akzeptanz bei den Schülern. Die Situation während der Datenerhebung unterschied sich dadurch für die Schüler nicht wesentlich vom vorhergehenden Unterricht.

5.2.3 Eingesetzte Fragebögen

Neben der teilnehmenden Beobachtung kommen in der vorliegenden Forschungsarbeit auch qualitative schriftliche Befragungen zum Einsatz. „Qualitative Befragungen arbeiten mit offenen Fragen, lassen dem Befragten viel Spielraum beim Antworten und berücksichtigen die Interaktion zwischen Befragtem und Interviewer sowie die Eindrücke und Deutungen des Interviewers als Informationsquellen" (Bortz, Döring 2002, S. 308). Die Befragung kann sowohl mündlich als auch schriftlich erfolgen. Qualitative Befragungen sind beispielsweise Leitfadeninterviews, problemzentrierte Interviews oder halbstandardisierte schriftliche Befragungen. „Halbstandardisierte schriftliche Befragungen operieren z.B. mit der Technik der *offenen Fragen* (Fragen ohne vorgegebene Antwortalternativen) oder mit Satzergänzungsaufgaben" (ebd. S. 308, Hervorhebungen und Ergänzungen im Original). In der Untersuchung werden schriftliche Befragungen mit den beteiligten Schülern und mit dem unterrichtenden Lehrer durchgeführt. Im Vergleich mit einer mündlichen Befragung hat eine schriftliche Befragung den Vorteil, dass sie im Falle der Schülerbefragung anonym durchgeführt werden kann. Dadurch können mehr ehrliche und kritische Antworten erwartet werden (vgl. Bortz, Döring 2002, S. 237).

5.2.3.1 Fragen an die Schüler

In der Forschungsarbeit wird die Schülersicht zum erlebten Unterricht und seinen wesentlichen Gestaltungsmerkmalen sowie zu der Bearbeitung des Abschlusstests mit Fragebögen erhoben. Die Schülersicht zum erlebten Unterricht erfassen zwei Fragebögen, welche die Schüler jeweils am Ende der Bearbeitung der beiden Teilaufgaben ausfüllen. Diese Fragebögen setzen sich jeweils aus drei offenen und elf geschlossen Fragen zusammen (vgl. Kapitel 6.2.5.1 und Anhang S. 193-194).

Für die Bearbeitung des Abschlusstests wird ein weiterer Fragebogen eingesetzt. Dieser soll eventuell auftretende Probleme der Schüler bei der Bearbeitung des Abschlusstests aufzeigen und subjektive Erklärungen für diese aufgreifen. Er besteht aus fünf offenen Fragen (vgl. Kapitel 6.2.5.2 und Anhang S. 195-196).

5.2.3.2 Fragen an den durchführenden Lehrer

Die Erfahrungen des unterrichtenden Lehrers mit dem Unterrichtskonzept, den Gestaltungsvarianten der eingesetzten Unterrichtsmaterialien sowie der Art der Instruktion und Unterstützung durch den Lehrer werden in weiteren Fragebögen ebenfalls schriftlich abgefragt. Für die Beantwortung der schriftlich gestellten Fragen hat der unterrichtende Lehrer mehrere Tage Zeit. Ein Vorteil gegenüber einem mündlichen Interview besteht hierbei, dass sich der Befragte für die Beantwortung mehr Zeit nehmen kann und nicht unter Druck antworten muss.

5.2.4 Ergänzende Datengewinnung

Das Untersuchungsinteresse sowie der Ansatz der vorliegenden Forschungsarbeit legt eine umfassende Datengewinnung nahe. Neben den oben beschriebenen Erhebungsarten wurden dementsprechend alle weiteren zur Verfügung stehenden Datenquellen in die Untersuchung miteinbezogen. Zur Dokumentation der für die Untersuchung relevanten Einflussgrößen werden sämtliche im Unterricht angefertigten Arbeiten und schriftlichen Ergebnisse festgehalten und fotokopiert, um sie für eine spätere Sichtung und Auswertung zu erhalten. Weiter werden zum selben Zweck alle digitalen Arbeitsergebnisse gespeichert (siehe Kapitel 6.1.7, 6.2.5, 6.3.5 und 7.5).

5.3 Aufbereitung und Auswertung der Daten

Die Aufbereitung und Auswertung der umfangreichen Daten steht zwischen der Erhebung und der Interpretation. Dies gilt für die eher quantitativen wie auch für die eher qualitativen Datenquellen. Im Mittelpunkt der Auswertung quantitativer hypothesenüberprüfender Untersuchungen stehen statistische Signifikanztests, deren Ergebnisse die Grundlage für die Entscheidung sind, ob die forschungsleitende Hypothese prüfstatistisch als bestätigt gelten oder abgelehnt werden soll. Die in der vorliegenden Untersuchung herangezogenen Signifikanztests dienen der Überprüfung der in Kapitel 2.3 aufgestellten Forschungshypothesen. Die Beschreibung der eingesetzten Signifikanztests erfolgt in Kapitel 7.

Die offenen Fragen der Schülerfragebögen als ein qualitativer Teil der Datenquellen erfahren eine Darstellung in Netzstrukturen (vgl. Kapitel 6.2.5 und 7.4.2). Diese Form der grafischen Darstellung ermöglicht einen Überblick und erleichtert die Auswertung. Die Auswertung der vorliegenden qualitativen Daten der Untersuchung orientiert sich an dem Vorgehen einer qualitativen Inhaltsanalyse. Diese lässt sich folgendermaßen umreißen (vgl. Lamnek 1995b, S. 218): Nach einer Sichtung der gesamten Datenbasis wird ein Kategoriensystem entwickelt, auf das hin das gesamte Material untersucht wird. Durch verschiedene interpretative Techniken werden die Ausprägungen dieser Kategorien näher definiert. Einzelfälle werden durch spezifische Merkmalskombinationen charakterisiert. Diese Einzelfallbeschreibungen werden anschließend fallübergreifend generalisiert. Die in einer qualitativen Analyse getroffenen Interpretationen müssen auch von anderen Personen nachvollzogen werden können (vgl. Kapitel 5.4 Gütekriterien der Untersuchung). Diesen Anspruch versucht die Untersuchung auch dadurch einzulösen, dass die Auswertung der Daten von mehreren Personen unabhängig voneinander durchgeführt und die Ergebnisse abgeglichen werden. Diese Personen legen auch gemeinsam die Kriterien für die Auswertung des Datenmaterials fest.

5.4 Gütekriterien der Untersuchung

Nach allgemeinen Überlegungen zum methodologischen Zugang und der erfolgten Auswahl der einzusetzenden wissenschaftlichen Methoden muss eine Forschungsarbeit immer auch Überlegungen zur Erreichung von Gütekriterien anstellen. In Kapitel 5.4.1 erfolgt zunächst eine Betrachtung zur internen und externen Validität der vorliegenden Untersuchung. Abschließend folgen in Kapitel 5.4.2 Anmerkungen zu Aspekten quantitativer und qualitativer Gütekriterien. Die Reflexionen der eingesetzten Methoden in Kapitel 6.3 nehmen Bezug auf die im Folgenden angesprochenen Kriterien, diskutieren diese und betrachten deren Einhaltung in der hier beschriebenen Forschungsarbeit.

5.4.1 Zur internen und externen Validität der Untersuchung

Vor der Betrachtung der Validität der Untersuchung im Rahmen der Aspekte quantitativer Gütekriterien in Kapitel 5.4.2 und 6.3 erfolgen hier Überlegungen zur internen und externen Validität der vorliegenden Untersuchung.

5 Forschungsmethodischer Ansatz

Zur internen Validität
Bei der Planung der vorliegenden Untersuchung fiel relativ früh die Entscheidung für eine quasiexperimentelle Durchführung im Feld. Experimentelle Untersuchungen besitzen eine höhere interne Validität als quasiexperimentelle Untersuchungen. „Die interne Validität einer quasiexperimentellen Untersuchung lässt sich jedoch erhöhen, wenn es gelingt, die zu vergleichenden Gruppen nach relevanten Störvariablen zu *parallelisieren*" (Bortz 1999, S. 10f, Hervorhebungen im Original). Die beiden untersuchten Klassen der elften Jahrgangsstufe wurden jeweils in zwei Gruppen unterteilt. Diese Parallelisierung der Gruppen folgte dem Kriterium der bisherigen schulischen Leistungen im Fach Automatisierungstechnik. Die vorliegende Untersuchung besitzt folglich eine hohe interne Validität.

Zur externen Validität
Eine Untersuchung gilt dann als extern valide, wenn ihr Ergebnis über die spezifischen Bedingungen der Untersuchungssituation und über die Probanden hinaus reicht. Mit einer wachsenden Unnatürlichkeit der Untersuchungsbedingungen bzw. einer abnehmenden Repräsentativität der untersuchten Stichproben sinkt die externe Validität einer Untersuchung. Der in der vorliegenden Untersuchung durchgeführte Unterricht unterscheidet sich nur in wenigen Punkten vom restlichen Unterricht in Automatisierungstechnik der elften Jahrgangsstufe. Zum einen ist die Anzahl der Unterrichtsstunden, in denen die Klasse geteilt werden kann geringfügig höher, zum anderen ist der Lehrer gehalten, sich in seinen unterstützenden und lehrenden Bemühungen im Unterricht an die vorgegebene Variante (systematikorientiert bzw. beispielorientiert, vgl. Kapitel 2.3, Übersicht 2-1) zu halten. Die verwendeten Leittext- und Informationsmaterialien unterscheiden sich ebenfalls nur geringfügig von anderen an der Berufsschule für Fertigungstechnik eingesetzten Leittext- und Informationsmaterialien. Lediglich die Ausrichtung an der jeweiligen Variante fällt hierbei auf. In der Gesamtschau repräsentiert der untersuchte Unterricht wesentliche Merkmale eines modernen beruflichen Unterrichts, wie er in der Automatisierungstechnik an der Berufsschule für Fertigungstechnik in München durchgeführt wird (vgl. Kapitel 4). Somit kann hinsichtlich der hier dargestellten Untersuchung von einer hohen externen Validität gesprochen werden.

5.4.2 Aspekte quantitativer und qualitativer Gütekriterien

Die Gütekriterien quantitativer Forschungsarbeiten sind hinreichend bekannt. Sie bedürfen an dieser Stelle keiner weiteren Ausführung. Untersuchungsbezogene Betrachtungen zur Objektivität, Validität und Reliabilität sowie deren Einhaltung im quantitativen Teil der vorliegenden Untersuchung erfolgen in einer Reflexion der eingesetzten Methoden in Kapitel 6.4.

Für die Sicherung der Güte der eingesetzten qualitativen Methoden der Datenerhebung wird über die genannten Gütekriterien hinaus auf weitere zurückgegriffen. Flick und Mayring weisen darauf hin, dass die klassischen Gütekriterien wie Objektivität, Validität und Reliabilität nicht einfach auf die qualitative Sozialforschung übertragbar sind: „Gütekriterien qualitativer Forschung müssen neu definiert, mit neuen Inhalten gefüllt werden. Denn die Maßstäbe müssen zu Vorgehen und Ziel der Analyse passen" (Flick in Mayring 1995, S. 115). Mayring nennt zur Beurteilung der Güte einer qualitativen Forschung sechs allgemeine Kriterien (ebd., S. 119 ff.):

1. Verfahrensdokumentation
2. Argumentative Interpretationsabsicherung
3. Regelgeleitetheit
4. Nähe zum Gegenstand

5. Kommunikative Validierung

6. Triangulation

Eine Diskussion der Güte des qualitativen Teils der vorliegenden Forschungsarbeit anhand der genannten sechs Kriterien findet sich in Kapitel 6.3.

Wie gesehen, lassen sich Gütekriterien der quantitativen Sozialforschung nicht generell auf qualitative Untersuchungen übertragen. Trotzdem führen Bortz und Döring (Bortz, Döring 2002, S. 326 ff.) die Objektivität, Reliabilität und Validität bei den Gütekriterien qualitativer Sozialforschung an. In diesem Zusammenhang verweisen sie auf Diskussionen, ob diese auch in einer qualitativen Forschung angewendet werden können (z. B. bei Flick 1995 und Lamnek 1995 a und b). Überträgt man die Diskussion auf die durchgeführte Forschung können folgende Fragen entsprechend den Gütekriterien gestellt werden: Kommen bei dem zu untersuchenden Gegenstand unterschiedliche Forscher unter Verwendung derselben Methoden zu vergleichbaren Ergebnissen? Stimmen die intersubjektiven Interpretationen überein? Sind die Äußerungen der Probanden authentisch und ehrlich? Wurden die Äußerungen durch den Untersuchungsleiter verändert? Sind die eingesetzten Methoden der Datenerhebung und Aufbereitung geeignet, den Gegenstand valide abzubilden? Wurden diese Protokolle durch Unaufmerksamkeiten oder Ergänzungen verfälscht? Besteht eine Übereinstimmung zwischen den an der Erhebung, Aufbereitung und Auswertung beteiligten Personen?

Zusammenfassend lässt sich für die skizzierten Aspekte der Güte qualitativer Forschung feststellen, dass die klassischen Gütekriterien der quantitativen Forschung durch geeignetere Kriterien zu ersetzen sind. Diese spezifischen Kriterien erwachsen aus qualitativem Denken. Die diskutierten Merkmale der Güte einer qualitativen Forschung zielen auf den Leitgedanken der Situationsangemessenheit. Sie fordern eine flexible Geltungsbegründung und sollen dem Prozess der Forschung Transparenz verleihen. Die vorliegende Forschungsarbeit greift dabei weitgehend auf die einzeln geforderten Kriterien unterschiedlicher Diskussionsansätze zurück.

6 Durchführung der Untersuchung

Das folgende Kapitel stellt zunächst in Kapitel 6.1 die Voruntersuchung zur Datenerhebung dar. Der Beschreibung der Erhebung der Daten sowie der eingesetzten Fragebögen der vorliegenden Untersuchung in Kapitel 6.2 folgt in Kapitel 6.3 die Darstellung der Aufbereitung und Auswertung der Daten. Eine ausführliche Darstellung des Eingangs- und Abschlusstests findet sich aufgrund der Anmerkungen zur Auswertung in Kapitel 6.3. Eine Reflexion der eingesetzten Methoden in Kapitel 6.4 beschließt die Ausführungen zur Durchführung der Untersuchung.

6.1 Voruntersuchung

Die Voruntersuchung zum vorliegenden Forschungsvorhaben wurde mit Mechatroniker-Auszubildenden der Klasse ME11A (2. Ausbildungsjahr) in der Woche vom 22.01.01 bis 26.01.01 an der Städtischen Berufsschule für Fertigungstechnik in München durchgeführt. Die Klasse ME11A ist eine Parallelklasse der an der Untersuchung beteiligten Klassen ME11B und ME11C. Sämtliche in der Untersuchung eingesetzten Instrumente sowie das zweifach variierte Lehrerverhalten konnten im Laufe der Voruntersuchung einer Erprobung unterzogen werden.

6.1.1 Eingesetzte Instrumente und Materialien

Die Voruntersuchung führte zu einigen Veränderungen an den eingesetzten Instrumenten und Unterrichtsmaterialien. Die Fragebögen wurden in Ihrem Umfang reduziert, da bei einer zu langen Bearbeitungszeit der Fragebögen nach jedem Unterrichtsabschnitt Brüche im Arbeits- und Lernverhalten beobachtbar waren.

Die eingesetzten Leittexte erfuhren in mehrfacher Hinsicht eine Überarbeitung. Zum einen zeigte sich, dass die geplanten Lerninhalte den achtstündigen Unterricht überfrachteten. So wurde die Anzahl der zu programmierenden Schritte auf fünf reduziert. Die Schüler sollten dann in der Untersuchung erst mit der Programmierung fortfahren, wenn die ersten fünf Programmierschritte mit der Betriebsartenauswahl und den Meldungen abgeschlossen waren. In der Voruntersuchung programmierten die Schüler über die fünf Schritte hinaus, obwohl sie die ersten fünf noch nicht vollständig programmiert hatten. Dies bestätigt die Ergebnisse von Riedl und Schelten (1998). Sie beobachteten, dass Schüler in einem handlungsorientierten Unterricht in Elektropneumatik ein final orientiertes Lernvorgehen zeigen, in dem der Schwerpunkt der Bestrebungen auf der Herstellung einer Funktionalität liegt. Vollständigkeit und Richtigkeit werden vernachlässigt, sobald die herzustellende Schaltung bzw. im vorliegenden Fall das Programm funktioniert.

In der Voruntersuchung offenbarten sich kleine Ungenauigkeiten in den Erschließungsfragen zu den beiden Aufgaben des Informationsmaterials. Diese konnten behoben werden. Ebenso wurde der Abschlusstest nach den Erfahrungen der Voruntersuchung in Schwierigkeitsgrad und Umfang reduziert. Die Voruntersuchung erwies sich vor allem für die Organisation des Unterrichts sowie der Abschlusstests als äußerst positiv. Die Änderungen des Stundenplanes der an der Untersuchung beteiligten Schüler waren nicht gravierend. Jedoch führte allein die geringfügige zusätzliche Belegung des integrierten Fachunterrichtsraumes (IFU) für den Unterricht und den Abschlusstest zu Verschiebungen und Veränderungen des Gesamtraumbelegungsplanes. Die Städtische Berufsschule für Fertigungstechnik gehört in Verbindung mit der

Fachschule für Maschinenbau und Elektrotechnik einem vertikalen Kompetenzzentrum an. Dies sorgt zum einen für eine hohe Auslastung der sehr gut ausgestatteten Räumlichkeiten, zum anderen steigt damit natürlich auch die Komplexität und Schwierigkeit bei der Stunden- und Raumbelegungsplanerstellung. Schon geringfügige Änderungen, wie die durch die Untersuchung verursachten ziehen Probleme nach sich, für deren Behebung sich die Voruntersuchung als besonders wertvoll erwies.

6.1.2 Lehrerverhalten

Das untersuchte Lehrerverhalten stellt eine wichtige Variable der Untersuchung dar. Der unterrichtende Lehrer wurde in den Wochen vor der Voruntersuchung in Unterrichtsbeobachtungen, Vor- und Nachbesprechungen intensiv auf die beiden unterschiedlichen Unterstützungs- und Instruktionsvarianten vorbereitet. In der Voruntersuchung bestätigte sich der gute Eindruck der Vorbereitungsphase. Der unterrichtende Lehrer konnte sich gut auf die unterschiedlichen Unterstützungs- und Instruktionsvarianten einstellen. Rückfragen des Lehrers sowie korrigierende Eingriffe der teilnehmenden Beobachtung kamen in der Voruntersuchung nicht mehr vor.

6.2 Datenerhebung

Die Darstellung der in der Untersuchung eingesetzten Methoden (Übersicht 6-1) ermöglicht einen Überblick über den zeitlichen Verlauf sowie der beteiligten Personen und Klassen.

Methode	Datenbasis	Zeitpunkt
Eingangstest Erhebung des Vorwissens zum untersuchten Unterrichts *ca. 30 Min. schriftlich*	Mechatroniker-Auszubildende der Klassen ME11B und ME11C (insges. 58 Schüler)	Vor dem untersuchten Unterricht
Zweiteiliger Abschlusstest zur Erhebung des Lernerfolgs *- ca. 25 Min. schriftlich* *- ca. 60 Min. Programmieraufgabe*		Nach dem untersuchten Unterricht
Teilnehmende Beobachtung *Zwei Forscher nehmen in teilnehmender Beobachtung an dem untersuchten Unterricht teil*	Dr. Alfred Riedl, Robert Geiger	Während des Unterrichts und der Abschlusstests (ATs)
Schriftliche Befragung *Erhebung der Schülersicht mit drei Fragebögen*	ME11B und ME11C	Jeweils nach Bearbeitung einer Teilaufgabe und nach den ATs
Schriftliche Befragung *Erhebung der Lehrersicht mit Fragebogen*	StD Martin Müller	Jeweils nach einer Untersuchungswoche
Schülerunterlagen *Sicherung der angefertigten Arbeiten und Ergebnisse, auch in digitaler Form*	ME11B und ME11C	Jeweils nach dem untersuchten Unterricht

Übersicht 6-1: Überblick über die in der Untersuchung verwendeten Methoden der Datenerhebung mit Erläuterungen (kursiv).

6 Durchführung der Untersuchung

Die Datenerhebung findet vom 29.01.2001 bis zum 09.02.2001 an der Städtischen Berufsschule für Fertigungstechnik in München statt. Der untersuchte Unterricht wird von Herrn StD Martin Müller durchgeführt. Eine weitergehende Beschreibung der Kompetenzen des durchführenden Lehrers ist in Kapitel 4.2 nachzulesen.

6.2.1 Rahmendaten der untersuchten Klassen

Für die Untersuchung konnten Auszubildende aus den beiden Klassen ME11B und ME11C der Städtischen Berufsschule für Fertigungstechnik in München gewonnen werden. Es handelt sich dabei um 58 Mechatroniker-Auszubildende der 11. Jahrgangsstufe. Das Durchschnittsalter der Schüler beträgt zum Zeitpunkt der Datenerhebung 19,5 Jahre. Der jüngste Schüler ist 18 Jahre und der älteste 23. Unter den Schülern befinden sich zwei weibliche Auszubildende. Alle Schüler sind in Deutschland aufgewachsen. Ein Mädchen stammt aus Italien, eines aus Österreich. Weiter sind ein Grieche und ein Kroate Teil der Klassengemeinschaft.

Ungefähr ein Drittel der Auszubildenden stammen aus Betrieben, die zwischen einem und drei Auszubildenden pro Jahr beschäftigen. Die drei Großbetriebe Hirschvogel GmbH (8 Azubis), MAN Nutzfahrzeuge AG (12 Azubis) und Siemens AG (19 Azubis) stellen ca. zwei Drittel der Auszubildenden der beiden Klassen.

Die 58 Schüler der Klassen ME11B und ME11C verfügen über die in Übersicht 6-2 dargestellten Schulabschlüsse:

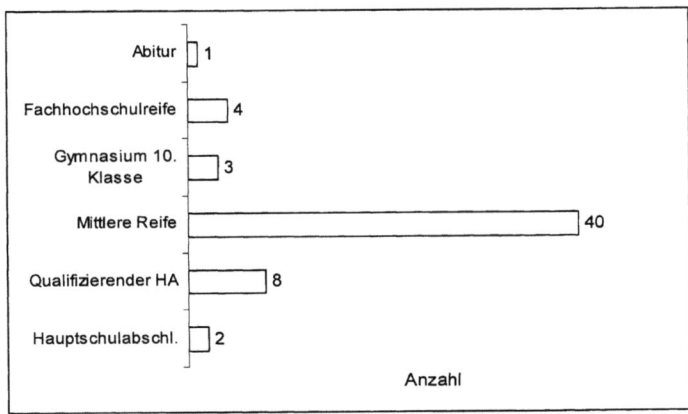

Übersicht 6-2: Überblick über Schulabschlüsse der Schüler der Klassen ME11B und ME11C.

Für die Untersuchung erfolgt eine Teilung der beiden Klassen in die folgenden Gruppen:

Aus der Klasse ME11A werden die Gruppen SB und BB gebildet (siehe nachfolgende Erläuterung). Auf Grundlage der jeweilig erzielten Note in der vorausgehenden Schulaufgabe im Fach Automatisierungstechnik erfolgt eine Parallelisierung der Gruppen.

Analog hierzu ergibt die Teilung und Parallelisierung der Klasse ME11B die Gruppen BS und SS. Die Bezeichnungen SB, BB, BS und SS stehen für die Kombination der Treatments (vgl. Kapitel 2.3, Übersicht 2-1). Hierbei bezeichnet der erste Buchstabe die Beschaffenheit der Unterrichtsmaterialien (S - systematikorientiert, B - beispielorientiert). Der zweite Buchstabe kennzeichnet die Art der Lehrerunterstützung.

Übersicht 6-3 zeigt die Notendurchschnitte nach der Parallelisierung der Gruppen, durch die die Vergleichbarkeit der erzielten Ergebnisse erhöht wird. Die Note, auf deren Grundlage die Parallelisierung der Gruppen erfolgt, stammt aus der vorangehenden Schulaufgabe im Fach Automatisierungstechnik. In dieser Schulaufgabe werden komplexe Inhalte aus der Elektropneumatik sowie die neu erworbenen und dem untersuchten Unterricht vorausgehenden Grundlagen zur SPS-Programmierung geprüft.

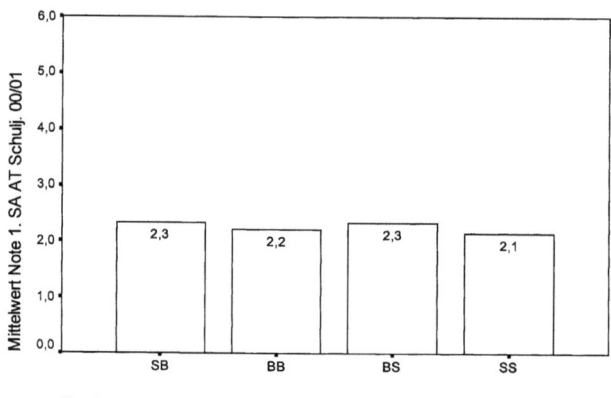

Übersicht 6-3: Notendurchschnitte der parallelisierten Gruppen (vorausgehende Schulaufgabe)

6.2.2 Eingangstest

Der Eingangstest dient vornehmlich dazu, ein eventuell bestehendes Wissen zum geplanten Lerninhalt aufzudecken (vgl. Abdruck des Originals im Anhang, S. 184-185). In Kombination mit den Antworten zu Frage 10 des ersten Schülerfragebogens (vgl. Kapitel 7.4.2.1, Frage 10: Wurden im Betrieb schon Schrittketten programmiert?) entscheidet das Auswertungsteam, ob Datensätze mit themenspezifisch vorbelasteten Schülern aus der Auswertung genommen werden. Die Ergebnisse der Fragen des Eingangstests sind in Kapitel 7.1 dargestellt.

Bei der Gestaltung des Eingangstests wurde darauf geachtet, die Motivation der Schüler bei der Bearbeitung des Eingangstests nicht zu sehr durch Fragen zu belasten, die sie noch nicht beantworten können. Aus diesem Grund finden sich die Fragen zu den Lerninhalten des untersuchten Unterrichts (Fragen 3, 4, 5 und 6) eingebettet in Fragen zum bisherigen Wissensstand. Diese Fragen (Fragen 1, 2, 7, 8 und 9) zielen sowohl auf Wissensgrundlagen als auch auf die Umsetzung derer in anwendungsbezogenen Aufgaben ab.

Die an der Untersuchung teilnehmenden Schüler bearbeiten den Eingangstest einzeln vor Beginn der untersuchten Unterrichtseinheit. Der Eingangstest umfasst neun Fragen mit unterschiedlichem Schwierigkeitsgrad.

6.2.2.1 Durchführung des Eingangstests

Alle Schüler bearbeiten den Eingangstest am Montagvormittag der Unterrichtswoche, in der der untersuchte Unterricht stattfindet. Der Test wird im Klassenzimmer mit den üblichen Maßnahmen zur Vermeidung von Unterschleif durchgeführt. Während der Durchführung der Eingangstests für die beiden Klassen gibt es keine besonderen Vorkommnisse.

6 Durchführung der Untersuchung 63

6.2.2.2 Fragen zu bisherigen Lerninhalten

Der Eingangstest ist so gestaltet, dass er verschiedene Ausprägungen der erworbenen Lerninhalte überprüft. Die im Folgenden beschriebenen Aufgaben des Eingangstests erfassen ein Schülerwissen zu dem bisher durchlaufenen Unterricht in Automatisierungstechnik. Die Aufgaben dienen dazu, den Schülern neben den Misserfolgen bei den Aufgaben zu den geplanten Unterrichtsinhalten auch Erfolgserlebnisse zu verschaffen. Der Schwierigkeitsgrad der Aufgaben steigert sich im Verlauf des Tests.

1. Aufgabe:	„Wie lautet die genaue Bezeichnung für das nebenstehende binäre Verknüpfungselement?"
Lösung:	*SR-Speicher*

E0.0 — S
E0.1 — R   Q — (SR)

Diese einfache Frage prüft reines Begriffswissen ab. Es muss ausschließlich die richtige Bezeichnung des Elements gekannt und genannt werden. Diese Frage spiegelt den aktuellen Wissensstand der Schüler wieder und zählt zu den leichteren Fragen. Sie fordert keine hohe kognitive Leistung der Probanden ein.

2. Aufgabe:	„Beschreiben Sie in knappen Sätzen die Funktion des Verknüpfungselements von Aufgabe 1."
Lösung:	*Es dient zur Speicherung von Signalen. Liegt an E0.0 ein 1-Signal (und E0.1 ist 0), so wird der Ausgang Q gleich 1 und bleibt so, bis der SR-Speicher durch E.01 zurückgesetzt wird. Sind beide Eingänge gleich 1 wird der Ausgang auf 0 rückgesetzt.*

Hier wird ganz konkret eine Funktionsbeschreibung eines Bauelements erwartet, was das Verständnis der Arbeitsweise dieser logischen Grundfunktion voraussetzt. Eine richtige Beantwortung dieser Aufgabe ohne Kenntnis der Logik-Funktion ist äußerst unwahrscheinlich, da die Funktion allein aus dem Schaltsymbol, noch dazu unter Zeitdruck eines Tests nur sehr schwer abzuleiten ist. Auch diese Frage entspricht dem Wissensstand der Testteilnehmer vor der Untersuchung und gehört zu den leichten Fragen.

7. Aufgabe:	„Wie lautet die genaue Bezeichnung für das nebenstehende Verknüpfungselement?"
Lösung:	*Zeitfunktion mit Einschaltverzögerung.*

T5
S_EVERZ
E0.0 — S   DUAL —
S5T#2s — TW   DEZ —
E0.1 — R   Q — A4.0 =

In Aufgabe 7 wird zuerst nach der genauen Bezeichnung des Elements gefragt und nachfolgend in Aufgabe 8 eine Funktionsbeschreibung eingefordert. Das Zeitglied war im vorangehenden Unterricht nicht explizit behandelt worden. Die Lösung kann jedoch aus dem Schaltsymbol abgeleitet werden.

8. Aufgabe:	„Beschreiben Sie, wie das Verknüpfungselement reagiert, wenn die Eingänge E0.0 und E0.1 ein 0- bzw. 1-Signal führen oder die Signale wechseln."
Lösung:	*E0.0 = 1: Die eingestellte Zeit läuft. Ist der Eingang E0.0 nach Ablauf der Zeit immer noch gleich 1, so wird der Ausgang gleich 1 gesetzt. Wechselt der Eingang E0.1 von 1 auf 0 während die Zeit läuft, wird die Zeit zurückgesetzt. Die Zeit wird ebenfalls zurückgesetzt, wenn der Eingang E0.1 ein 1-Signal führt. Wechselt der Eingang E0.1 von 1 auf 0 während die Zeit läuft, wird die Zeit zurückgesetzt. Die Zeit wird ebenfalls zurückgesetzt, wenn der Eingang E0.1 ein 1-Signal führt.*

Die in Aufgabe 8 erfragte Funktionsbeschreibung setzt die Kenntnis des Zeitgliedes oder die erfolgreiche Erschließung dessen aus dem zugehörigen Schaltsymbol voraus. Es handelt sich hier um ein Element mit einer komplexeren Funktionsweise und einer nicht ganz einfachen Funktionsbeschreibung. Verschiedene Eingangszustände und das daraus resultierende Ausgangsverhalten müssen beschrieben werden.

Die Aufgabe ist als Füllaufgabe beabsichtigt. Sie bezieht sich weder eindeutig auf behandelte Lerninhalte, noch repräsentiert sie Lerninhalte, die zwingend Erfahrungen in der Schrittkettenprogrammierung voraussetzen.

9. Aufgabe: „Bei dem untenstehenden Fallmagazin ist an einem nachfolgenden Förderband ein Sensor B3 (Schließer) angebracht. Meldet dieser Sensor, dass noch ein Teil auf dem Förderband liegt, bzw. meldet der Öffner S2, dass das Magazin leer ist, so darf der Zylinder 1A1 nicht ausfahren. Gesucht ist das zugehörige SPS-Programm (FUP) unter Verwendung von Merkern."

Lösung:

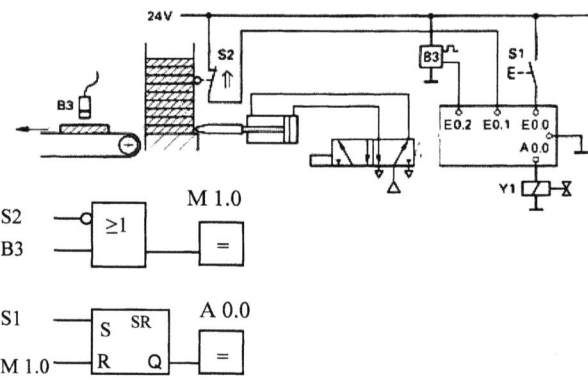

Bei dieser Aufgabe handelt es sich um die schwierigste Aufgabe, die von den Schülern mit Hilfe ihres bisher in der Berufsschule erarbeiteten Wissens bearbeitet werden kann. Ausgehend von einer Funktionsbeschreibung muss ein funktionsfähiges SPS-Programm skizziert werden. Dieser Schritt kommt gegen Ende des vorhergehenden Unterrichts zur Anwendung. Die den Schülern bekannten Logikfunktionen müssen hier zu einem kleinen Programm verknüpft werden.

6.2.2.3 Fragen zu Lerninhalten der Untersuchung

Die Beantwortung der nachfolgend beschriebenen Fragen 3 bis 6 gibt Aufschluss über ein bestehendes Schülerwissen zu den Lerninhalten der Untersuchung. Die Fragen sind so gewählt, dass sie von den Schülern mit Hilfe des bisher erarbeiteten Wissens zumindest teilweise gelöst werden können. Aus der Antwort lässt sich jedoch erschließen, ob die Schüler schon über Erfahrungen in der Schrittkettenprogrammierung, dem Lerninhalt des untersuchten Unterrichts, verfügen.

3. Aufgabe: „Zählen Sie die Bestandteile auf, aus denen ein SPS-Programm besteht und beschreiben Sie diese kurz."

6 Durchführung der Untersuchung

Lösung: *Organisationsbaustein OB1: ruft die zu bearbeitenden Bausteine nacheinander auf.*
Funktion FC1: Beinhaltet die Informationsverarbeitung
Funktion FC2: Beinhaltet die Befehlausgabe
Die einzelnen Funktionen können aus mehreren Netzwerken bestehen.

Hier werden sowohl die Bezeichnung eines SPS-Programms, als auch eine kurze Funktionsbeschreibung erwartet. Mit Hilfe der Beantwortung dieser Frage kann man erkennen, ob Schüler schon komplexere SPS-Programme geschrieben haben. Der oben stehende Lösungsvorschlag stellt das erwartbare Spektrum dar. Werden über die beiden Funktionen FC1 und FC2 noch weitere Funktionen genannt, würde dies auf Erfahrungen mit der Schrittkettenprogrammierung hindeuten.

4. Aufgabe: „Wie lautet die genaue Bezeichnung für das untenstehende binäre Verknüpfungselement?"

M4.0 —[&]—[=]— A4.3

Lösung: *Identität*

5. Aufgabe: „Beschreiben Sie kurz die Funktion des Verknüpfungselements von Aufgabe 4 und nennen Sie Möglichkeiten der Anwendung."

Lösung: *Das links anliegende Signal wird über eine Identität einem Ausgang oder Merker zugewiesen.*

Frage 4 und 5 gehören zusammen. Für Frage 4 gibt es nur eine richtige Lösung, die genaue Bezeichnung des Bauelements. Die Identität wird in der Schrittkettenprogrammierung häufig verwendet und ist somit ein Indikator für Erfahrungen mit der Schrittkettenprogrammierung. In Frage 5 ist die Funktionsbeschreibung für eine „Identität" verlangt.

6. Aufgabe: „Zu welchen Zwecken werden Merker in einem SPS-Programm eingesetzt?"

Lösung: *Zur Speicherung von VKE, als Schrittmerker, als Startmerker.*

Anhand der Antwort auf diese Fragestellung lassen sich Vorwissen bzw. Vorerfahrungen der Schüler in Bezug auf die Schrittkettenprogrammierung überprüfen. Hat ein Schüler bereits Schrittketten programmiert, so sollte hier neben den anderen Antwortmöglichkeiten die Antwort „Schrittmerker" gegeben werden. Fällt diese Antwort nicht, so deutet dies auf fehlende Erfahrungen mit der Schrittkettenprogrammierung hin.

6.2.3 Abschlusstest

6.2.3.1 Durchführung des Abschlusstests

Nach Beendigung der achtstündigen Unterrichtseinheit und einer Pause von ca. 20 Minuten bearbeiten die Schüler den zweiteiligen Abschlusstest. Die Schüler befinden sich für beide Teile des Abschlusstests am selben Arbeitsplatz. Für die Bearbeitung des schriftlichen Teils des Abschlusstests stehen ca. 25 Minuten zur Verfügung. Gibt ein Schüler den fertigen schriftlichen Teil ab, bekommt er die Aufgabenstellung für die nachfolgende Programmieraufgabe. Für die Bearbeitung der beiden Teile ist insgesamt eine Zeit von ca. 90 Minuten vorgesehen. Die Ergebnisse der Fragen des Eingangstests finden sich in Kapitel 7.2.

Während des Abschlusstests sind die beiden teilnehmenden Beobachter und der durchführende Lehrer anwesend. Die Beschaffenheit von Hilfestellungen bei Problemen der Probanden ist vor Beginn der Abschlusstests festgelegt. Somit ergeben sich für alle Probanden vergleichbare Prüfungsbedingungen.

6.2.3.2 Beschreibung der Aufgaben des schriftlichen Teils

Der schriftliche Teil des Abschlusstests ähnelt in seinem Aufbau dem des Eingangstests. Der Schwierigkeitsgrad nimmt im Verlauf der Bearbeitung zu. Die Beschaffenheit der Aufgabenstellung wechselt zwischen Fragen, die auf Wissensgrundlagen abzielen und Fragen, die einen konkreten Anwendungsbezug aufweisen.

Im Folgenden werden die Aufgaben des schriftlichen Teils des Abschlusstests vorgestellt und gegebenenfalls Besonderheiten erläutert. Der Aufgabentext ist in Anführungszeichen gehalten. Ein Abdruck der in der Untersuchung eingesetzten Aufgabenstellungen findet sich im Anhang (S. 186-187).

Frage 1: „Zu welchem Zweck werden Merker eingesetzt?"

Diese Fragestellung zielt auf Wissensgrundlagen ab. Sie prüft, ob den Schülern klar geworden ist, warum SPS-Programme mit Schrittmerkern arbeiten. Die gewünschten Antworten „Speichern von Verknüpfungsergebnissen und Signalen, als Start- und Schrittmerker" deuten dies an. Schließlich wäre es auch denkbar, Signalglieder direkt zur Ansteuerung von Ausgängen zu verwenden. Durch das Speichern von Signalen wird die Sicherheit des Programms im Bezug auf eine Statusabfrage sowie die Nachvollziehbarkeit bei der Fehlersuche gefördert.

Frage 2: „Was versteht man unter einem remanenten Merker?"

Auch diese Frage zielt auf Wissensgrundlagen ab. Um im Falle eines Stromausfalles oder sonstiger Störungen den letzten bekannten Zustand einer Anlage abzufragen, benötigt man remanente Merker, da diese ihren Zustand auch im spannungslosen Zustand beibehalten. Zweck dieser Frage war u. a. festzustellen, wie gut die Schüler ihr selbstgesteuertes Lernen daraufhin ausgerichtet haben, Informationen zu behalten, die nur an einer Stelle im Leittext erwähnt werden, noch dazu zu einem sehr frühen Zeitpunkt der acht Unterrichtsstunden umfassenden Unterrichtseinheit.

Frage 3: „Zählen Sie die Bestandteile auf, aus denen größere SPS-Programme meist bestehen und beschreiben Sie kurz, welchen Zweck sie erfüllen."

Eine weitere Aufgabe, die Wissengrundlagen abprüft. Die Beantwortung der Aufgabe lässt eine gewisse Bandbreite zu. Es ist nicht unbedingt zu erwarten, dass die Schüler hier Punkte wie Zyklusüberwachung oder Störungsanzeige nennen. Den Schülern sollte durch das Arbeiten mit den Leittexten jedoch klar geworden sein, dass ein funktionsfähiges Programm mindestens aus Funktionsaufruf, Schrittkette und Befehlsausgabe bestehen muss.

Frage 4: „Welchen Vorteil bieten prozessabhängige Ablaufsteuerungen gegenüber zeitabhängigen?"

Es geht hier besonders darum, zu erkennen, ob den Schülern der Unterschied zwischen einem zeitgesteuerten Ansteuern von Arbeitsgliedern im Vergleich zur Steuerung mittels Signalgliedern bewusst geworden ist.

6 Durchführung der Untersuchung 67

Frage 5: „Unten stehend sehen Sie ein Netzwerk eines SPS-Programmes. Der Ausgang A4.1 soll im ersten Schritt des Ablaufs ein monostabiles Magnetventil ansteuern, das über mehrere Schritte betätigt bleiben soll."

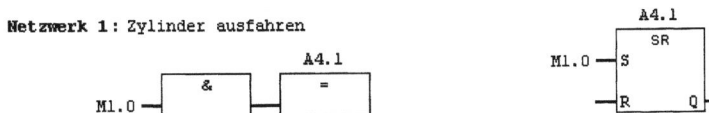

„Die gegebene Lösung ist jedoch falsch. Zeichnen Sie auf dem freien Platz rechts der Verknüpfung die richtige Lösung und begründen Sie, warum die gegebene Verknüpfung für diesen Zweck nicht richtig ist."

Die Bearbeitung dieser komplexen Frage verlangt ein profundes Anwendungswissen. Ohne nähere Erläuterung ist der Unterschied zwischen der Ansteuerung von mono- und bistabilen Magnetventilen nicht ersichtlich. Einmaliges Durchlesen der Leittexte und des Informationsmaterials reichen für die Beantwortung dieser Frage ebenfalls nicht aus. Zudem sollte durch das Erkennen der Fehler in der gegebenen Skizze und das eigene Erstellen einer korrekten Verknüpfung geprüft werden, ob sich die Wissensstruktur gefestigt hat. Der Vorteil der Programmierung in STEP7 besteht darin, dass häufig benutzte Elemente einfach aus der Objektleiste in das Netzwerk gezogen werden. Leider führt dies oft dazu, dass die Schüler zwar wissen, wo sie eine ODER-Verknüpfung finden, diese aber ohne Vorlage nicht skizzieren können. Trotz aller modernen Technik ist das Skizzieren eines Schaltplans nicht zuletzt für das Verstehen der Schaltung immer noch sehr wichtig.

Frage 6: „Sie kennen von einem Verknüpfungselement folgende Reaktion:
   Der Ausgang A4.0 ist "1", wenn der S-Eingang E0.0 = 1 ist oder die Zeit läuft. Wechselt der Signalzustand am R-Eingang E0.1 von "0" auf "1", während die Zeit abläuft, wird die Zeit zurückgesetzt.
   Um welches Verknüpfungselement handelt es sich? Begründen Sie Ihre Wahl."

Der Inhalt dieser Frage zielt auf den auf Seite 9 (systematikorientiertes Informationsmaterial) bzw. Seite 13 (situiert-beispielbezogenes Informationsmaterial) behandelten Abschnitt „Zeitfunktionen" ab. Zeitfunktionen kommen bei der Programmierung der Montageanlage des Öfteren zum Einsatz. Die Frage ist auch durch ein aufmerksames Studium des Informationsmaterials zu beantworten, wenn die Funktion des Zeitgliedes richtig erfasst wurde. Über die Erläuterung der Funktion wird überprüft, ob der Schüler die Verknüpfung versteht.

Frage 7: „Zeichnen Sie ein Verknüpfungselement, das zum Ausschalten einer Anlage dient. Darin sollen die Signale NOT-AUS und ein Überlastungsschalter verknüpft und einem Merker zugewiesen werden. Erläutern Sie Ihre Skizze und begründen Sie Ihre Entscheidungen."

Die Schüler müssen ein Verknüpfungselement und dessen Funktion erläutern. Diese Frage hat einen konkreten Anwendungsbezug. Schaltungen zum sicherheitsbedingten Ausschalten dürfen bei keiner in der Praxis eingesetzten Anlage fehlen. Der Inhalt wurde jedoch während der Programmieraufgabe im beobachteten Unterricht nicht eingefordert. Mit der Aufgabe wird überprüft, inwieweit die Schüler Unterrichtsinhalte erlernten, die ihren Programmierbemühungen nicht direkt weiterhalfen. Über die Erläuterung der Funktion wird überprüft, ob der Schüler die Verknüpfung versteht. Darüber hinaus zeigt die vervollständigte Skizze, ob der Schüler in der Lage ist, sein Wissen anzuwenden.

Frage 8: „Vervollständigen Sie die untenstehende Verknüpfung zur Auswahl zwischen Automatik- und Einzelschrittbetrieb und beschreiben Sie deren Funktion."

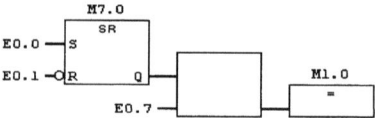

Die Schüler müssen eine Skizze vervollständigen und die Funktion der logischen Verknüpfung erläutern. Dieser Programmierschritt wird während der Programmierung der Montageanlage eingefordert. Die Einzelschrittauswahl ist zur Fehlersuche und zum Einrichten unbedingt notwendig. Daher ist sie in jeder realen Anlage vorhanden. Wie in Frage 5 und 7 wird hier über die Erläuterung der Funktion überprüft, ob der Schüler die Verknüpfung versteht. Darüber hinaus zeigt die vervollständigte Skizze, ob der Schüler in der Lage ist, sein Wissen anzuwenden.

6.2.3.3 Beschreibung der Programmieraufgabe

Die Schüler lösen nach der Bearbeitung des schriftlichen Teils des Abschlusstests eine Programmieraufgabe. Auf einem Aufgabenblatt (siehe Anhang, S. 188) sind ein Weg-Schritt-Diagramm und eine Symboltabelle abgebildet. Darunter stehen die folgenden Aufgaben:

„Schreiben Sie mit Hilfe des Weg-Schritt-Diagramms und der Zuordnungsliste das SPS-Programm für die Anlage. Beachten Sie weiter folgende Hinweise (bitte erst ganz durchlesen):

1. Legen Sie das Projekt unter Ihrem Nachnamen an.
2. Wählen Sie die CPU 315-2DP für Ihr Programm aus.
3. Übertragen Sie die obige, unvollständige Zuordnungsliste in die Symboltabelle Ihres SPS-Programms und ergänzen Sie die fehlenden Bestandteile, Symbole und Kommentare.
4. Achten Sie auf eine übersichtliche Struktur und die Dokumentation des Programms.
5. Das Programm soll ohne symbolische Darstellung aber mit den Symbolinformationen und dem Kommentar (Menü ANSICHT) dargestellt werden.
6. Es soll zwischen den Betriebsarten „Automatik" und „Einzelschrittbetrieb" gewählt werden können. Programmieren Sie diese Anforderung in einer eigenen Funktion.
7. Durch Betätigen der Reset-Taste soll die Anlage wieder in die Ausgangsstellung gebracht werden können."

Die Aufgabe der Probanden besteht darin, mit Hilfe des ausgehändigten Weg-Schritt-Diagramms und der Symboltabelle ein funktionierendes SPS-Programm zu schreiben, das die gewünschten Funktionen erfüllt. Die Aufgabenteile 1 bis 7 führen die Probanden durch für die Auswertung und das Forschungsinteresse unwesentlichen Teile der Aufgabe. Der Proband kann sich auf das Wesentliche konzentrieren und verliert keine Zeit mit Dingen, die für die Untersuchung nicht von zentralem Interesse sind.

6 Durchführung der Untersuchung 69

Die zu programmierende Aufgabe fordert einen Transfer des erlernten Programmierschemas auf eine neue, komplexe berufliche Aufgabenstellung ein. Die Programmieraufgabe wurde in Zusammenarbeit mit dem durchführenden Lehrer erstellt und entspricht in ihrem Schwierigkeitsgrad dem Lernfortschritt der Probanden. Im Anhang (S. 189-192) befindet sich ein Abdruck einer guten Schülerarbeit als Orientierungshilfe für die Lösung der Programmieraufgabe. Die Schülerlösung ist in der Programmiersprache „Funktionsplan" (STEP7) gehalten und wurde, wie im untersuchten Unterricht verlangt, mit dem Programm „Simatic S7" der Firma Siemens erstellt.

6.2.4 Teilnehmende Beobachtung

Die teilnehmende Beobachtung der Lernstrecke erfolgte durch Dr. Alfred Riedl und Robert Geiger. Die Beobachtung erfolgte mit Hilfe eines vorstrukturierten schriftlichen Protokolls (vgl. Übersicht 6-8). Besonderes Augenmerk wird bei diesen Aufzeichnungen auf die Konsistenz in der Einhaltung der Instruktions- und Unterstützungsvariante des Lehrers gelegt. Weiter erfassen die teilnehmenden Beobachter die Häufigkeit der Unterstützung der Gruppen durch den Lehrer und stehen den Schülern für organisatorische Fragen zur Verfügung. Bei Fragen bezüglich des Unterrichts oder der eingesetzten Software wird auf den durchführenden Lehrer verwiesen.

6.2.5 Fragebögen für die Versuchsteilnehmer

Die Probanden bearbeiten die Fragebögen 1 und 2 jeweils nach Beendigung der Teilaufgabe 1 bzw. 2. Fragebogen 3 wird nach Abgabe der Programmieraufgabe des Abschlusstests beantwortet. Die Schüler beantworten die Fragen einzeln. Um die Schüler nicht zusätzlich unter Druck zu setzen besteht hierfür keine Zeitvorgabe.

Zur Erhöhung der Übersichtlichkeit sind die gestellten Fragen der Fragebögen an die Versuchsteilnehmer mit den zugehörigen Ergebnissen in Kapitel 7.4 abgedruckt.

6.2.5.1 Fragebögen 1 und 2

Die Fragebögen 1 und 2 (Anhang, S. 193-194) bestehen aus einem Block gebundener Fragen und anschließenden offen Fragen. Die gebundenen Items zielen auf die Einschätzungen und Erfahrungen der Probanden mit den verwendeten Unterrichtsmaterialien sowie mit der Unterstützungsvariante des Lehrers. In Fragebogen 1 wird zusätzlich erhoben, ob die Probanden im Ausbildungsbetrieb schon Schrittketten mit SPS programmiert haben. Eine Frage nach einer Einschätzung des eigenen Anteils am Gruppenergebnis beschließt den Block der gebundenen Fragen.

Fragebogen 1

Die erste offene Frage zielt auf eine mögliche Überforderung in Teilaufgabe 1. Hier bestünde eine Möglichkeit für den Schüler, auf eventuelle Defizite der durchlaufenen Unterrichtsvariante hinzuweisen. In der zweiten offenen Frage sollen die Probanden Angaben darüber machen, welche Art der Hilfestellung des Lehrers ihnen im Unterricht besonders geholfen hat.

Fragebogen 2

In der ersten offenen Frage des zweiten Fragebogens wird gezielt danach gefragt, an welchen Stellen die Schüler weitere Hilfestellungen des Lehrers benötigt hätten. Diese Frage gibt den Schülern einerseits die Möglichkeit auszudrücken, dass sie Hilfestellungen benötigen, andererseits kann hier benannt werden, an welcher Stelle diese Hilfestellungen greifen sollen.

In Frage 2 teilen die Schüler ihre Erfahrungen mit den Hilfestellungen des Lehrers mit. Die Beschaffenheit der hilfreichen Lehrerunterstützung steht hier im Fokus. Eine Möglichkeit, sonstige Anmerkungen zum Unterricht zu machen, rundet das Instrument ab.

6.2.5.2 Fragebogen 3

Fragebogen 3 fragt nach Problemen im schriftlichen und zu programmierenden Teil des Abschlusstests (siehe Anhang, S. 195-196). Diese Fragen stellen eine weitere Möglichkeit für den Probanden dar, auf Schwierigkeiten oder Schwachstellen des Unterrichts bzw. der eigenen Lernarbeit hinzuweisen.

6.2.6 Fragebögen für den durchführenden Lehrer

Der durchführende Lehrer bearbeitet nach jeder Unterstützungsvariante einen Fragebogen (siehe Anhang, S. 197-200). Die Fragen zielen auf individuelle Einschätzungen und Erfahrungen des Lehrers. Die Bearbeitungszeit kann hierbei mehrere Tage betragen. Dies hat den Vorteil, dass der Lehrer bei der Bearbeitung des Fragebogens nicht unter Zeitdruck steht. Zudem kann er selbst entscheiden, wann er Zeit und Muße hat, sich den Fragen zu stellen. Dieser Vorteil überwiegt gegenüber einer eventuellen Einschränkung durch eine Vermischung der von dem unterrichtenden Lehrer gewonnen Eindrücke über die verschiedenen Varianten des gehaltenen Unterrichts.

6.2.7 Schülerunterlagen, Arbeitsdokumentationen

Die Analyse und Auswertung der sichergestellten Schülerunterlagen und Arbeitsdokumentationen ermöglicht einen Vergleich der Lern- und Arbeitsprozesse der Schüler. Neben den Antworten zu den Erschließungsfragen, den abschließenden Fragen nach den beiden Teilaufgaben und den Programmskizzen der Teilaufgabe 1 wird jedes während des Unterrichts erstellte Programm einer Analyse und Auswertung zugeführt.

6.3 Aufbereitung und Auswertung der Daten

Der Erhebung der Daten folgt unmittelbar deren Aufbereitung und Auswertung. Hier werden die in Kapitel 6.2 beschriebenen, auf unterschiedliche Art und Weise gewonnenen Rohdaten in eine für das Forschungsinteresse verwertbare Form gebracht.

Die Aufbereitung und Auswertung der erhobenen Daten erfolgt unter Anweisung des Untersuchungsleiters von einem Auswertungsteam. Das Auswertungsteam besteht aus dem Untersuchungsleiter, dem durchführenden Lehrer und studentischen Hilfskräften des Studiengangs Lehramt für berufliche Schulen. Die studentischen Hilfskräfte sind durch ihr Hauptfach Metalltechnik und ihre einschlägige Berufsausbildung mit Lerninhalten zur Steuerungstechnik und der SPS-Programmierung vertraut. Darüber hinaus erfolgt eine ausführliche Einweisung in den Sachverhalt sowie in die Auswertung allgemein.

6.3.1 Eingangstest

Die Ergebnisse der Aufgaben des Eingangstests (vgl. Kap. 6.2.2) sind in Prozentwerten angegeben. Anschließend werden die erreichten Punktwerte pro Aufgabe in Prozentwerte transformiert, in das Statistik-Programm SPSS eingegeben und prüfstatistisch ausgewertet. Die komplexe Aufgabe 9 des Eingangstests ist in der Auswertung in die Teilaufgaben 9a, 9b und 9c unterteilt.

6.3.2 Abschlusstest

Die Auswertung des zweiteiligen Abschlusstests stellt den zweitaufwändigsten Teil der Auswertung der erhobenen Untersuchungsdaten dar. Entsprechend der Komplexität des zu erfassenden Sachverhalts sind für die Auswertung komplexe Auswertungsraster erforderlich (vgl. Übersichten 6-4, ‚6-5, 6-6 und 6-7). Hier gilt es einen Modus zu finden, der es erlaubt, neben den erwarteten Lösungswegen auch solche bewerten zu können, die nicht einer so genannten Musterlösung entsprechen. Die Auswertungsraster wurden vom Auswertungsteam in mehreren Schritten entwickelt.

6.3.2.1 Schriftlicher Teil des Abschlusstests

Die acht Fragen werden in der Auswertung zu 53 Items erweitert und in Spalte x binär mit 0 bzw. 1 bewertet (vgl. Spalte x in Übersicht 6-4). Das Auswertungsteam ordnet danach den Aufgaben in der Spalte y die entsprechenden Punktwerte für die Auswertung zu (vgl. Spalte y in Übersicht 6-4). Diese entsprechen nicht immer der Summe der binären Bewertungen, sondern sind vom Auswertungsteam je nach Schwierigkeit der Frage oder der Möglichkeit mehrerer richtiger Antworten gewichtet (vgl. Frage 5 in Übersicht 6-4). Anschließend werden die erreichten Punktwerte pro Aufgabe in Prozentwerte transformiert, in das Statistik-Programm SPSS eingegeben und einer prüfstatistischen Auswertung zugeführt.

Erläuterungen zur Korrektur und ein Auswertungsbeispiel

Werden Zellen mit dem Inhalt „*Anmerkung x*" mit 1 bewertet, so deutet dies auf Folgendes hin: Der Schüler hat eine Lösung gefunden, die von der gewünschten Musterlösung abweicht, aber aus verschiedenen Gründen gewertet werden kann. Dies liegt darin begründet, dass bei offenen Fragen nicht jede Variante erfasst werden kann. So errechnet sich die Punktzahl eines Schülers pro Frage nicht nur aus der binären Bewertung, sondern auch aus der subjektiven Betrachtung der Frage. Die Punktvergabe bei entsprechenden Fragen erfolgt durch das Auswertungsteam.

Frage 2	X	Y
Spannungslos, ohne Strom etc.	1	2
Signalzustand bleibt erhalten	1	
Anmerkung 2	0	

Im Falle des obigen Auswertungsbeispiels zu Frage 2 hat der Schüler die beiden erwarteten Bestandteile der Antwort „spannungslos, ohne Strom" und „Signalzustand bleibt erhalten" gebracht. Es wurde vom Auswertungsteam keine Anmerkung für die Frage 2 vorgenommen, in der eine, von der erwarteten Lösung abweichende aber dennoch richtige Lösung dokumentiert ist. Wäre eine Anmerkung vorgenommen worden, so müsste das Auswertungsteam über die Bewertung der Frage entscheiden.

6.3 Aufbereitung und Auswertung der Daten

Frage 1	x	y
Speicherung von Signalen	1	
Speicherung von VKE	1	2
Schrittmerker	1	
Startmerker	1	
Anmerkung 1	0	

Frage 2	x	y
Spannungslos, ohne Strom etc.	1	2
Signalzustand bleibt erhalten	1	
Anmerkung 2	0	

Frage 3	x	y
OB1	1	
Organisationsbaustein	1	
FC1	1	
Betriebsarten	1	
FC2	1	5
Schrittkette	1	
FC3	1	
Befehlsausgabe	1	
FC4	1	
Meldungen	1	
Anmerkung 3	0	

Frage 4	x	y
Störung unterbricht Ablauf	1	2
Schritt n+1 nach Schritt n	1	
Anmerkung 4	0	

Frage 5		
Zeichnung	x	y
SR	1	
M1.0 an S	1	2
A4.1 oben	1	
Mehr, aber nicht falsch	0	
Anmerkung 5	0	
Begründung		
Monostabil	1	
Löschen im nächsten Schritt	1	2
Mehrere Schritte betätigt	1	
Anmerkung 6	0	

Frage 6		
Auswahl	x	y
Ausschaltverzögerung	1	1
Begründung		
Schlüssig	1	2
Anmerkung 7	0	

Frage 7		
Skizze	x	y
2 Signale	1	
"nicht" <NOT-AUS>	1	
"nicht" <Überlast>	1	2
>=1-Glied	1	
= Merker	1	
Anmerkung 8	0	
Erklärung		
Öffner Not-Aus	1	
Öffner Überlast	1	2
Negieren von Öffner	1	
Anmerkung 9	0	

Frage 8		
Skizze	x	y
>=1 eingetragen	1	1
Erklärung		
Funktion	1	
M7.0 S durch E0.0	1	
M7.0 R durch E0.1	1	3
Oder mit E0.7	1	
Setzen von M1.0	1	
Dauer von M1.0 gesetzt	1	
sonstiges 10	0	
Betrieb		
A/E-Verwendung in Praxis	0	1

entweder/ oder

x binäre Bewertung

y Anteil an Gesamtpunktzahl

Übersicht 6-4: Auswertungsraster des schriftlichen Teils des Abschlusstests

6 Durchführung der Untersuchung

Anmerkungen zur Auswertung der Fragen 1 bis 8 (vgl. Anhang, S. 186-187)

Frage 1 (in Stichworten): „Zweck von Merkern"

Laut Musterlösung sind auf die Frage, zu welchem Zweck Merker eingesetzt werden vier Antworten gewünscht. Eine 1 (Spalte x in Übersicht 6-4) wird für jedes genannte Kriterium vergeben. Führte ein Schüler mehr oder andere Einsatzmöglichkeiten an, wird in das Feld *Anmerkung* ebenfalls eine 1 eingetragen.

Frage 2: „ (...) remanenter Merker"

Die wesentlichen Kennzeichen eines remanenten Merkers sind in Übersicht 6-4 unter *Frage 2* des Korrekturbogens aufgeführt. Bei Nennung eines dieser Sachverhalte wird darauf je eine 1 vergeben. In diesem Fall entspricht die Summe der binären Wertungen auch der maximal erreichbaren Punktzahl. So gibt es höchstens 2 Punkte auf diese Frage.

Frage 3: „Bestandteile eines SPS-Programms"

Gewünscht ist hier, dass die Schüler die Kurzbezeichnung mit ihrem Namen angeben. Für jede aufgeführte Bezeichnung wird eine 1 eingetragen. Die Gesamtpunktzahl errechnet sich dergestalt, dass die Summe der Einerwertungen halbiert wird. Falls die Antwort des Schülers von der Musterlösung abweicht, wird dies wiederum im Feld *Anmerkung* gekennzeichnet. Bei dieser Frage wurden häufig auch die Punkte „Schrittkette und Befehlsausgabe" genannt. Die Höchstpunktzahl von 5 Punkten kann hier jedoch nur durch eine Antwort gemäß der Musterlösung erreicht werden.

Frage 4: „Prozessabhängige Ablaufsteuerung"

Bei der Korrektur wird besonderer Wert auf die Erklärung des Vorteils einer prozessabhängigen Ablaufsteuerung gegenüber der zeitabhängigen gelegt. Die beiden Vorteile einer prozessabhängigen Ablaufsteuerung im Vergleich zur zeitabhängigen sind im Auswertungsraster vermerkt. Das Feld *Anmerkung* kennzeichnet hier sehr häufig den Fall, dass die Schüler nicht speziell auf den Vorteil eingehen, sondern meistens nur den Unterschied erklären. In der Punktevergabe wird diese Antwort mit einem Punkt gewertet.

Frage 5: „Monostabil korrekt ansteuern"

Bei dieser Frage muss in der Korrektur auf zwei Kriterien geachtet werden. Dies ist zum einen die *Zeichnung*. Im Auswertungsraster wird aufgeführt, woran eine richtige Skizze des Verknüpfungselements zu erkennen ist. Das Feld *„mehr, aber nicht falsch"* bedeutet, dass der Schüler über die Lösung hinaus die Skizze erweitert hat, z.B. durch zusätzliche Taster. Zum anderen muss die korrekte *Begründung* mindestens die im Auswertungsraster aufgeführten Schlüsselwörter enthalten. Da dieser Fall nur bei sehr wenigen Schülern eintritt, werden auf die gesamte Begründung zwei Punkte vergeben.

Frage 6: „Zeitelement erkennen"

Diese Frage ermöglicht im Prinzip ein Raten durch die 50-50-Chance: es ist entweder eine *Einschalt-* oder eine *Ausschaltverzögerung*. Allein auf die Nennung des richtigen Elements wird daher noch kein Punkt vergeben, um die gerade geschilderte Lösung durch Raten auszuschließen. Nennt der Schüler jedoch eine schlüssige Begründung, so erhält er einen Punkt auf die Benennung des Elements und maximal zwei Punkte auf die anschließende Begründung. Für den Fall, dass ein Schüler das falsche Element erkennt, dieses aber in einer Begründung richtig beschreibt, wird insgesamt ein Punkt vergeben. Eine 1 im Feld *Sonstiges* deutet auf diesen häufigen Fall hin.

Frage 7: „Not-Aus und Überlastschalter"

Auch bei dieser Frage muss bei der Korrektur auf zwei Gesichtspunkte geachtet werden. Neben der Anfertigung einer Skizze sollte diese auch erklärt werden. Zwei negierte Signale sollen durch ein ODER-Glied auf einen Merker als Verknüpfungsergebnis verweisen. Diese fünf Kriterien zusammen ergeben insgesamt 2 Punkte. Weitere 2 Punkte sind durch das Erklären der Skizze zu erreichen. Wichtig hierbei ist, dass eine Übereinstimmung von Skizze und Erklärung besteht. In der Regel deuten die beiden Felder *Anmerkung* darauf hin, dass dies nicht der Fall war. Häufig werden dann etwa die Signale in der Skizze als Öffner eingetragen, die gegebene Erklärung bezieht sich aber eindeutig auf Schließer.

Frage 8: „Automatik- und Einzelschritt"

Zuerst muss in der Skizze ein ODER-Glied eingetragen werden. Zwar besteht auch hier die Chance, das richtige Element zu erraten, trotzdem werden Punkte allein für die richtige Wahl vergeben. Dies liegt daran, dass sich die folgenden Felder in der Tabelle *Frage 8* gegenseitig ausschließen, gekennzeichnet durch *entweder/oder*. Nach der Musterlösung soll der Signalfluss erklärt werden; dazu ist auch die Erklärung des ODER-Glieds notwendig. Manche Schüler erklären jedoch nicht den Signalfluss, sondern das Einsatzgebiet eines A/E-Bausteins. Hat der Schüler hierbei keinen Fehler gemacht, erhält er darauf einen Punkt.

6.3.2.2 Programmieraufgabe des Abschlusstests

Für die Programmieraufgabe des Abschlusstests wird analog zum schriftlichen Teil ein komplexes Auswertungsraster entworfen. Wiederum gilt es dem handlungsorientierten Unterricht auch in der Leistungserhebung Rechnung zu tragen und einen Modus zu finden, der es erlaubt, neben den erwarteten Lösungswegen auch solche bewerten zu können, die nicht einer so genannten Musterlösung entsprechen. Die Analyse des von den Schülern erstellten SPS-Programms erfolgt anhand von 69 Items. Jedes Item wird in Spalte x mit 0 bzw. 1 bewertet. Auf Grundlage der binären Auswertungen ordnet danach das Auswertungsteam in der Spalte y die entsprechenden Punktwerte für die Auswertung zu (vgl. Übersicht 6-5 und 6-6). Diese entsprechen nicht immer der Summe der binären Bewertungen, sondern werden in manchen Fällen vom Auswertungsteam gewichtet.

Nach einer ausführlichen Einweisung erfolgt die Auswertung der Programmieraufgabe des Abschlusstests durch das Auswertungsteam. Anschließend werden die erreichten Punktwerte pro Aufgabe in Prozentwerte transformiert, in das Statistik-Programm SPSS eingegeben und einer prüfstatistischen Auswertung zugeführt.

Erläuterungen zum Auswertungsraster

Das SPS-Programm zur Lösung der Programmieraufgabe des Abschlusstests erfordert fünf Programmierschritte. Diese sind in Teil A des Auswertungsrasters (Übersicht 6-5) zur Analyse in 64 Items unterteilt. Die einzelnen Items werden in Themenbereichen zusammengefasst und mit einem Buchstaben gekennzeichnet. So kennzeichnet z.B. der Buchstabe A alle Beschriftungen der Programmteile. Eine Legende der Buchstaben ist im Teil B des Auswertungsrasters abgebildet (Übersicht 6-6). Neben den fünf Programmierschritten wird das Programm anhand der fünf weiteren Programmteile Reset, Startmerker, Automatik/Einzelschritt (A/E), Organisationsbaustein 1 (OB1) und Symboltabelle analysiert. Diese fünf Programmteile sind zur Analyse in weitere 39 Items aufgegliedert und im Teil B des Auswertungsrasters abgebildet (Übersicht 6-6). Analog zum schriftlichen Teil des Abschlusstests gruppiert das

6 Durchführung der Untersuchung

Auswertungsteam (Untersuchungsleiter, auswertender Student, durchführender Lehrer) die einzelnen Items und weist ihnen maximale Punktwerte zu (vgl. Übersicht 6-5 und 6-6).

Sieben Auswertungskategorien

Das Auswertungsteam gruppiert die insgesamt 101 Items aufgrund ihrer systematischen Zusammenhänge in die sieben Auswertungskategorien OB1, Symboltabelle, Beschriftung, Reset, Automatik, Schrittkette und Befehlsausgabe. Aufgrund der Gewichtung der Aufgaben ergibt sich eine maximale Punktzahl von 60,5 Punkten. Die erreichten Punktwerte pro Auswertungskategorie werden in Prozentwerte transformiert, in das Statistik-Programm SPSS eingegeben und einer prüfstatistischen Auswertung zugeführt. In Übersicht 6-7 ist das Bewertungsraster der Programmieraufgabe des Abschlusstests abgebildet. Die Bewertungskategorien OB1, Symboltabelle, Reset und Automatik/Einzelschritt (A/E) beziehen ihre Punkte aus den ihnen zugeordneten Items im Auswertungsraster Teil B (Übersicht 6-6). Abweichend dazu beziehen die drei Bewertungskategorien Beschriftung, Schrittkette und Befehlsausgabe ihre Punkte aus den einzelnen Teilbereichen der Programmteile. Diese sind in den Teilen A und B des Auswertungsrasters (Übersicht 6-5 und 6-6) durch die Buchstaben A bis G gekennzeichnet.

Auswertungsbeispiel

Werden Zellen mit dem Inhalt „*Anmerkung x*" mit 1 bewertet, so deutet dies analog zur Auswertung des schriftlichen Teils des Abschlusstests auf Folgendes hin: Der Schüler hat eine Lösung gefunden, die von der gewünschten Musterlösung abweicht, aber aus verschiedenen Gründen gewertet werden kann. Dies liegt darin begründet, dass bei offenen Fragen nicht jede Variante erfasst werden kann. So errechnet sich die Punktzahl eines Schülers pro Frage nicht nur aus der binären Bewertung 0 oder 1, sondern auch aus der subjektiven Betrachtung der Frage. Die Punktvergabe bei dementsprechenden Fragen erfolgt in Abstimmung mit dem Untersuchungsleiter.

RESET	**x**	**y**
Zylinder 2		
Reset auf R(A4.3)	1	1
Zylinder 3		
Reset auf R(A4.4)	1	1
Zylinder 1 kurz		
Reset durch >=1 auf = A4.2	1	
Zylinder 1 lang		
Reset auf R(A4.1)	0	1
Reset auf S(A4.2)	0	

Anhand des obigen Auswertungsbeispiels zur Programmierung der RESET-Funktion wird im Folgenden eine Besonderheit der Auswertung erläutert. Es gibt in manchen Programmteilen, wie z.B. beim RESET die Möglichkeit, verschiedene Lösungswege zu begehen. So kann in der Befehlsausgabe des RESET zwischen den Varianten „kurz" und „lang" gewählt werden. Wie in den Auswertungen zu Zylinder 2 und 3 gibt es jedoch auch für Zylinder 1 nur einen Punkt (die beiden Punktkategorien x und y sind in diesem Fall gleichwertig), da nur eine der beiden Varianten möglich ist.

SCHRITT 1

Startsignal

	x	y	
Beschriftung	1	0,5	A
ein Startsignal	1	2	F
"nicht" M0.0	1		
Struktur (&, SR, >=1)	1	1	B
Löschen d. n. Merker	1		
Signal kommt	1	1	D
Anmerkung 1a	0		

Zylinder 1 aus

	x	y	
Beschriftung	1	0,5	A
kurz			
Merker = A4.1	1	1	C
lang			
Merker setzt A4.1	0		
Zylinder 1 fährt aus	1	1	D
Anmerkung 1b	0		

SCHRITT 2

Signal

	x	y	
Beschriftung	1	0,5	A
Zyl1 auf E0.2	1	1	D
Merker vorher in &	1		
Struktur (&, SR, >=1)	1	1,5	B
Löschen d. n. Merker	1		
Signal kommt	1	1	D
Anmerkung 2a	0		

Zylinder 2 aus

	x	y	
Beschriftung	1	0,5	A
Struktur (>=1, SR)	1	2	C
Merker auf S(A4.3)	1		
Zylinder 2 fährt aus	1	1	D
Anmerkung 2b	0		

SCHRITT 3

	x	y	
Beschriftung	1	0,5	A
Zyl2 auf E0.3	1	1	D
Zeitglied			
Start durch E0.3	1	1	E
Alle Zeitstarter an S?	1	0,5	
Merker vorher in &	1	0,5	B
Q auf SR	1	1	E
Struktur (&, SR, >=1)	1	1	B
Löschen d. n. Merker	1		
Signal kommt	1	1	D
Anmerkung 3a	0		

Zylinder 3 aus

	x	y	
Beschriftung	1	0,5	A
Struktur (>=1, SR)	1	2	C
Merker auf S(A4.4)	1		
Zylinder 3 fährt aus	1	1	D
Anmerkung 3b	0		

SCHRITT 4

Signal

	x	y	
Beschriftung	1	0,5	A
Zyl3 auf E0.4	1	1	D
Merker vorher in &	1		
Struktur (&, SR, >=1)	1	1,5	B
Löschen d. n. Merker	1		
Signal kommt	1	1	D
Anmerkung 4a	0		

Zylinder 2&3 ein

	x	y	
Einfahren d. selben Merker	1	1	D
Zylinder 2 fährt ein	1	0,5	G
Zylinder 3 fährt ein	1		
Anmerkung 4b	0		

SCHRITT 5

Signal

	x	y	
Beschriftung	1	0,5	A
E0.5 & E0.6	1	1	D
Merker vorher in &	1		
Struktur (&, SR, >=1)	1	1,5	B
erster Merker löscht	1		
Signal kommt	1	1	D
Anmerkung 5a	0		

Zylinder 1 ein

	x	y	
Beschriftung	1	0,5	A
kurz			
Merker = A4.2	1	1	C
lang			
erster Merker auf R(A4.2)	0		
Merker auf S(A4.2)	0		
Merker auf R(A4.1)	0		
Zylinder 1 fährt ein	1	1	D
Anmerkung 5b	0		

A Beschriftung aller Programmteile
B Struktur der Netzwerke in der Schrittkette
C Struktur der Netzwerke in der Befehlsausgabe
D Ablauf nach Weg-Schritt-Diagramm
E Zeitglied
F Startbedingung
G Einfahren der Zylinder 2 & 3

x binäre Bewertung
y Anteil an Gesamtpunktzahl

Übersicht 6-5: Auswertungsraster der Programmieraufgabe des Abschlusstests, Teil A

6 Durchführung der Untersuchung

STARTMERKER	x	y
>=1	1	
alle Schrittmerker	1	2
letzter nicht dabei	1	

AUTOMATIK/EINZELSCHRITT

	x	y	
Beschriftung	1	0,5	A
Merker nicht weiter benutzt	1	1	
kein Merker Startmerker	1		

Struktur

	x	y
SR	1	
>=1	1	3
=	1	

Eingangssignale

	x	y
E0.1 setzt Merker1	1	
E0.0 löscht Merker1	1	
"nicht" E0.1 löscht Merker1	0	2
"nicht" E0.0 löscht Merker1	0	
E0.7 auf >=1-Glied	1	
= auf Merker2	1	
Signal kommt	1	2
Anmerkung 6	0	

Programmierung

	x	y
Einzelschritt	1	
Einzelschritt mit Fehlern	0	2
Einzelzyklus	0	
gar nicht	0	

OB1

	x	y	
Beschriftung	1	0,5	A

vorhandene FCs

	x	y
A/E - Auswahl	1	
Schrittkette	1	3
Befehlsausgabe	1	
Anmerkung 7	0	

aufgerufene FCs

	x	y
FC1	1	
FC2	1	3
FC3	1	
Anmerkung 8	0	

SYMBOLTABELLE

	x	y
FCs	1	
Merker	1	2
Endschalter	1	
Stellsignale	1	

RESET

	x	y
Zylinder 2		
Reset auf R(A4.3)	1	1
Zylinder 3		
Reset auf R(A4.4)	1	1
Zylinder 1 kurz		
Reset durch >=1 auf = A4.2	1	
Zylinder 1 lang		1
Reset auf R(A4.1)	0	
Reset auf S(A4.2)	0	

Übersicht 6-6: Auswertungsraster der Programmieraufgabe des Abschlusstests, Teil B

a) OB1 (*siehe AuswertungsrasterTeil B*)		
	vorh. Programmelemente	3,00
	aufgerufene FCs	3,00

b) Symboltabelle (*siehe Teil B*)	2,00

c) Beschriftung (*alle A*)	5,50

d) Reset setzen (*siehe Teil B*)	3,00

Bewertung in Punkten	
a) OB1	6,00
b) Symboltabelle	2,00
c) Beschriftung	5,50
d) Reset	3,00
e) A/E	10,00
f) Schrittkette	20,00
g) Befehlsausgabe	14,00
	60,50

e) Automatik/ Einzelschritt (A/E) (*siehe Teil B*)		
	allgemein	1,00
	Struktur	3,00
	Signale	2,00
	Funktion	2,00
	Programmierung	1,00

f) Schrittkette			
	(*alle F*)	Startbedingung	2,00
	(*alle B*)	Struktur der Schrittmerker	7,00
	(*siehe Teil B*)	Startmerker	2,00
	(*alle D*)	WSD Schrittkette	9,00

g) Befehlsausgabe			
	(*alle E*)	Zeitglied	2,50
	(*alle C*)	Struktur der Schrittmerker	6,00
	(*alle G*)	Einfahren Zyl. 2&3	0,50
	(*alle D*)	WSD Befehlskette	5,00

Übersicht 6-7: Bewertungsraster der Programmieraufgabe des Abschlusstests

Erläuterungen zu den sieben Auswertungskategorien

a) OB1

vorhandene Programmelemente

Damit das SPS-Programm gemäß der Aufgabenstellung des Abschlusstests funktioniert, müssen folgende drei Programmbausteine vorhanden sein:

- die Betriebsartenauswahl FC1
- die Schrittkette FC2
- und die Befehlsausgabe FC3

Jedes dieser Elemente eines SPS-Programms wird mit einem Punkt bewertet.

aufgerufene Funktionsbausteine

Selbstverständlich müssen die Funktionsbausteine auch in OB1 aufgerufen werden. Auf diese drei Befehle wird je ein Punkt vergeben, da ohne sie das Programm nicht lauffähig ist, aber das Schreiben praktisch keine Zeit in Anspruch nimmt.

b) Symboltabelle

Die Symboltabelle muss manuell ausgefüllt werden. Dabei werden den verwendeten Bauteilen und Schrittmerkern die jeweiligen Aufgaben als Name zugewiesen. Die Symboltabelle ist für die Funktion des Programms nicht zwingend erforderlich, allerdings erweist sie sich dem Mechatroniker besonders an unbekannten und komplexen Anlagen als äußerst hilfreich für den Nachvollzug eines SPS-Programms und die Fehlersuche. Hier werden zwei Punkte vergeben. Im Auswertungsraster werden in der Tabelle Symboltabelle alle zu beschriftenden Punkte aufgeführt. Dabei reicht es für 1 (=vorhanden) aus, dass eine Bezeichnung eingefügt wurde, die zwar sinnvoll aber nicht präzise sein musste. 0 bedeutet, dass kein Name an das Funktionsbauteil vergeben wurde.

c) Beschriftung

Hiermit ist die sinnvolle Beschriftung jedes Netzwerks des Programms gemeint. Jede Beschriftung wird mit 0,5 Punkten gewertet. Insgesamt müssen 11 Beschriftungen vergeben werden, woraus sich die Gesamtpunktzahl von 5,5 errechnet. Alle Beschriftungen sind im Auswertungsraster mit dem Buchstaben A gekennzeichnet.

d) Reset setzen

Bei „Reset setzen" geht es um die richtig programmierte Rücksetzbedingung der Magnetventile. Dabei wird unterschieden, ob der Schüler das bistabile Magnetventil für Zylinder 1 als Zuweisung oder als SR-Speicher ansteuert. In beiden Fällen kann dieselbe Höchstpunktzahl von einem Punkt erreicht werden. Möglich wird dies durch die in Tabelle Reset gekennzeichneten „entweder/oder"- Felder. Im Fall der langen Programmierung, also der Ansteuerung über einen SR-Speicher, werden die binären Bewertungen jeweils halbiert und dann addiert. Für die Zylinder 2 und 3 gibt es nur eine Möglichkeit, eine binäre 1 für die richtige Lösung zu erhalten. Die binäre Bewertung 0 bedeutet hier, dass Reset falsch gesetzt worden ist.

e) Automatik- / Einzelschrittauswahl

Im Teil B des Auswertungsrasters (Übersicht 6-6, S. 18) befindet sich die Tabelle A/E. Die darin aufgeführten Kriterien zur Bewertung der Schülerarbeit sind nachfolgend erklärt.

- Allgemein

Um hier die Punktzahl von 1 zu erreichen, dürfen die beiden Merker des A/E-Bausteins weder in der Schrittkette noch in der Befehlsausgabe verwendet werden. Im Startmerker darf kein Merker aus dem A/E-Baustein vermerkt sein. Eine 1 steht für „Aussage richtig", 0 entsprechend für falsch.

- Struktur

Damit dieser Baustein den gewünschten Signalfluss ermöglicht, muss eine bestimmte Struktur eingehalten werden. Dabei sind drei Kriterien bewertbar, auf die jeweils ein Punkt vergeben werden kann.

- Verwendung eines SR-Speichers
- Ausgang muss auf ein ODER-Glied gehen
- Verknüpfungsergebnis des ODER-Glieds muss ein Merker sein

- Signale

Zusätzlich zur richtigen Struktur müssen die Eingangssignale korrekt gesetzt sein. Dazu ist es notwendig, dass E0.1 den Merker1 am SR-Speicher setzt. Das Löschen muss durch E0.0 erfolgen. Sind diese beiden Signale richtig programmiert, wird mit 1 bewertet. Die „entweder/oder"- Felder bezeichnen die möglichen Fehler, die dabei gemacht werden können.

Weiterhin muss der Taster E0.7 an das ODER-Glied gesetzt werden und als Verknüpfungsergebnis ein zweiter Merker gesetzt werden. Somit wird auch die Tatsache berücksichtigt, dass im A/E-Baustein zwei verschiedene Merker verwendet werden müssen.

- Funktion

Falls das Signal des A/E-Bausteins nach Betätigung von E0.1 oder E0.7 korrekt kommt, wird dies mit 1 bewertet. Da es sehr schwierig ist, den A/E-Baustein zu programmieren, werden an diejenigen Schüler 2 Punkte vergeben, die diese Aufgabe gelöst haben.

- Programmierung

Je nachdem, wie der Merker 2 des A/E-Bausteins in die Schrittkette mit eingebunden wurde, werden Punkte entsprechend den „entweder/oder"- Feldern wie folgt vergeben:

- Zwei Punkte erhält man für das Setzen von Merker 2 an jede UND-Bedingung der Netzwerke der Schrittkette
- 1½ Punkte gibt es, wenn bei der Programmierung geringfügige Fehler gemacht wurden, z.B. wenn er einmal vergessen wurde
- Einen Punkt gibt es noch dafür, dass der Merker 2 nur im ersten Netzwerk der Schrittkette programmiert wurde, wodurch ein Einzelzyklus möglich wird, aber kein Einzelschritt.
- Keinen Punkt erhält, wer den Merker 2 aus A/E überhaupt nicht erwähnt.

f) Schrittkette

- Startbedingung

Zum Starten des Programms darf genau ein Signal verwendet werden. Im Idealfall ist dies das Verknüpfungsergebnis des A/E-Bausteins (dort als Merker 2 bezeichnet). Sollte der A/E-Baustein fehlen oder aus sonstigen Gründen nicht verwendbar sein, so muss der Start mit einer der beiden Tasten E0.1 oder E0.7 erfolgen. Häufige Fehler waren, dass zusätzlich zum A/E-Merker einer der Taster in der UND-Bedingung zum Setzen von Merker M1.0 stand. Das zweite am Anfang benötigte Signal ist der negierte Startmerker. Durch das Negieren wird während des Zyklusablaufs ein Neustart verhindert. Im Teil A des Auswertungsrasters (Übersicht 6-6) ist die Startbedingung mit **F** in der Tabelle Schritt 1 – Startsignal gekennzeichnet.

- Struktur der Schrittmerker

Das allgemeine Schema für Schrittmerker ist ein wichtiger Bestandteil des Programms. Die Kennzeichnung dieser Struktur erfolgt im Auswertungsraster durch den Buchstaben **B**. Dieses Kriterium bezieht sich stets auf die Schrittkette und findet sich im Korrekturbogen in allen Tabellen, die mit Signal beschriftet sind.

- Startmerker

Bei der Programmierung des Startmerkers sind die folgenden drei Punkte wichtig:

- Der Startmerker muss aus einem ODER-Glied hervorgehen.
- Es müssen alle Schrittmerker der Schrittkette verwendet werden.
- Der letzte Merker darf nicht im Startmerker stehen.

6 Durchführung der Untersuchung

Sollten Merker aus dem A/E-Baustein im Startmerker vorkommen, so werden die Punkte dafür schon im Bewertungskriterium des A/E-Bausteins abgezogen. Die gleichnamige Tabelle findet sich im Teil B des Auswertungsrasters (Übersicht 6-6).

- Ablauf nach Weg-Schritt-Diagramm der Schrittkette

Die während des Abschlusstests erstellten SPS-Programme werden an einer Prüfanlage vom Auswertungsteam auf Lauffähigkeit getestet. Nur wenige der Schülerprogramme sind an der Prüfanlage von selbst lauffähig. Zur Beurteilung der Lauffähigkeit werden Änderungen bzw. Ergänzungen vorgenommen. Die Punktevergabe für das Einhalten des Weg-Schritt-Diagramms erfolgt unabhängig davon, ob dass Programm zum Start oder im weiteren Verlauf korrigiert werden musste. Nur die Schrittkette wird betrachtet. Eine 1 im Auswertungsraster wird vergeben, wenn das Signal des jeweiligen Netzwerks kommt.

g) Befehlsausgabe

- Zeitglied

Bei fertigungsbezogener Programmierung kann das Zeitglied direkt zum Ansteuern der Zylinder verwendet werden. Beim Zeitglied werden die folgenden drei Punkte bewertet:

- Startet die Zeit mit dem Endschalter E0.3? Hierauf wird ein Punkt vergeben.
- Die Wahl des richtigen Zeitglieds geht mit 0,5 Punkten ein.
- Haben die Schüler das Zeitglied verwendet, wie sie es in ihren Leittexten gelernt haben, wird es mit einem Punkt bewertet.

Die gleichnamige Tabelle des Auswertungsrasters ist mit dem Buchstaben **E** gekennzeichnet.

- Struktur der Schrittmerker

Hierbei wird bewertet, ob die Ansteuerung der bistabilen und monostabilen Magnetventile korrekt erfolgte. Dieses Kriterium bezieht sich ausschließlich auf die Befehlsausgabe. An der entsprechenden Stelle wird es mit dem Buchstaben **C** gekennzeichnet. Dabei berücksichtigen die beiden „entweder/oder"- Felder die unterschiedlichen Möglichkeiten zur Ansteuerung von Zylinder 1.

- Einfahren von Zylinder 2 und 3

Nach dem Weg-Schritt-Diagramm müssen die beiden Zylinder 2 und 3 gemeinsam einfahren. Dies sollte in idealer Weise durch denselben Merker geschehen. Falls dies ein Schüler übersehen hat, bekommt er trotzdem noch 0,5 Punkte darauf, wenn beide Zylinder einfahren. Der entsprechenden Tabelle sind im Auswertungsraster die Bewertungen des Buchstabens **G** zugeordnet.

- Ablauf nach Weg-Schritt-Diagramm (WSD) der Befehlsausgabe

Wie im Bereich „Schrittkette" erwähnt, werden die während des Abschlusstests erstellten SPS-Programme an einer Prüfanlage vom Auswertungsteam auf Lauffähigkeit getestet. Zur Beurteilung der Lauffähigkeit werden hier ebenfalls Änderungen bzw. Ergänzungen vorgenommen. Die Punktevergabe für das Einhalten des Weg-Schritt-Diagramms erfolgt unabhängig davon, ob dass Programm zum Start oder im weiteren Verlauf korrigiert werden muss. Im vorliegenden Fall wird nur die Befehlsausgabe betrachtet. Eine 1 im Auswertungsraster wird vergeben, wenn das Signal des jeweiligen Netzwerks kommt.

6.3.3 Teilnehmende Beobachtung

Die Auswertung der Protokolle der teilnehmenden Beobachtung richtet ihr Hauptaugenmerk auf die Aspekte „Häufigkeit der Lehrerunterstützung der Gruppen" und „Einhaltung der Instruktionsvorgabe durch den Lehrer". Das Auswertungsteam erfasst die Häufigkeit der Lehrerunterstützung der Gruppen während der Durchsicht der Protokolle. Übersicht 6-8 zeigt einen Ausschnitt eines Protokollbogens der teilnehmenden Beobachtung. Dargestellt sind hier die Einführungsphase der dritten Unterrichtsstunde und die darauf folgenden fünf Unterrichtsminuten.

Unterrichtsbeobachtung „Einführung in die Programmierung von Schrittketten"				
	Leittext/Instruktion	Gruppe	Tag/Datum/Uhrzeit	Beobachter
Treatment	SO / BO	B_A	Di/30.01.01/11:45	Geiger

Zeit:

11:45		M. erläutert an Folie die Schrittmerkerverknüpfung M. bezieht sich auf das Biegebeispiel M. schreibt die Adressen Schritt für Schritt in die Verknüpfungen und bezieht sich immer wieder auf das Beispiel M. gibt Hinweis: schreibt die Merker über die Schritte
12:00	3	hat ein Speicherproblem → Startmerker war nicht negiert M. erläutert mit Hilfe des Biegebeispiels
12:05	5 4 5 2	schreibt Befehlsausgabe am PC macht das Programm händisch fertig hat Problem mit FUP-Ansicht → M. gibt Tipp hat Probleme mit händischem FC2 → M. hinterfragt „wie ist es im Biegebeispiel?"

Übersicht 6-8: Ausschnitt eines Protokollbogens der teilnehmenden Beobachtung

Die Schülergruppe arbeitet mit einem systematikorientierten Leittextmaterial und wird in der beispielorientierten Variante vom Lehrer (in dem Protokollausschnitt mit „M." bezeichnet) unterrichtet und unterstützt. Die fettgedruckten Zahlen neben der Zeitleiste kennzeichnen die beobachtete Schülergruppe (hier Gruppen 2 bis 5).

Für den in Übersicht 6-8 abgebildeten Ausschnitt eines Protokollbogens werden die folgenden Auswertungen vorgenommen:

<u>Dokumentation der geplanten Instruktionsphasen</u>

Durch die Aufzeichnungen und die eingesetzten Folien des Lehrers werden die geplanten Instruktionsphasen des Lehrers nachgezeichnet und überprüft, ob die Instruktionsvariante eingehalten wurde.

<u>Häufigkeit der Unterstützung der einzelnen Gruppen</u>

Die Häufigkeit der Unterstützung der einzelnen Gruppen wird mit Hilfe der Gruppenzuordnung der Aufzeichnungen möglich. So hat im abgebildeten Ausschnitt (Übersicht 6-8) die Gruppe 3 um 12.00 Uhr ein Speicherproblem. Der durchführende Lehrer unterstützt die Gruppe mit einem Hinweis auf das Biegebeispiel der vorausgegangen geplanten Instruktionsphase (beispielorientierte Variante). Gewertet werden hier nur Unterstützungen, für die eine Differenzierung der Unterstützung in „beispielorientiert" bzw. „systematikorientiert" möglich ist. Organisatorische oder rein softwarebezogene Hilfen des Lehrers sind hierbei nicht von Relevanz. Im abgebildeten Ausschnitt des Protokollbogens (Übersicht 6-8) wird dementspre-

6 Durchführung der Untersuchung

chend die Hilfe des Lehrers für die Gruppe 5 um 12.05 Uhr nicht in diese Wertung aufgenommen („hat Problem mit FUP-Ansicht ➔ M. gibt Tipp"), da es sich offensichtlich um ein reines Softwareproblem handelt.

Einhaltung der Instruktionsvorgaben durch den Lehrer

Mit Hilfe der Aufzeichnungen der teilnehmenden Beobachtung ist es möglich zu überprüfen, ob und zu welchem Grad der durchführende Lehrer die Vorgaben des Untersuchungsdesigns an die Beschaffenheit der geplanten Instruktion sowie der ungeplanten Hilfen umsetzen kann.

6.3.4 Eingesetzte Fragebögen

Die ersten beiden Fragebögen der Schüler bestehen aus gebundenen und ungebunden Items. Der dritte Schülerfragebogen erhebt Einschätzungen nach Bearbeitung des zweiteiligen Abschlusstests und setzt sich aus drei offenen Fragen zusammen.

Gebunde Items

Die Ergebnisse der gebundenen Items der Fragebögen der Schüler werden mittels der Statistiksoftware SPSS ausgewertet. Dabei werden jeweils die ersten sechs Fragen zum Themenkomplex Unterrichtsmaterial gruppiert. Die Fragen sieben bis neun beziehen sich auf den Themenbereich „Unterstützung durch den Lehrer". Die Darstellung der Antworten zu den Fragen eins mit neun erfolgt in Boxplots (vgl. Lesebeispiel eines Boxplots in Kapitel 7.4.1.1).

In Frage zehn geben die Schüler an, ob und wie viele Schrittketten sie in ihrem Ausbildungsbetrieb programmiert haben. Drei von 58 Schülern kreuzten hier an, sie hätten schon ein paar Schrittketten programmiert. Sämtliche Daten dieser Schüler wurden aus der Wertung genommen. Frage elf beschreibt den geschätzten Anteil der Schüler am Gruppenergebnis.

Ungebundene Items

Die ungebundenen Items der Schülerfragebögen eins bis drei sind in Strukturdiagrammen dargestellt. Dazu werden nach einer Kodierung die Äußerungen der Schüler zu Aussageclustern gruppiert.

Für die Bildung der Aussagecluster erfolgen eine Digitalisierung und Gruppierung aller Schüleräußerungen. Das Auswertungsteam (Untersuchungsleiter, zwei studentische Hilfskräfte) ordnet die Aussagen nach übergreifenden Kriterien. Die zunächst sehr groben Überbegriffe werden nach und nach verfeinert, bis die Grenze des Differenzierbaren erreicht ist. Somit entstehen Sammelcluster, welchen die überwiegende Anzahl der Schüleraussagen zuzuordnen ist. Aussagen, bei denen dies nicht mehr der Fall ist, werden einem Restcluster zugeordnet.

Den Fragestellungen sind nun anstatt einer Vielzahl individueller Aussagen Sammelbezeichnungen zugeordnet. Hierbei entstehen Häufungen, die je nach Sammelbezeichnung größer oder kleiner sind. Die Häufigkeit, mit der ein Aussagecluster einer Frage zugeordnet wird, gibt Aussage über deren Bedeutung im Zusammenhang mit dem Erschließungsinteresse der Frage. Wird eine Aussage von einem einzigen Schüler getroffen, so ist sie vernachlässigbar. Treffen fünfzehn Schüler eine ähnliche Aussage, kommt dieser Aussage im Sinne einer quantifizierenden Interpretation eine Ernst zu nehmende Bedeutung zu. Diese Vorgehensweise erscheint gültig, da das Aussagematerial zunächst über qualitative Kriterien bearbeitet wird. Das Forschungsinteresse liegt hier nicht im Auffinden individueller Details, sondern im Auffinden eines Grundtenors gegenüber dem untersuchten Unterricht.

Als weiterer Schritt werden für die quantifizierten Überbegriffe Strukturdiagramme (vgl. Übersicht 6-9) angefertigt. Diese dienen als Grundlage für die abschließende Interpretation.

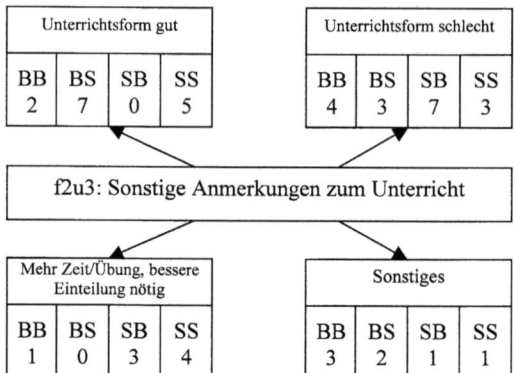

Übersicht 6-9: Auswertungsnetz der dritten ungebundenen Frage des zweiten Fragebogens (f2u3)

Zusammen mit dem Untersuchungsleiter erfolgt abschließend eine Überprüfung der gefundenen Aussagecluster. Alle beschlossenen Regeln für die Sortierungsschritte werden abgearbeitet und auf Verständlichkeit und Folgerichtigkeit überprüft. Diese zusätzliche Überprüfung erhöht die Nachvollziehbarkeit und Reliabilität der Auswertung.

Lehrerfragebögen

Die Antworten des durchführenden Lehrers zu den offenen Fragen der beiden Fragebögen werden nach thematischen Gesichtspunkten zusammengefasst und wiedergegeben. Die Ergebnisse der Auswertung sind in Kapitel 7.4.3 dargestellt.

6.3.5 Schülerunterlagen, Arbeitsdokumentationen

Die Arbeitsdokumentationen werden hinsichtlich des Lern- und Arbeitsfortschritts der Schüler ausgewertet. Als Messgröße dient hierfür die Anzahl der während des Unterrichts programmierten Schritte der jeweiligen Station der Montageanlage (Aufgabe 2). Daneben dient die Sicherstellung der Arbeitsdokumentationen gemäß dem vor der Untersuchung festgelegten Untersuchungsplan als Hilfe zur Klärung eventuell auftretender Fragen und Probleme. Die Schülerunterlagen und Arbeitsdokumentationen wurden ansonsten keiner weiteren Auswertung zugeführt.

6.4 Reflexion der eingesetzten Methoden

Die nachfolgenden Reflexionen zu den in der vorliegenden Untersuchung eingesetzten Methoden erfolgen unter Einbeziehung der in Kapitel 7 dargestellten Ergebnisse. Ihr Ziel ist es, Stärken und möglichen Einschränkungen der durchgeführten Datenerhebung, Datenaufbereitung und Datenauswertung zu beleuchten. Weiter dient die Reflexion der eingesetzten Methoden dazu, Erkenntnisse für ein Vorgehen in nachfolgenden Untersuchungen zu gewinnen. Die folgenden Abschnitte sind entsprechend der Darstellung in den Kapiteln 6.2 „Datenerhebung" und 6.3 „Aufbereitung und Auswertung der Daten" gegliedert. So werden zu Beginn in Kapitel 6.4.1 der Eingangstest und in Kapitel 6.4.2 der Abschlusstest betrachtet. Einer Reflexion der teilnehmenden Beobachtung in Kapitel 6.4.3 folgen Betrachtungen zu den eingesetzten Fragebögen. Abschließend wird die Befragung des durchführenden Lehrers in Kapitel 6.4.4 kurz reflektiert.

6.4.1 Eingangstest

Die teilnehmenden Schüler erzielen in den Aufgaben des Eingangstests, die sie aufgrund ihres Vorwissens lösen konnten, im Vergleich mit den erreichten Mittelwerten des Abschlusstests schlechtere Ergebnisse. Wie kommt es dazu bzw. wie kann dem in nachfolgenden Untersuchungen vorgebeugt werden? Auf der Suche nach möglichen Ursachen ist zuerst das Lernverhalten der Schüler zu betrachten. Kennzeichnend für Mechatroniker-Auszubildende ist eine hohe Leistungsbereitschaft. Dies widerspricht den Eingangstestergebnissen nur scheinbar, da sich diese Leistungsbereitschaft zumeist auf Leistungserhebungen bezieht, die für die Schüler berechenbar sind: angekündigte schriftliche oder mündliche Leistungserhebungen zum einen, unangekündigte Leistungserhebungen zum anderen. Der Eingangstest wurde nicht angekündigt, weil der berechtigte Verdacht bestand, dass die Schüler sich über das bisher Gelernte hinaus mit der Automatisierungstechnik beschäftigen würden. Somit hätte die Gefahr bestanden, dass sich Schüler vor Beginn des untersuchten Unterrichts mit dem Lerngegenstand auseinandersetzen, da dieser den Schülern als nächstes Lernziel bekannt war. Dies hätte das gesamte Forschungsvorhaben in Frage gestellt bzw. um ein weiteres Schuljahr verschoben. Die Schüler wussten daher nicht, dass ihr Wissensstand zur Automatisierungstechnik am Montagmorgen der Untersuchungswoche erhoben werden soll. Das schlechte Abschneiden der Schüler könnte sich auch dadurch erklären, dass dieser Zeitpunkt sogar für unangekündigte Leistungserhebungen äußerst unwahrscheinlich ist.

Wie kann dem beschriebenen Sachverhalt in nachfolgenden Arbeiten begegnet werden? Zum einen könnte man die Feststellung des Vorwissens an das Ende des vorangehenden Unterrichtsblockes stellen. Dies hätte den Vorteil, dass der bestmögliche Wissensstand der Schüler zum vorangehenden Unterrichtsinhalt erfasst wird. Nachteilig wirkt sich hierbei die Phase des Betriebseinsatzes aus, die nach der Blockunterrichtswoche in der Schule ca. zwei Wochen dauert. Zum anderen könnte man die Untersuchungsteilnehmer über den Test informieren. Dabei ist den Schülern gegenüber zu betonen, dass nicht „weiter gelernt" werden soll. Lehrer, die in den Klassen des untersuchten Unterrichts eingesetzt sind, bestätigten, dass gerade die leistungsstarken Mechatroniker-Auszubildenden oftmals zukünftige Lerninhalte daheim oder im Betrieb vorbereiten. So weisen beide der beschriebenen Möglichkeiten sowohl Vor- und Nachteile auf. Die gewählte Alternative stellt dabei die deutlich bessere Möglichkeit dar.

6.4.2 Abschlusstest

Eingangs- als auch Abschlusstest wurden vom Autor der vorliegenden Arbeit in Zusammenarbeit mit dem Lehrer erstellt, der den untersuchten Unterricht durchführte. Somit waren bei der Erstellung der Items mindestens zwei ausgewiesene Fachkräfte beteiligt, die über das zu einer inhaltlichen Validierung notwendige Wissen und die Erfahrung mit der Erstellung von Leistungserhebungen verfügen.

Die Durchführungsobjektivität der vorliegenden Untersuchung konnte durch standardisierte Instruktionen für die Probanden erhöht werden. Diese lassen dem Testanwender während des Tests keinen individuellen Spielraum. Die Reaktion der Testanwender bei Fragen der Probanden wurde vor Beginn der Tests festgelegt.

Die arbeitsintensive Auswertung der Tests erfolgt in Zusammenarbeit mit domänenspezifisch eingearbeiteten studentischen Hilfskräften höherer Semester. Die unterstützenden studentischen Hilfskräfte sind aufgrund ihrer Berufsausbildung und weiterführender Programmierkurse an der Technischen Universität München mit der Thematik der SPS-Programmierung vertraut. Die studentischen Hilfskräfte wurden nach der Durchführung der Untersuchung für die

Auswertung gewonnen. Sie hatten zum Zeitpunkt der Auswertung keinen Überblick über die unterschiedliche Gestaltung der vier Treatments, womit die Gefahr durch Einflüsse etwaiger Präferenzen der studentischen Hilfskräfte für ein besonderes Treatment ausgeschlossen und eine Erhöhung der Auswertungsobjektivität erreicht wurde. Auswertungsüberprüfungen, in denen ausgewertete Tests von einer weiteren Person ausgewertet wurden, ergaben keine nennenswerten Abweichungen.

Die Interpretation der Testwerte erfolgte aufgrund der erhobenen Datenbasis. Durch Diskussionen der Testwerte durch die beteiligten Forscher wurde die mögliche Gefahr der Einflussnahme individueller Deutungen einzelner Forscher verringert. Somit war eine hohe Interpretationsobjektivität möglich.

Für die Durchführung des Abschlusstests ist zu bemerken, dass manche Schüler Müdigkeitserscheinungen zeigten. Die Schüler sind zwar an acht Stunden Automatisierungstechnik gewöhnt. Auch ist ihnen das Arbeiten in handlungsorientierten Lernumgebungen nicht fremd. Die Erhebungssituation und insbesondere der lange Abschlusstest am Ende der untersuchten Lernstrecke erwiesen sich für manche Schüler jedoch als hohe Belastung. Ein möglicher Einfluss auf die Ergebnisse des Abschlusstests lässt sich hierdurch jedoch verneinen, da die Schüler umfangreiche schriftliche und praktische Leistungserhebungen gegen Ende einer Unterrichtswoche gewöhnt sind.

6.4.3 Teilnehmende Beobachtung

Beobachtungen, seien sie teilnehmend oder nicht-teilnehmend, erfassen immer nur einen Ausschnitt der Gesamtsituation und der Erhebungsrealität. So stellen die gewonnenen Daten schon aufgrund der unbewussten Selektierungsvorgänge der beiden Beobachter bereits eine Vorselektierung der sozialen Wirklichkeit dar.

Der Fokus der vorliegenden Untersuchung liegt nicht auf einer deskriptiven Erfassung des Unterrichtsverlaufs und des Lernverhaltens der teilnehmenden Schüler. Aus diesem Grund wurde von einer audiovisuellen Datenerhebung abgesehen. Für die Erfassung der Aspekte „Häufigkeit der Lehrerunterstützung", „Einhaltung der Instruktionsvorgabe durch den Lehrer" erwies sich die eingesetzte Form der teilnehmenden Beobachtung als geeignet.

Soziale Interaktion steht immer unter dem Einfluss von Sympathie und Antipathie der beteiligten Personen. Diese Einflüsse möglichst gering zu halten ist von großer Wichtigkeit. Daher wurden die erstellten Protokolle nach den Erhebungsphasen von einem an der vorliegenden Untersuchung unbeteiligten wissenschaftlichen Mitarbeiters des Lehrstuhls für Pädagogik (TU München) gegengelesen, um die subjektiven Wahrnehmungen des teilnehmenden Beobachters auf Einseitigkeiten zu überprüfen. Hierbei ergaben sich keine Auffälligkeiten.

6.4.4 Eingesetzte Fragebögen

Die gebundenen Items der Schülerfragebögen zielten auf Schülereinschätzungen zu den Aspekten „eingesetztes Unterrichtsmaterial" und „Lehrerverhalten". Die diesbezüglichen Fragen wurden in einem mehrstufigen Prozess entwickelt. Basierend auf Materialien aus ähnlichen Untersuchungen sowie Probedurchläufen mit Studenten des Lehramts an beruflichen Schulen wurde das Instrument in einer Voruntersuchung mit einer Parallelklasse der an der Untersuchung beteiligten Klassen durchgeführt. Trotzdem zeigten sich in einer nachträglichen Überprüfung kleinere Schwächen bei den gebundenen Items. Bezüglich der Auswahl der Fragen hätten eventuell stärker polarisierende Fragen klarere Ergebnisse gebracht.

6 Durchführung der Untersuchung

Die offenen Fragen der Schülerfragebögen werden in strukturellen Diagrammen dargestellt. Diese ermöglichen eine übersichtliche Darstellung der Schüleräußerungen und erlauben eine Interpretation. Die Zahl der dabei aufgeführten Kategorien wurde beschränkt, um die Übersichtlichkeit nicht zu beeinträchtigen.

Die Entscheidung, die Befragung des Lehrers nach jeder durchgeführten Unterrichtseinheit in schriftlicher Form und ohne zeitliche Begrenzung durchzuführen, erwies sich als positiv. Zum einen wäre der durchführende Lehrer durch die zusätzliche zeitliche Belastung des Interviews während der Wochen der Unterrichtsdurchführung noch mehr belastet gewesen. Zum anderen zeigte sich in Gesprächen, dass der Lehrer die freie Zeiteinteilung bei der Beantwortung der Fragen zu schätzen wusste, was sich in der hohen Qualität der Antworten deutlich zeigt.

6.4.5 Schülerunterlagen, Arbeitsdokumentationen

Eine weitere Auswertung der sichergestellten Schülerunterlagen und Arbeitsdokumentationen hätte eventuell dazu herangezogen werden können, Ergebnisse der vorliegenden Untersuchung zu validieren. Während der Erstellung des Untersuchungsplanes wurde jedoch entschieden, diese Auswertung mit Rücksicht auf die Untersuchungsökonomie nicht durchzuführen und auf die Erhebung des Lern- und Arbeitsfortschritts während des Unterrichts zu beschränken.

7 Darstellung der Untersuchungsergebnisse

Der umfangreichen Auswertung der erhobenen Daten in Kapitel 6 folgt die Darstellung der Ergebnisse in Kapitel 7. Den Ergebnissen des Eingangstests in Kapitel 7.1 folgt in Kapitel 7.2 die Darstellung der Ergebnisse des Abschlusstests. Anschließend werden in Kapitel 7.3 die Ergebnisse der teilnehmenden Beobachtung vorgestellt. Die Ergebnisse der Auswertung der Fragebögen finden sich in Kapitel 7.4.

An der vorliegend beschriebenen Untersuchung nahmen 58 Schüler und Schülerinnen teil. Im Verlauf der Untersuchung und der Auswertung reduzierte sich diese Zahl auf 45 Schüler. Ursächlich hierfür waren Umwelteinflüsse (Schüler verpassten Unterrichtseinheiten wegen Schnee und Glatteis) und Krankheiten. Weiter mussten Schüler aus der Wertung genommen werden, da sie in Fragebogen 1 angekreuzt hatten, schon in ihrem Ausbildungsbetrieb Schrittketten programmiert zu haben.

Das Forschungsinteresse der vorliegenden Untersuchung besteht unter anderem darin, etwaige Unterschiede in der Lernwirksamkeit der verschiedenen Treatments zu finden und deren Ursachen zu analysieren. Zu diesem Zweck werden die Gruppenergebnisse nach der Auswertung der erhobenen Daten und dem Vergleich der Ergebnisse der verschiedenen Gruppen einer prüfstatistischen Analyse zugeführt. Aufgrund der verbleibenden, relativ kleinen Zellenbesetzungen von 10, 11 und zweimal 12 Schülern pro Treatmentgruppe erfolgen die Mittelwertsvergleiche zur statischen Überprüfung der Unterschiede zwischen den Gruppenergebnissen mittels verteilungsfreier Verfahren. Die arithmetischen Mittel der Testergebnisse sowie der Antworten der gebundenen Items der Fragebögen der einzelnen Gruppen (SS, SB, BB, BS) werden nach der Auswertung mit Hilfe des U-Tests von Mann-Whitney und des H-Tests von Kruskal & Wallis auf prüfstatistisch signifikante Unterschiede untersucht (vgl. Bortz, Lienert 1998, S. 126 und S. 142). Die Signifikanzprüfungen basieren, falls nicht anders angegeben, auf einem Konfidenzintervall von 95%. Eine Angabe der Signifikanzen erfolgt nur bei prüfstatistisch signifikanten Werten und solchen, die die Grenze der prüfstatistischen Signifikanz knapp verfehlen.

7.1 Überprüfung des themenspezifischen Vorwissens

Wie in Kapitel 6.2.2 beschrieben, soll der Eingangstest sicherstellen, dass Schüler, die an der Untersuchung teilnehmen, nicht bereits über Kenntnisse zu den in den Lerneinheiten vermittelten Inhalten verfügen. Diese sind in Kapitel 7.1.2 dargestellt. Ein Eingangstest soll zudem aus Motivationsgründen auch aus Aufgaben bestehen, welche die Teilnehmer mit Hilfe des bisher erarbeiteten Wissens lösen können. Die Darstellung der Ergebnisse dieser Aufgaben erfolgt in Kapitel 7.1.1. Nachfolgend werden die Ergebnisse des Eingangstests zunächst gesamt betrachtet.

Die überwiegende Mehrzahl der Schüler schneidet im schriftlichen Eingangstest (elf Items, Reliabilität .575, Cronbachs Alpha) zum themenspezifischen Vorwissen schlecht ab (vgl. Übersicht 7-1). Das arithmetische Mittel aller erreichten Werte liegt bei 28,03% der erreichbaren Punkte (Standardabweichung 13,8). Mögliche Gründe für das schlechte Abschneiden im Abschlusstest werden in der Methodenreflexion zum Eingangstest in Kapitel 6.4.1 erörtert.

Die Verteilung der Gesamtergebnisse des Eingangstests ist sehr ausgeglichen (vgl. Übersicht 7-1). Dies bestätigt nachträglich die Parallelisierung der Gruppen auf der Basis der von den Schülern in der vorausgehenden Klassenarbeit in Automatisierungstechnik erreichten

Noten (vgl. Kapitel 6.2.1). In der Gesamtbetrachtung aller Fragen des Eingangstests ergeben sich keine prüfstatistisch signifikanten Gruppenunterschiede (chi^2 = 1,3; p < .724).

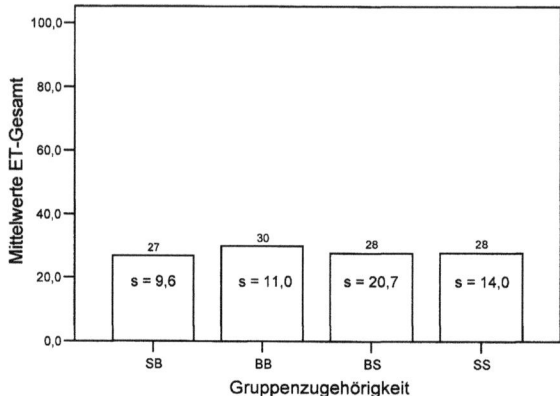

Übersicht 7-1: Gruppenmittelwerte und Standardabweichungen des Eingangstests

7.1.1 Fragen zu den Lerninhalten der Untersuchung

Die Fragen 3, 4, 5 und 6 des Eingangstests zielen auf Lerninhalte der untersuchten, achtstündigen Unterrichtseinheit (vgl. Kapitel 6.2.2.2). Keine dieser Fragen erfuhr eine Beantwortung durch die Schüler, die auf ein vorhandenes Wissen zum untersuchten Lerninhalt (Schrittkettenprogrammierung) schließen lässt.

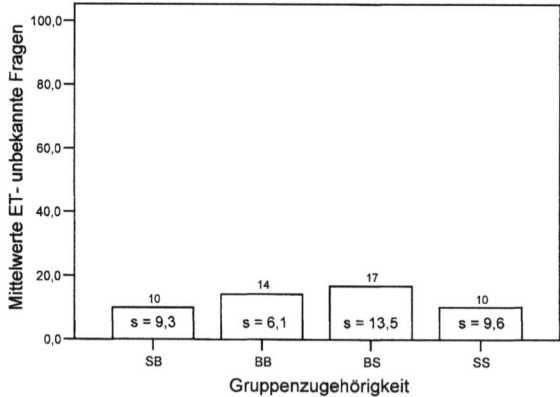

Übersicht 7-2: Gruppenmittelwerte und Standardabweichungen der Fragen 3, 4, 5 und 6 des Eingangstests

Das arithmetische Mittel aller erreichten Werte liegt bei 12,7% der erreichbaren Punkte (Standardabweichung 9,9). Die von den Schülern erreichten Punktwerte (vgl. Übersicht 7-2)

7 Darstellung der Untersuchungsergebnisse

kommen dadurch zustande, dass Teile der Fragestellungen der Fragen 3, 4, 5 und 6 auch mit bisherigem Wissen beantwortet werden können. Für eine vollständige Beantwortung der Fragen ist jedoch Wissen zu den untersuchten Lerninhalten erforderlich. Dafür ergaben sich keine Anhaltspunkte. Aufgrund der Ergebnisse kann behauptet werden, dass die Lernenden keine Vorkenntnisse zu den Lerninhalten der untersuchten Lernstrecke (Schrittkettenprogrammierung) besaßen.

Ordnet man die Ergebnisse der Fragen zu Lerninhalten der Untersuchung nach der Zugehörigkeit zu den Treatmentgruppen, so zeigt sich eine ungleiche Verteilung (vgl. Übersicht 7-2), die jedoch nicht statistisch signifikant ist (chi^2 = 3,7; p < .291). Die beiden Gruppen mit beispielorientiertem Unterrichtsmaterial erreichen einen höheren Wert im Eingangstest als die beiden Gruppen mit der systematikorientierten Variante des Unterrichtsmaterials. Eine Anordnung der Ergebnisse nach der Art des während der untersuchten Lernstrecke verwendeten Unterrichtsmaterials bestärkt diesen Eindruck (vgl. Übersicht 7-3, linkes Diagramm). Das Vorwissen der Schüler, die im untersuchten Unterricht die beispielorientierte Variante des Unterrichtsmaterials verwenden ist höher als das der anderen Schüler. Dieses Ergebnis verfehlt die prüfstatistische Signifikanzgrenze nur knapp (U = 171,0; p < 0,056), erscheint jedoch aufgrund des geringen Unterschiedes der erreichten Mittelwerte (5 Punkte) und der geringen Werte als nicht sehr bedeutsam.

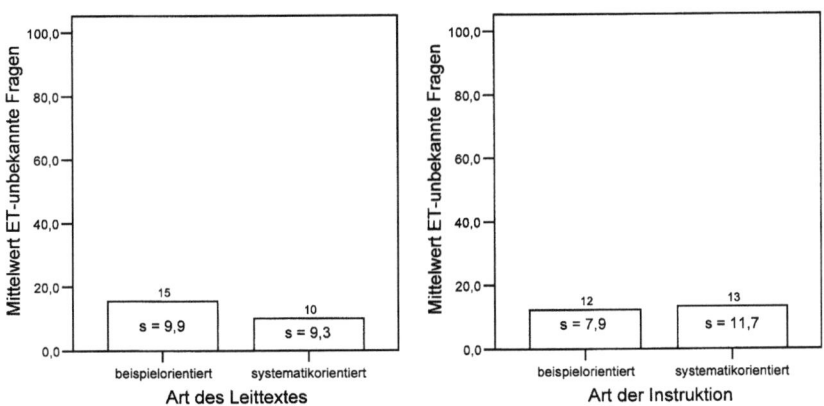

Übersicht 7-3: Gruppenmittelwerte und Standardabweichungen der Fragen 3, 4, 5 und 6, geordnet nach der Art des Leittextes und der Art der erhaltenen Lehrerinstruktion

Eine Anordnung der Ergebnisse nach der Art während der untersuchten Lernstrecke eingesetzten Instruktionsvariante des Lehrers ergibt nur geringfügig unterschiedliche Ergebnisse (vgl. Übersicht 7-3, rechtes Diagramm).

7.1.2 Fragen zu den bisherigen Lerninhalten

Die Fragen 1, 2, 7, 8 und 9 erfassen das bestehende Wissen der Schüler zu den bisher erarbeiteten Lerninhalten (siehe Übersicht 7-4). Die Ergebnisse auf diese Fragen fallen zwar besser aus als die unter Punkt 7.1.1 beschriebenen Ergebnisse der Fragen zu den Lerninhalten der Untersuchung. Jedoch kann ein arithmetisches Mittel aller erreichten Werte von 36,8% der erreichbaren Punkte (Standardabweichung 18,9) hier nicht befriedigen. Eine Erörterung möglicher Gründe für das schlechte Abschneiden im Eingangstest findet sich in Kapitel 6.4.1.

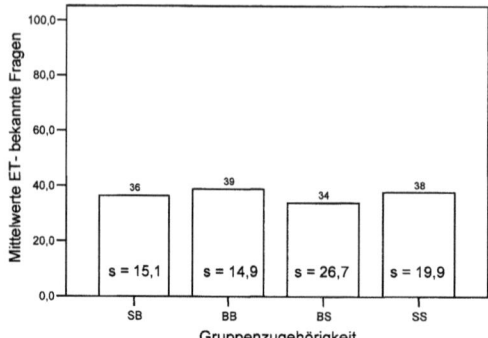

Übersicht 7-4: Mittelwerte und Standardabweichungen der Fragen 1, 2, 7, 8 und 9 des Eingangstests

Wie in der Gesamtbetrachtung der Ergebnisse zu allen Fragen des Eingangstests (vgl. Übersicht 7-1) ergeben sich auch hier keine nennenswerten Unterschiede zwischen den Mittelwerten der Gruppenergebnisse (chi^2 = 1,4; p < .696). Eine weitere Betrachtung der Ergebnisse geordnet nach der verwendeten Variante des Leittextes (Gruppen SB und SS vs. Gruppen BB und BS) oder nach der Variante der erhaltenen Lehrerunterstützung ergibt ebenfalls keine bedeutsamen Unterschiede in der Verteilung.

7.2 Ergebnisse des Abschlusstests

7.2.1 Schriftlicher Teil des Abschlusstests

Der schriftliche Teil des Abschlusstests wird überwiegend mit Erfolg bearbeitet (Mittelwert 61,82, Standardabweichung 22,73, Übersicht 7-5). Die Reliabilität des schriftlichen Teils des Abschlusstests liegt bei .83 (12 Items, Cronbachs Alpha).

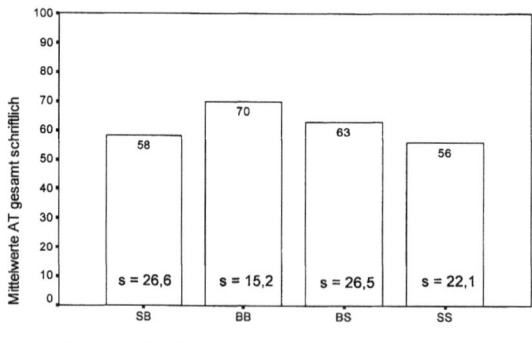

Übersicht 7-5: Mittelwerte und Standardabweichungen des schriftlichen Teils des Abschlusstests

Im Vergleich der durchschnittlich erzielten Gruppenergebnisse (Übersicht 7-5) schneiden die beiden Gruppen besser ab, die mit dem beispielorientierten Informationsmaterial gearbeitet hatten (Gruppen BB und BS). Das Ergebnis erreicht die prüfstatistische Signifikanzgrenze

7 Darstellung der Untersuchungsergebnisse 93

nicht (chi^2 = 2,3; p < .508). Die Gruppe mit der Gestaltungsvariante „beispielorientierter Leittext mit beispielorientiertem Lehrerverhalten (BB)" erzielt das beste Ergebnis. Die Gruppe mit der Gestaltungsvariante „systematikorientierter Leittext mit systematikorientiertem Lehrerverhalten (SS)" schneidet am schlechtesten ab.

Vergleicht man die Ergebnisse der Schüler, die mit dem beispielorientierten Informationsmaterial gearbeitet hatten (Gruppen BB und BS) mit denen der Schüler, denen das systematikorientierte Unterrichtsmaterial zur Verfügung stand (Gruppen SB und SS), so zeigt sich ein ähnliches Bild (vgl. Übersicht 7-6, linkes Diagramm). Das Ergebnis verfehlt die prüfstatistische Signifikanzgrenze (U=191,5; p<0,163).

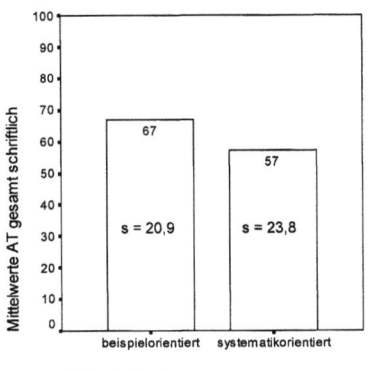 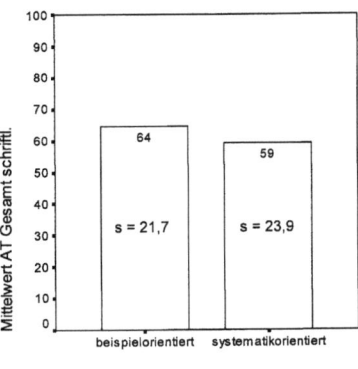

Übersicht 7-6: Gruppenmittelwerte und Standardabweichungen des schriftlichen Teils des Abschlusstests nach Art des Leittextes und nach Art der Instruktion

Analog dazu werden die Ergebnisse der Schüler, die vom Lehrer beispielorientiert instruiert und unterstützt wurden (Gruppen SB und BB) mit denen der Schüler verglichen, die systematikorientiert instruiert und unterstützt wurden (Gruppen BS und SS). Wiederum erzielen die Schüler der beispielorientierten Variante das bessere Ergebnis (vgl. Übersicht 7-6, rechtes Diagramm), das sich prüfstatistisch jedoch nicht als signifikant erweist.

7.2.2 Programmieraufgabe des Abschlusstests

Die Programmieraufgabe des Abschlusstests wird überwiegend mit ähnlichem Erfolg wie der schriftliche Teil des Abschlusstests bearbeitet (Mittelwert 67,93, Standardabweichung 19,15, vgl. Übersicht 7-7). Die Reliabilität des schriftlichen Teils des Abschlusstests liegt bei .77 (7 Items, Cronbachs Alpha).

Vergleicht man die durchschnittlich erzielten Gruppenergebnisse der Programmieraufgabe (Übersicht 7-7), fällt auf, dass die beiden Gruppen besser abschneiden, die mit dem beispielorientierten Informationsmaterial gearbeitet hatten (Gruppen BB und BS). Das Ergebnis ist prüfstatistisch nicht signifikant (chi^2 = ,37; p < .937). Die Gruppe mit der Gestaltungsvariante „beispielorientierter Leittext mit systematikorientiertem Lehrerverhalten (BS)" erzielt das beste Ergebnis. Die Gruppe mit der Gestaltungsvariante „systematikorientierter Leittext mit beispielorientiertem Lehrerverhalten (SB)" schneidet am schlechtesten ab. Auffällig ist hierbei der relativ große Unterschied zwischen dem schlechtesten Ergebnis der Gruppe SB und den näher beieinander liegenden Werten der drei weiteren Gruppen.

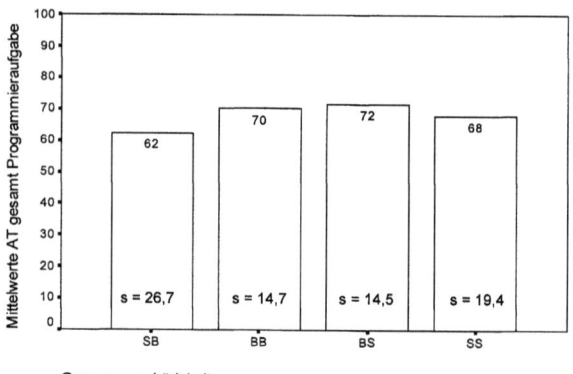

Übersicht 7-7: Mittelwerte und Standardabweichungen der Programmieraufgabe des Abschlusstests

Der Vergleich der Ergebnisse der Schüler, die mit dem beispielorientierten Informationsmaterial gearbeitet hatten (Gruppen BB und BS), mit denen der Schüler, denen das systematikorientierte Unterrichtsmaterial zur Verfügung stand (Gruppen SB und SS), bestätigt den Eindruck aus der Gesamtbetrachtung (vgl. Übersicht 7-8, linkes Diagramm). Das Ergebnis ist prüfstatistisch nicht signifikant (U=239,0; p<0,751).

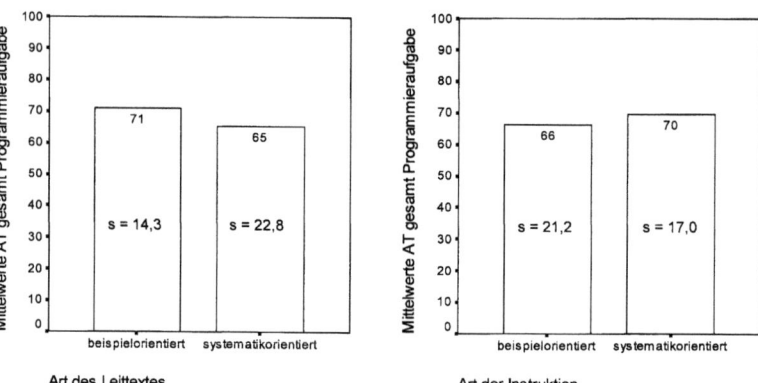

Übersicht 7-8: Mittelwerte und Standardabweichungen der Programmieraufgabe des Abschlusstests nach Art des Leittextes und nach Art der Instruktion

Analog dazu werden wiederum die Ergebnisse der Schüler, die vom Lehrer beispielorientiert instruiert und unterstützt wurden (Gruppen SB und BB), mit denen der Schüler verglichen, die systematikorientiert instruiert und unterstützt wurden (Gruppen BS und SS).

Im Gegensatz zu den Ergebnissen des schriftlichen Teils des Abschlusstests erzielen hier die Schüler der systematikorientierten Variante das bessere Ergebnis (vgl. Übersicht 7-8, rechtes Diagramm). Die Unterschiede der Ergebnisse erweisen sich wie in den vorhergehend betrachteten Ergebnissen des Abschlusstests als prüfstatistisch nicht signifikant (U=231,5; p<0,625).

7 Darstellung der Untersuchungsergebnisse

7.3 Ergebnisse der teilnehmenden Beobachtung

Wie in Kapitel 6.3.3 ausgeführt, richtet die Auswertung der Protokolle der teilnehmenden Beobachtung ihr Hauptaugenmerk auf die Aspekte „Häufigkeit der Lehrerunterstützung der Gruppen" und „Einhaltung der Instruktionsvorgaben durch den Lehrer".

Häufigkeit der Lehrerunterstützung

Die Auswertung der Protokolle der teilnehmenden Beobachtung ergibt bezüglich der Häufigkeit der Lehrerhilfen für die untersuchten Treatmentgruppen unterschiedliche Ergebnisse.

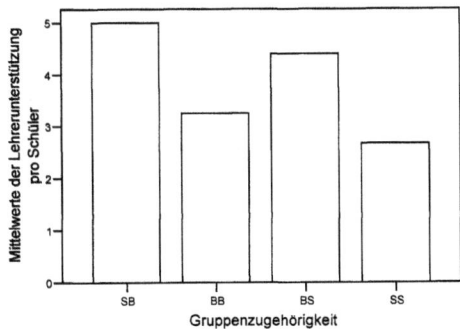

Übersicht 7-9: Mittelwerte der Lehrerhilfen pro Schüler einer Treatmentgruppe

Wie in den Anmerkungen zur Auswertung der Daten der teilnehmenden Beobachtung angeführt, werden hier nur Hilfen berücksichtigt, für die annäherungsweise eine Unterscheidung in „beispielorientiert" bzw. „systematikorientiert" möglich ist. Dabei bediente sich die Treatmentgruppe SB am häufigsten der Unterstützung des Lehrers (vgl. Übersicht 7-9). Dieses Ergebnis ist prüfstatistisch signifikant (chi^2 = 10,43; p < .015). Die Gruppe SS arbeitet mit weniger als drei Unterstützungen des Lehrers pro Schüler der Treatmentgruppe am selbständigsten.

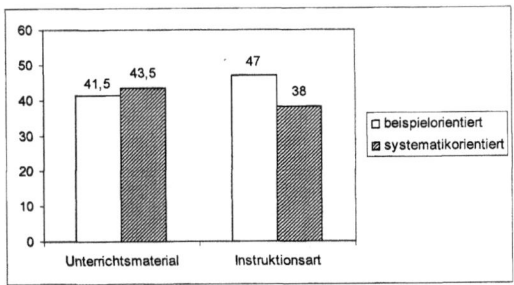

Übersicht 7-10: Durchschnittliche Anzahl der Lehrerhilfen pro Treatmentgruppe - geordnet nach Unterrichtsmaterial und Instruktionsart

Ordnet man die absoluten Häufigkeiten der erhaltenen Lehrerunterstützungen nach der Art verwendeten Unterrichtsmaterialien der Schüler (vgl. Übersicht 7-10, linke Diagrammhälfte) fällt der Unterschied in der Unterstützungshäufigkeit nicht ins Gewicht. Auffallend ist jedoch der Unterschied in der Unterstützungshäufigkeit wenn die Ergebnisse nach der Art der erhaltenen Lehrerunterstützung geordnet sind (vgl. Übersicht 7-10, rechte Diagrammhälfte). Hier fordern diejenigen Schüler mehr Unterstützung vom Lehrer an, die in der beispielorientierten Variante unterstützt werden. Dieses Ergebnis verfehlt jedoch ebenfalls die Grenze der prüfstatistischen Signifikanz.

Einhaltung der Instruktionsvorgaben durch den Lehrer

Die Aufzeichnungen der teilnehmenden Beobachtung dokumentieren ein Vorgehen des Lehrers, das mit wenigen Ausnahmen den Vorgaben des Untersuchungsdesigns entspricht (vgl. Kapitel 6.2.4, 6.3.3 und 6.4.3). Trotz umfangreicher Schulungen und Trainingsmaßnahmen erscheint es in dem beobachteten handlungsorientierten Unterricht nicht möglich, alle eventuell auftretenden Schülerfragen oder Probleme zu antizipieren und entsprechende, den jeweiligen Unterrichtsvarianten angemessene Reaktionen des Lehrers vorzubereiten und einzustudieren. Das Unterrichten in einer offenen Unterrichtsform wie der des vorliegend beschriebenen handlungsorientierten Unterrichts birgt Situationen, die aufgrund des Wesens dieses Unterrichts nicht vorhersagbar sein können. Gemessen an dieser Einsicht kann die Einhaltung der Instruktionsvorgaben durch den Lehrer als gut bezeichnet werden.

7.4 Ergebnisse der Fragebögen

7.4.1 Gebundene Fragen der Schülerfragebögen

Im Folgenden werden die Ergebnisse der Schülerantworten zu den gebundenen Items der beiden Schülerfragebögen vorgestellt. Die Schüler beantworten die Fragebögen jeweils nach der Bearbeitung der Teilaufgaben eins und zwei des untersuchten Unterrichts.

Zur besseren Vergleichbarkeit sind in den nachfolgenden Diagrammen jeweils die Ergebnisse zusammengehörender Fragen aus den beiden Fragebögen abgebildet. Die Darstellung der Ergebnisse der gebundenen Fragen erfolgt in Boxplots.

7.4.1.1 Fragen zum Leittext

Die ersten sechs Items der Fragebögen erfassen die Sicht der Schüler in Bezug auf die Arbeit mit den schriftlichen Unterrichtsmaterialien. Die Antworten sind in Boxplots dargestellt und nach der Beschaffenheit der verwendeten Informationsmaterialien in „beispielorientiert" und „systematikorientiert" geordnet. Die fünfteiligen Skalen der Items reichen von 1 = "ja sehr" über 2 = "ja", 3 = "in etwa", 4 = "nicht" bis 5 = "überhaupt nicht". Anhand des nachfolgenden Lesebeispiels soll die Darstellung in Form von Boxplots kurz erläutert werden.

Lesebeispiel zu Boxplots

Der dicke Balken im schraffierten Bereich (Box) von Beispiel eins ist der Median. In der Box liegen 50% der Fälle: Der obere Rand der Box halbiert die obere Hälfte der Stichprobe und liegt somit am 75. Perzentil. Der untere Rand der Box entspricht dem 25. Perzentil. Die dünnen, waagrechten Striche zeigen die höchsten bzw. niedrigsten beobachteten Werte, die noch keine Ausreißer sind. Der kleine Kreis in Beispiel zwei zeigt einen so genannten Ausreißer an. Dies sind Werte, die zwischen 1,5 und 3 Boxlängen vom 25. bzw. 75. Perzentil entfernt liegen. In Beispiel zwei liegt der Ausreißer zwei Boxlängen vom 25. Perzentil entfernt.

Noch extremere Werte werden als Sternchen dargestellt (siehe Beispiel drei). Diese so genannten Extremwerte liegen mehr als drei Boxlängen vom 25. bzw. 75. Perzentil entfernt. Beispiel drei stellt einen Sonderfall dar. Hier ist die Boxlänge gleich null, da das 25. und 75.

7 Darstellung der Untersuchungsergebnisse   97

Perzentil mit dem Median zusammenfallen. Die drei Werte, die nicht gleich dem Median sind, werden als Extremwerte gekennzeichnet. Alle übrigen Werte vereinen sich somit auf den Wert zwei der Skala.

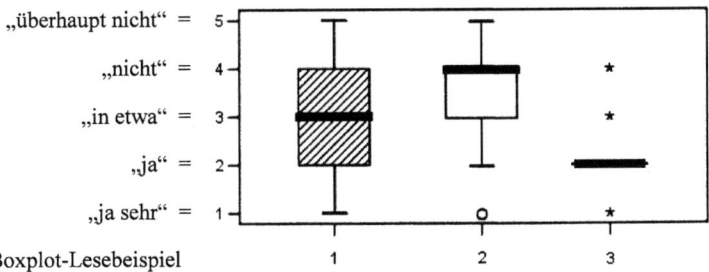

Boxplot-Lesebeispiel

Frage 1 Fragebogen 1: „Beim Bearbeiten des Leittextes wusste ich oft nicht genau, was zu tun war." (vgl. Übersicht 7-11)

Im Unterschied zu den restlichen Fragen handelt es sich bei Frage 1 in Fragebogen 1 und 2 nicht um die gleiche Frage. Aus diesem Grund werden der Ergebnisse der beiden Fragen einzeln diskutiert.

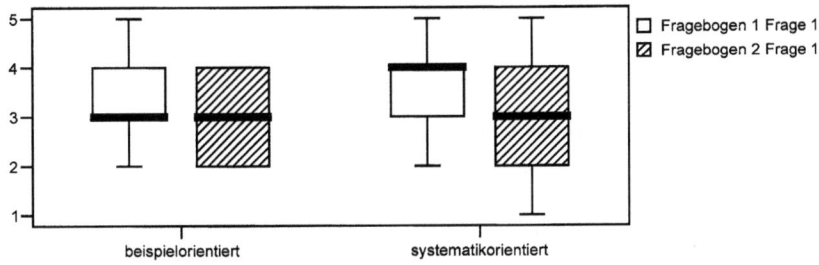

Übersicht 7-11: Boxplots der Antworten zu Frage 1 der Fragebögen 1 und 2.

Der Median der Gruppe mit dem beispielorientierten Unterrichtsmaterial liegt bei Frage 1 des ersten Fragebogens bei 3 („in etwa"), der Median der Gruppe mit systematikorientiertem Unterrichtsmaterial bei 4 („nicht") bei ansonsten gleich verteilten Quartilen. Die Schüler mit der systematikorientierten Variante des Unterrichtsmaterials fühlten sich also während der Bearbeitung der ersten Aufgabe des untersuchten Unterrichts geringfügig besser durch den Leittext im Unterricht geführt.

Frage 1 Fragebogen 2: „Die Führung durch den Leittext war mir zu gering." (vgl. Übersicht 7-11)

Im zweiten Fragebogen wird die Frage nach der Führung durch den Leittext direkt gestellt. Nach der Bearbeitung der zweiten Aufgabe des untersuchten Unterrichts liegt der Median der beiden Gruppen bei 3 („in etwa"). Nur die größere Spannweite der Antworten der Gruppe mit systematikorientiertem Unterrichtsmaterial unterscheidet die beiden Gruppen. Die Schüler beider Gruppen fühlten sich während der Bearbeitung der zweiten Aufgabe des untersuchten Unterrichts angemessen durch den Leittext im Unterricht geführt.

In der Gesamtschau der Antworten auf Frage 1 in beiden Fragebögen kann eine allgemeine Zufriedenheit mit der Führung durch den Leittext festgestellt werden. Nur bei den Antworten zum ersten Fragebogen ist bei der Gruppe der systematikorientierten Variante eine leicht höhere Zufriedenheit feststellbar.

Frage 2 „Durch die Beantwortung der Fragen des Leittextes auf dem eigenen DIN A4-Blatt habe ich viel gelernt." (vgl. Übersicht 7-12)

In den Antworten zu Frage 2 liegt der Median der Gruppe mit beispielorientiertem Unterrichtsmaterial mit 4 bzw. 3,5 („nicht" bzw. zwischen „nicht" und „in etwa") beides Mal geringfügig höher als der Median der Gruppe mit systematikorientiertem Unterrichtsmaterial (beides Mal 3 „in etwa").

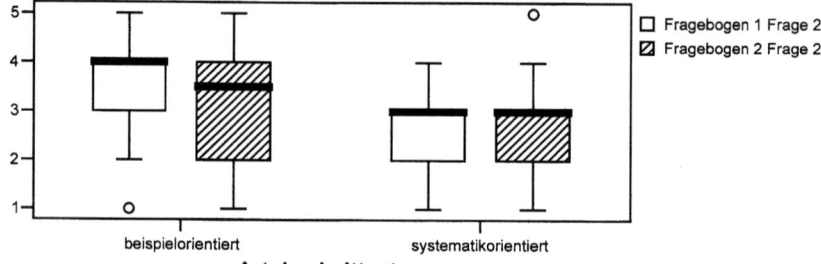

Übersicht 7-12: Boxplots der Antworten zu Frage 2 der Fragebögen 1 und 2: „Durch die Beantwortung der Fragen des Leittextes auf dem eigenen DIN A4-Blatt habe ich viel gelernt."

Die Schüler der systematikorientierten Variante schätzen ihren Lernzuwachs durch die Beantwortung der Fragen des Leittexts geringfügig höher ein („in etwa"), als die Schüler der beispielorientierten Variante („nicht", bzw. zwischen „nicht" und „in etwa"). Der Unterschied zwischen den Antworten auf Frage 2 in Fragebogen 1 erweist sich als prüfstatistisch signifikant (U=137, p<.006). Dieser Unterschied wird jedoch nach Bearbeitung der zweiten Aufgabe des untersuchten Unterrichts schwächer.

Frage 3 „Im bereitgestellten Informationsmaterial waren zu wenig Beispiele." (vgl. Übersicht 7-13)

Die Verteilung der Antworten zu Frage 3 der beiden Fragebögen ähnelt sich in beiden Fragebögen und in den beiden Varianten sehr. Der Median liegt bei 4 („nicht"). Nach Bearbeitung der Aufgabe 2 verändert sich die Verteilung der Antworten der Schüler im zweiten Fragebogen in beiden Varianten in Richtung 3 („in etwa"). War die Zahl der Beispiele in Fragebogen 1 noch klar ausreichend („nicht" zu wenig, Quartile zwischen vier und fünf), so sind nun in Fragebogen 2 bei gleichem Median die Quartile zwischen vier („nicht") und drei („in etwa"). Die Schüler sind mit der Anzahl der Beispiele im Informationsmaterial zufrieden. Diese Zufriedenheit nimmt mit dem Lern- und Arbeitsverlauf geringfügig ab.

7 Darstellung der Untersuchungsergebnisse

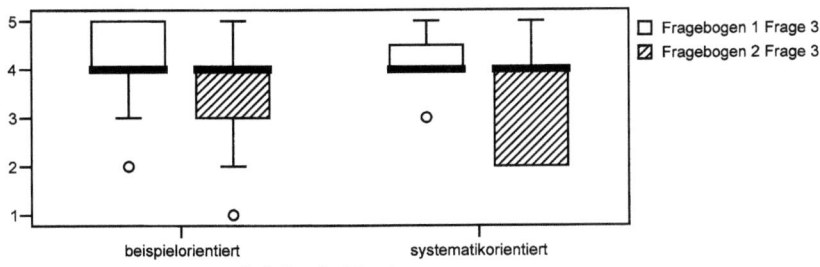

Übersicht 7-13: Boxplots der Antworten zu Frage 3 der Fragebögen 1 und 2: „Im bereitgestellten Informationsmaterial waren zu wenig Beispiele."

Frage 4 „Die Programmierbeispiele im Informationsmaterial waren zu kompliziert." (vgl. Übersicht 7-14)

Die Verteilungen der Antworten zu Frage 4 der beiden Fragebögen ähneln sich wie in Frage 3 in beiden Fragebögen sehr.

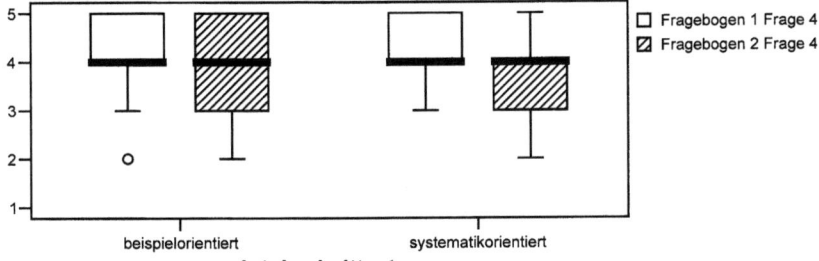

Übersicht 7-14: Boxplots der Antworten zu Frage 4 der Fragebögen 1 und 2: „Die Programmierbeispiele im Informationsmaterial waren zu kompliziert."

Beides Mal liegt der Median bei 4 („nicht"). Die Boxplots der Antworten für Frage 4 des ersten Fragebogens sind identisch. Im zweiten Fragebogen verändert sich in beiden Varianten die Verteilung geringfügig in Richtung 3 („in etwa"). Der Median der Antworten bleibt jedoch bei wie im ersten Fragebogen bei 4 („nicht"). Die Programmierbeispiele des Informationsmaterials erscheinen den Schülern somit durchwegs als nicht zu kompliziert.

Frage 5 „Im bereitgestellten Informationsmaterial waren alle benötigten Informationen enthalten." (vgl. Übersicht 7-15)

Bei den Antworten zu Frage 5 des ersten Fragebogens liegt der Median jeweils bei 2 („ja"). Die Boxplots der Verteilung der Antworten unterscheiden sich jedoch in der größeren Spannweite und dem in Richtung 3 („in etwa") verschobenen Quartil der Antworten der Gruppe, die mit dem beispielorientierten Unterrichtsmaterial gearbeitet hatte.

Dieser Unterschied zwischen den Antworten auf Frage 5 in Fragebogen 1 verfehlt die Grenze der prüfstatistischen Signifikanz nur knapp. In Fragebogen 2 verschlechtert sich der Median der Antworten zu 2,5 (zwischen „ja" und „in etwa") in der Gruppe mit der beispielorientierten und zu 3 („in etwa") in der Gruppe mit der systematikorientierten Variante des Unterrichtsmaterials.

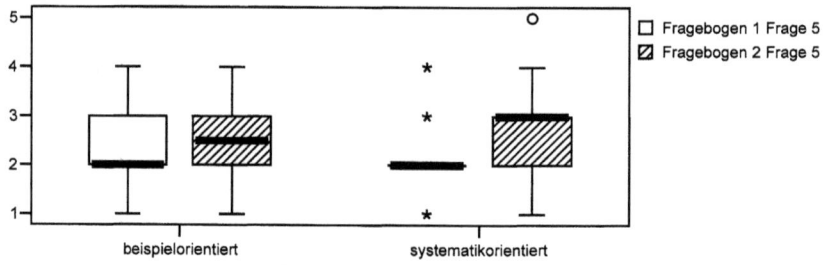

Übersicht 7-15: Boxplots der Antworten zu Frage 5 der Fragebögen 1 und 2: „Im bereitgestellten Informationsmaterial waren alle benötigten Informationen enthalten."

War die Zufriedenheit mit den Informationsmaterialien bezüglich der darin enthaltenen Informationen in der ersten Aufgabe bei den Schülern mit der systematikorientierten Variante geringfügig besser, so ändert sich die Zufriedenheit nach dem Bearbeiten der zweiten Aufgabe. Jetzt ist die Gruppe mit der beispielorientierten Variante geringfügig zufriedener.

Frage 6 „Die im Informationsteil gegebenen Informationen waren klar gegliedert." (vgl. Übersicht 7-16)

Die Antworten der Schüler der systematikorientierten Variante im ersten Fragebogen deuten auf eine höhere Zufriedenheit mit der Gliederung der Informationen (Median 2 „ja") hin als die Antworten der Schüler der beispielorientierten Variante (Median 3 „in etwa").

Nach der Bearbeitung der zweiten Aufgabe des untersuchten Unterrichts dreht sich das Bild und die Antworten der Schüler mit der beispielorientierten Variante (Median 2,5) sind leicht besser als die Antworten der Schüler der systematikorientierten Variante (Median 3).

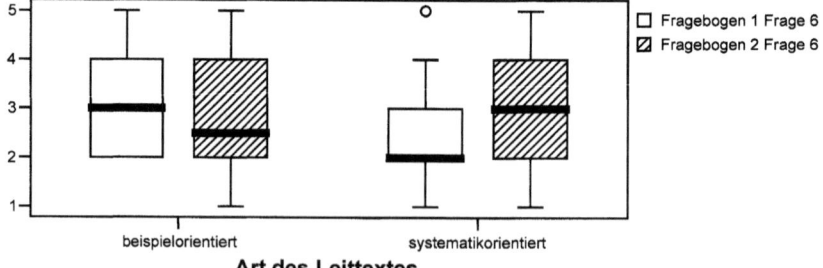

Übersicht 7-16: Boxplots der Antworten zu Frage 6 der Fragebögen 1 und 2: „Die im Informationsteil gegebenen Informationen waren klar gegliedert."

Die Gliederung der Informationen im Informationsteil der Arbeitsunterlagen wird von den Schülern mit geringen Unterschieden als klar eingeschätzt.

7.4.1.2 Fragen zur Unterstützung des Lehrers

Die Items sieben, acht und neun der Fragebögen erfassen die Sicht der Schüler in Bezug auf die Unterstützung der Lehrkraft. Die Antworten sind in Boxplots dargestellt und nach der Beschaffenheit der Unterstützung der Lehrkraft in „beispielorientiert" und „systematikorientiert" geordnet. Die fünfteiligen Skalen der Items reichen von 1 = „ja sehr" über 2 = „ja", 3 = „in etwa", 4 = „nicht" bis 5 = „überhaupt nicht".

Frage 7 „Die Hilfestellungen und Erläuterungen des Lehrers haben mir immer geholfen." (vgl. Übersicht 7-17)

Der Median der Antworten zu Frage 7 des ersten Fragbogens liegt bei 2 („ja"). Die Verteilung der Antworten der systematikorientierten Gruppe orientiert sich hier eher zu 3 („in etwa") hin.

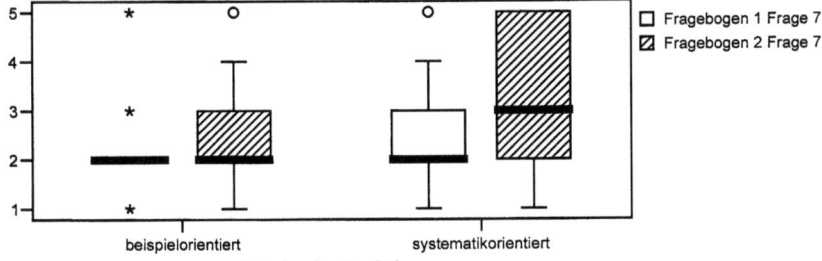

Übersicht 7-17: Boxplots der Antworten zu Frage 7 der Fragebögen 1 und 2: „Die Hilfestellungen und Erläuterungen des Lehrers haben mir immer geholfen."

In Fragebogen 2 verschiebt sich das Antwortbild weiter in Richtung Median 3 („in etwa"). Liegt der Median der beispielorientierten Gruppe noch bei zwei („ja"), so ist er bei den Antworten der Schüler der systematikorientierten Instruktionsart bei 3 („in etwa"). Die Verteilung der mittleren Quartile der Antworten dieser Gruppe reicht von zwei („ja") bis 5 („überhaupt nicht").

Waren die Schüler mit den Hilfestellungen und Erklärungen des Lehrers während der Bearbeitung der ersten Aufgabe noch eindeutig zufrieden, so verschlechtert sich diese Zufriedenheit während der Programmierung der Montagestationen. Auffallend ist die Verschlechterung der Zufriedenheit besonders bei der Gruppe, die vom Lehrer systematikorientiert unterstützt wurde. Der Unterschied verfehlt die Grenze der statistischen Signifikanz.

Frage 8 „Ich hätte mehr Unterstützung und Erklärung durch den Lehrer gebraucht." (vgl. Übersicht 7-18)

Die Schüler verneinen in Frage 8 des ersten Fragebogens die Notwendigkeit weiterer Unterstützung und Erklärung durch den Lehrer nicht eindeutig. Zwar liegt der Median bei vier („nicht"). Die Verteilung der Antworten weist jedoch eine Tendenz zu 3 („in etwa") auf.

In Fragebogen 2 verschiebt sich der Median in den Antworten der beispielorientierten Gruppe von 4 („nicht") auf 2,5 (zwischen „ja" und „in etwa") und in den Antworten der systematikorientierten Gruppe von 4 („nicht") auf 3 („in etwa"). Bis auf den leicht niedrigeren Median der beispielorientiert unterstützten Gruppe sind beide Verteilungen identisch.

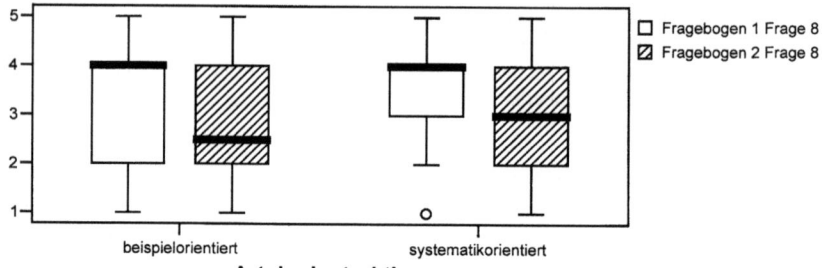

Übersicht 7-18: Boxplots der Antworten zu Frage 8 der Fragebögen 1 und 2: „Ich hätte mehr Unterstützung und Erklärung durch den Lehrer gebraucht."

Der Wunsch nach mehr Unterstützung und Erklärung nimmt bei den Schülern beider Gruppen im Laufe der Bearbeitung von Aufgabe eins und zwei auf niedrigem Niveau zu. Keiner der beschriebenen Unterschiede erreicht auch nur annähernd die Grenze der prüfstatistischen Signifikanz.

Frage 9: „Ich hätte lieber mehr schriftliche Informationen bekommen." (vgl. Übersicht 7-19)

Die Verteilungen der Antworten der unterschiedlich unterrichteten Gruppen auf Frage 9 ähneln sich in beiden Fragebögen. Alle Mediane liegen bei vier („nicht"). Keine der Schülergruppen hatte mehrheitlich ein Bedürfnis nach mehr Informationen in schriftlicher Form.

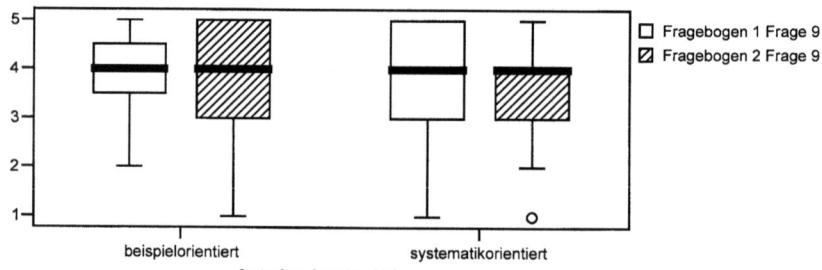

Übersicht 7-19: Boxplot der Antworten zu Frage 9 der Fragebögen 1 und 2: „Ich hätte lieber mehr schriftliche Informationen bekommen."

7.4.1.3 Vorerfahrungen zum Lerninhalt des untersuchten Unterrichts

Frage 10 des ersten Fragebogens erfasst, ob die Schüler im Betrieb vor dem untersuchten Unterricht schon Schrittketten programmiert haben. Die Skala dieses Items reicht von 1 = „schon viele", 2 = „ein paar" bis 3 = „noch keine". Bis auf drei Schüler gaben alle Probanden an, in ihrem Ausbildungsprogramm „noch keine" Schrittketten programmiert zu haben. Die Daten der Schüler mit Vorkenntnissen wurden aus der Auswertung genommen.

7.4.1.4 Frage nach dem eigenen Anteil am Gruppenergebnis

In Frage 11 des ersten Fragebogens und Frage 10 des zweiten Fragebogens sind die Schüler aufgefordert, ihren Beitrag am Gruppenergebnis anhand einer dreiteiligen Skala einzuschätzen (1 = „groß", 2 = „durchschnittlich" bis 3 = „klein", vgl. Übersicht 7-20).

		Fragebogen 1 Frage 11 Häufigkeit	Fragebogen 2 Frage 10 Häufigkeit
Gültig	groß	11	11
	durchschnittlich	24	27
	klein	10	7
	Gesamt	45	45

Übersicht 7-20: Häufigkeiten: Fragebogen 1, Frage 11 und Fragebogen 2, Frage 10: „Eigener Anteil am Gruppenergebnis?"

Der Großteil der Schüler gibt in beiden Fragebögen an, sich „durchschnittlich" an der Gruppenarbeit beteiligt zu haben. Korreliert man die Einschätzung der Beteiligung an der Gruppenarbeit mit den Ergebnissen der Programmieraufgabe sowie des schriftlichen Teils des Abschlusstests, so ergeben sich Korrelationskoeffizienten zwischen -.64 und -.83 (vgl. Übersicht 7-21). Der negative Korrelationskoeffizient ergibt sich hierbei aus der Skala der Items, in der ein als „groß" eingeschätzter eigener Anteil am Gruppenergebnis vom ausfüllenden Schüler mit 1 bewertet wird. Es besteht ein hoher Zusammenhang zwischen dem Grad der Beteiligung an der Gruppenarbeit und den Ergebnissen im Abschlusstest. Schüler, die sich stärker in die Gruppenarbeit einbringen, erzielen in den Abschlusstests bessere Ergebnisse. Zwischen den Treatmentgruppen ergeben sich hier keine nennenswerten Unterschiede.

		Abschlusstest Programmieraufgabe	Abschlusstest Schriftlicher Teil
Fragebogen 1 Frage 11	Korrelation nach Pearson	-,834(**)	-,702(**)
	Signifikanz (2-seitig)	,000	,000
Fragebogen 2 Frage 10	Korrelation nach Pearson	-,685(**)	-,640(**)
	Signifikanz (2-seitig)	,000	,000

** Die Korrelation ist auf dem Niveau von 0,01 (2-seitig) signifikant.

Übersicht 7-21: Korrelationen zwischen der Beteiligung an Gruppenarbeit und Abschlusstestergebnissen

7.4.2 Offene Fragen der Schülerfragebögen

Wie in Kapitel 6.3.4 dargelegt, liegt das Forschungsinteresse bei den offenen Fragen der Schülerfragebögen nicht im Auffinden individueller Details, sondern im Auffinden eines Grundtenors gegenüber dem untersuchten Unterricht. Zu diesem Zweck sind die Schüleraussagen zu den offenen Fragen der Schülerfragebögen in Strukturdiagrammen dargestellt, die aus den gefundenen Aussageclustern bestehen (vgl. Kapitel 6.3.4). Die digitalisierten und codierten Schüleraussagen sind im Anhang (S. 201-209) abgedruckt.

Die Buchstaben und Zahlen bei den Aussageclustern benennen jeweils die Treatmentgruppe aus der die Aussagen stammen (BB, BS, SB oder SS, vgl. Übersicht 7-22) und die Häufigkeit der Nennungen.

7.4 Ergebnisse der Fragebögen

		Instruktionsverhalten der Lehrkraft	
		systematik-orientiert	beispiel-orientiert
Selbstlernmaterial der Lernenden	systematik-orientiert	SS (n = 12)	SB (n = 11)
	beispiel-orientiert	BS (n = 10)	BB (n = 12)

Erläuterung der Abkürzung am Beispiel BS:
- erster Buchstabe kennzeichnet das Selbstlernmaterial → hier beispielorientiert
- zweiter Buchstabe kennzeichnet das Instruktionsverhalten → hier systematikorientiert

Übersicht 7-22: Erläuterung der verwendeten Abkürzungen der Treatments

Wie bereits in Kapitel 2.3 erläutert, bezeichnet der erste Buchstabe der Gruppenbezeichnung die Beschaffenheit der eingesetzten schriftlichen Unterrichtsmaterialien (B für beispielorientiert und S für systematikorientiert). Der zweite Buchstabe kennzeichnet die Beschaffenheit der erhaltenen Unterstützung und Instruktion durch den Lehrer.

7.4.2.1 Fragebogen 1

Die Schüler bearbeiten den ersten Fragebogen nach Fertigstellung der Aufgabe 1 des Leittexts, d.h. nach dem abschließenden Fachgespräch mit dem Lehrer.

Frage 1, Teil A „Gab es Phasen, in denen Sie sich überfordert fühlten? Welche waren das?"

Für die Auswertung wird die Frage in zwei Teile geteilt. Teil A betrachtet die Schüleraussagen, die den ersten Teil der Frage betreffen. Insgesamt geben 27 Schüler eine Überforderung an (vgl. Übersicht 7-23).

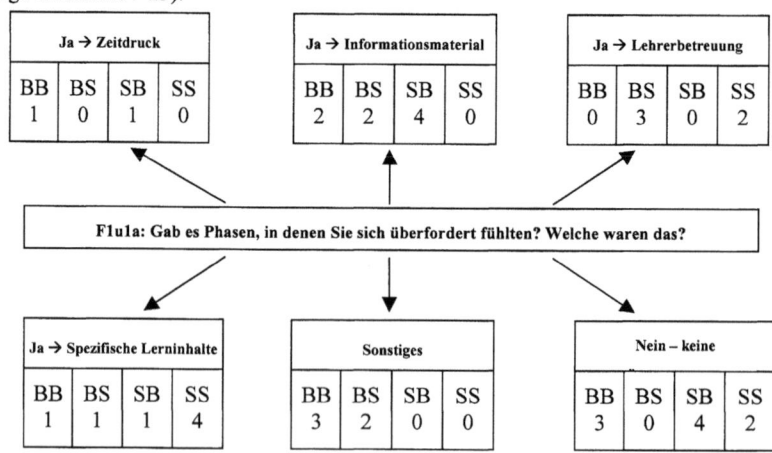

Übersicht 7-23: Strukturdiagramm für Frage 1, Teil A, Fragebogen 1

7 Darstellung der Untersuchungsergebnisse

Zu keinem Zeitpunkt überfordert fühlen sich nur neun Schüler. Betrachtet man diese Aussagen nach den Gesichtspunkten Unterrichtsmaterial und Instruktionsart, so zeigt sich, dass bei einem beispielorientierten Aufbau des verwendeten Informationsmaterials 18 Schüler eine Überforderung angeben. Diesen stehen drei Schüler gegenüber, die keine Überforderung verspüren. Nach systematikorientiertem Aufbau des verwendeten Informationsmaterials geordnet, zeigt sich dieses Verhältnis mit 12:6 weniger ausgeprägt.

Für die Beschaffenheit der Lehrerinstruktion zeigt sich ein umgedrehtes Bild. Die eindeutigere Aussage gibt hier die Betrachtung der Schüleraussagen der systematikorientierten Variante. Es fühlen sich 14 Schüler überfordert. Dem stehen zwei Aussagen von nicht überforderten Schülern gegenüber. In der beispielorientierten Variante ergibt sich ein Verhältnis von 15 Schülern, die eine Überforderung angaben zu sieben Schülern, die sich nicht überfordert fühlten.

Betrachtet man die einzelnen Treatmentgruppen, so fällt die Gruppe BS dadurch auf, dass sie - im Vergleich - am häufigsten Aussagen über Überforderung macht. Keiner der Schüler dieser Gruppe sagt aus, er sei nicht überfordert gewesen. Die beiden Gruppen mit systematikorientiertem Leittext, SB und SS, weisen die wenigsten Überforderungsäußerungen auf, zudem geben Sie doppelt so häufig wie die Gruppen BB und BS an, nicht überfordert gewesen zu sein.

Die häufigsten Gründe, die als ursächlich für die gefühlte Überforderung genannt werden, sind Zeitdruck, schwieriges Informationsmaterial, ungenügende Lehrerbetreuung oder Probleme bei spezifischen Lerninhalten. Es fällt auf, dass die Gruppe SS vor allem mit spezifischen Lerninhalten, wie z.B. dem Aufbau von Schrittketten, Probleme hatte. Die Gruppe SB führte ihre Überforderung vor allem auf das zur Verfügung gestellte Informationsmaterial zurück. Betrachtet man alle Äußerungen bezüglich des Informationsmaterials geordnet nach der Variante des verwendeten Informationsmaterials, so stellt sich mit vier zu vier Nennungen jedoch ein ausgeglichenes Verhältnis ein.

Weiter fällt auf, dass alle fünf Überforderungsaussagen, die sich auf die Lehrerbetreuung beziehen, aus den beiden Gruppen mit der systematikorientierten Unterstützungsvariante stammen.

Zusammenfassend ergibt sich folgendes Bild: Ungefähr die Hälfte der Schüler fühlte sich während der Bearbeitung der ersten Aufgabe des untersuchten Unterrichts aus unterschiedlichen Gründen überfordert. Als Gründe für die Überforderung werden ein hoher Zeitdruck, schwer verständliches Informationsmaterial, ungenügende Lehrerbetreuung oder Probleme mit spezifischen Lerninhalten angegeben. Die negativen Äußerungen bezüglich der beiden Varianten des Informationsmaterials sind ausgeglichen. Bezüglich der Art der Lehrerunterstützung überwiegen die negativen Äußerungen aus den Gruppen, die systematikorientiert unterstützt wurden.

Frage 1, Teil B „Wie hätte dies vermieden werden können?".

Auf diesen Teil der Fragestellung wurden 16 Aussagen abgegeben (vgl. Übersicht 7-24). Diese konzentrieren sich auf die Punkte „mehr Zeit geben", „Informationsunterlagen verbessern" und „Lehrerbetreuung verbessern".

Aufgrund der geringen Anzahl der Äußerungen lassen sich Tendenzen bezüglich der einzelnen Varianten von Informationsmaterial und Lehrerunterstützung nur schwer ablesen. Auffallend ist jedoch, dass von allen Gruppen eine bessere bzw. umfangreichere Lehrerunterstützung eingefordert wird. Dies geschieht unabhängig davon, ob die jeweilige Gruppe in Teil A der Frage die Lehrerunterstützung als Grund für eine Überforderung angibt oder nicht.

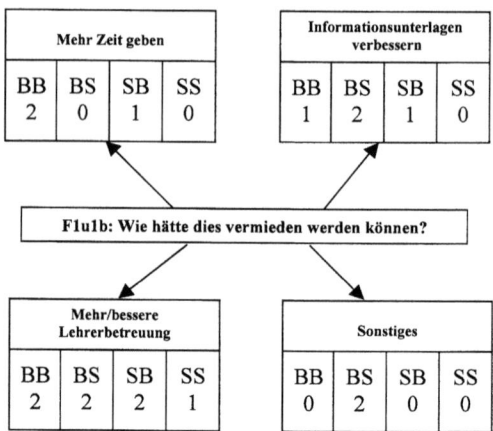

Übersicht 7-24: Strukturdiagramm für Frage 1, Teil B, Fragebogen 1

Zusammenfassend lässt sich sagen, dass der Wunsch nach einer stärkeren Unterstützung durch den Lehrer und nach mehr Bearbeitungszeit geäußert wird. Die Verbesserung der Informationsunterlagen wird von den Gruppen mit beispielorientiertem Informationsmaterial stärker eingefordert als von den Gruppen SB und SS.

Frage 2 „Welche Art der Hilfestellung durch den Lehrer hat ihnen besonders geholfen?"

Zur Frage zwei des ersten Fragebogens werden insgesamt 40 Antworten abgegeben (vgl. Übersicht 7-25). Das Aussagencluster „Individuelle Hilfe bei Fehlern/Fragen" weist hier mit 23 Äußerungen die größte Zahl an Nennungen auf.

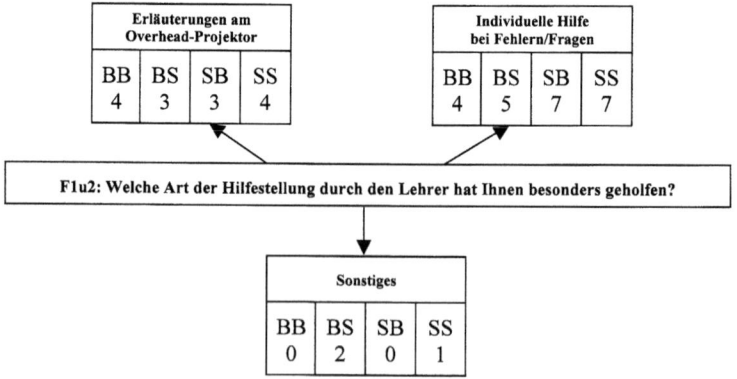

Übersicht 7-25: Strukturdiagramm für Frage 2, Fragebogen 1

7 Darstellung der Untersuchungsergebnisse

Geordnet nach der verwendeten Variante des Informationsmaterials äußern sich die Schüler der beiden Gruppen der systematikorientierten Variante deutlich häufiger (14) als die der beispielorientierten Variante (9). Betrachtet man das Verhältnis der diesbezüglichen Schüleraussagen geordnet nach der Variante der Lehrerunterstützung zeigt sich mit 12:11 ein ausgeglichenes Bild.

Als zweithäufigstes Aussagencluster ergeben sich die Aussagen, die die Erläuterungen am Overhead-Projektor als Art der Hilfestellung durch den Lehrer benennen, die den Schülern besonders geholfen hat. Hier zeigt sich die Verteilung wiederum sehr ausgeglichen.

Zusammenfassend lässt sich feststellen, dass allgemein jegliche zusätzliche Intervention des Lehrers, sei es individuell oder für alle am Overhead-Projektor, positiv aufgefasst wird. Die individuelle Unterstützung durch den Lehrer erwähnen vor allem die Schüler, die mit der systematikorientierten Variante des Informationsmaterials gearbeitet hatten.

7.4.2.2 Fragebogen 2

Nach Fertigstellung der Aufgabe 2 des Leittexts, d.h. nach dem abschließenden Fachgespräch mit dem Lehrer und der Abgabe des erstellten Programms für die jeweilige Station der Montageanlage bearbeiteten die Schüler den zweiten Fragebogen. Dieser wies neben den gebundenen Items drei ungebundene Items auf.

Frage 1 „An welchen Stellen hätten Sie weiterer Hilfe durch den Lehrer bedurft?"

Auf diesen Teil der Fragestellung wurden 40 Aussagen abgegeben (vgl. Übersicht 7-26). Die Schüleräußerungen lassen sich vier Aussageclustern zuordnen: „Keine weitere Hilfe", „Bei der Programmierung", „Generell mehr Erklärungen" und sonstiges. Keiner weiteren Hilfe durch den Lehrer bedurften nur fünf Schüler der beiden Gruppen, denen die beispielorientierte Variante des Informationsmaterials vorlag (BB, BS). Bei den anderen Aussagen sticht die Nennung „Bei der Programmierung" mit insgesamt 20 Äußerungen hervor.

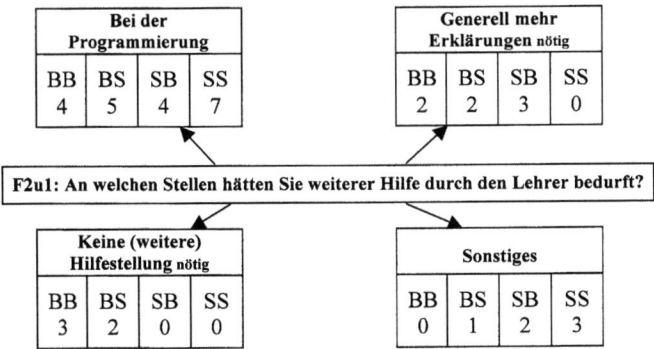

Übersicht 7-26: Strukturdiagramm für Frage 1, Fragebogen 2

Geordnet nach der verwendeten Variante des Informationsmaterials überwiegen die Äußerungen der Schüler mit der systematikorientierten Variante im Verhältnis 21:14 gegenüber den beiden Gruppen BB und BS. Betrachtet man die Schüleräußerungen hinsichtlich der Beschaffenheit der Lehrerinstruktion, zeigt sich mit einem Aussagenverhältnis von 20:15 ein ähnliches Bild. Wiederum überwiegen die Äußerungen der Schüler mit der systematikorientierten Variante, die einer weiteren Hilfe bedürfen.

Frage 2 „Welche Art der Hilfestellung durch den Lehrer hat ihnen besonders geholfen?"
Zur Frage 2 des zweiten Fragebogens werden insgesamt 40 Antworten abgegeben (vgl. Übersicht 7-27). Zu den schon in Fragebogen 1 zu der gleichen Frage gefundenen Aussagecluster „Individuelle Hilfe", „Erklärungen am OHP" und „Sonstiges" kommen nun noch die beiden Cluster „Software/Programmierhilfe" und „Keine".

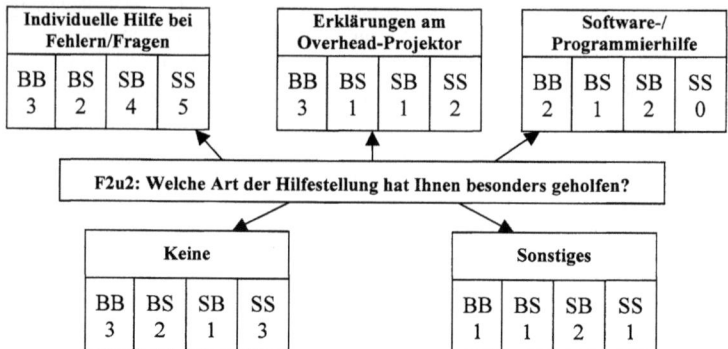

Übersicht 7-27: Strukturdiagramm für Frage 2, Fragebogen 2

Vergleicht man die Anzahl der positiven und negativen Antworten, so zeigt sich kaum ein Unterschied zwischen der beispielorientierten Variante (14-Mal wird eine Art der Hilfe als hilfreich angegeben, 5-Mal, dass keine half) und der systematikorientierten Variante des verwendeten Informationsmaterials (17:4). Geordnet nach der Beschaffenheit der Lehrerinstruktion werden in den Gruppen mit der beispielorientierten Variante mehr positive Angaben gemacht (18:4) als von den Schülern der systematikorientierten Variante (13:5).

Der Cluster „Software-/Programmierhilfe" weist insgesamt am wenigsten Aussagen auf (5). Diese Aussagen stammen überwiegend von Gruppen mit beispielorientierter Lehrerinstruktion (4). Geordnet nach der Art der verwendeten Selbstlernmaterialien zeigt sich kein großer Unterschied in der Anzahl der Aussagen (3:2).

Bei den „Erklärungen am Overhead-Projektor" zeigt sich ebenfalls keine deutliche Häufung der Aussagen bezüglich einer bestimmten Variante.

Es lässt sich feststellen, dass - wie in der gleichen Frage des ersten Fragebogens - der Cluster „Individuelle Hilfe bei Fehlern/Fragen" besonders viele Aussagen aufweist. Diese Aussagen stammen vor allem von Gruppen, die mit der systematikorientierten Variante der Selbstlernmaterials gearbeitet hatten. Die Beschaffenheit der Lehrerinstruktion führt hier zu keinem Unterschied. Beim Cluster „Software-/Programmierhilfe" kamen die Aussagen im Verhältnis 4:1 von Gruppen mit beispielorientierter Lehrerinstruktion.

Frage 3 „Sonstige Anmerkungen zum Unterricht"

Zur Frage 3, in der die Schüler sonstige Anmerkungen zum Unterricht machen konnten, antworteten die Schüler mit insgesamt 46 Aussagen (vgl. Übersicht 7-28). Hierfür die werden die vier Aussagecluster „Unterrichtsform gut", „Unterrichtsform schlecht", „Mehr Zeit/bessere Einteilung nötig" und „Sonstiges" gefunden.

7 Darstellung der Untersuchungsergebnisse 109

„Mehr Zeit/bessere Einteilung nötig" sagten vor allem Gruppen, die denen das systematikorientierte Informationsmaterial zur Verfügung stand (7:1). Die Beschaffenheit der Lehrerinstruktion spielte hierbei keine Rolle (4:4).

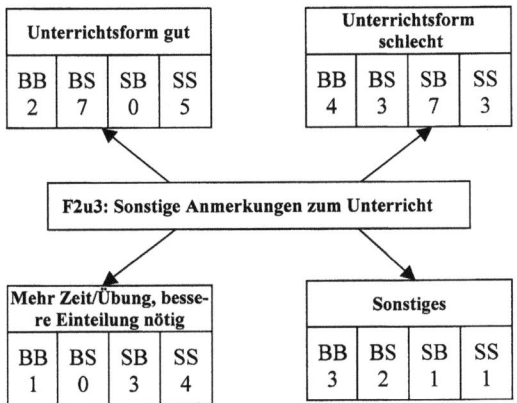

Übersicht 7-28: Strukturdiagramm für Frage 2, Fragebogen 3

Der Aussagencluster „Unterrichtsform schlecht" beinhaltet etwas mehr Aussagen von Schülern mit Informationsmaterialien der systematikorientierten Variante (10:7). Deutlicher ist der Unterschied, wenn die Aussagen nach der Beschaffenheit der Lehrerinstruktion geordnet wird: von Schülern der Gruppen mit Lehrerinstruktion der beispielorientierten Variante kommen elf Aussagen, von denen der systematikorientierten Variante nur 6. Die Gruppe SB gibt am häufigsten an, dass der Unterricht schlecht sei (7) und kein Schüler dieser Gruppe schreibt, die Unterrichtsform sei „gut".

Der Cluster „Unterrichtsform gut" weist mehr Aussagen der Gruppen auf, denen die beispielorientierte Variante des Informationsmaterials zur Verfügung stand, als Aussagen der Gruppen mit systematikorientiertem Informationsmaterial (9:5). Deutlicher ist der Unterschied nach Beschaffenheit der erhaltenen Lehrerinstruktion. Hier gibt es zwölf Aussagen von Schülern aus Gruppen der systematikorientierten Variante und nur zwei Aussagen aus Gruppen der beispielorientierten Variante.

Zusammengefasst zeigt sich, dass vor allem von Gruppen mit systematikorientiertem Informationsmaterial oder beispielorientierter Lehrerinstruktion negative Aussagen kamen. Die Gruppen mit systematikorientiertem Informationsmaterial klagen zudem häufiger über den zu großen Zeitdruck oder die schlechte Einteilung der Unterrichtszeit. Der Cluster „Unterrichtsform gut" weist vor allem Aussagen von Schülern mit beispielorientiertem Informationsmaterial und systematikorientierter Lehrerinstruktion auf.

7.4.2.3 Fragebogen 3

Nach der Bearbeitung der beiden Aufgaben des untersuchten Unterrichts bearbeiten die Schüler den zweiteiligen Abschlusstest. Fragebogen 3 fragt nach Problemen im schriftlichen und zu programmierenden Teil dieses Abschlusstests. Diese Fragen stellen eine Möglichkeit für die teilnehmenden Schüler dar, auf Schwierigkeiten oder Schwachstellen des Unterrichts bzw. der eigenen Lernarbeit hinzuweisen. Dieser Fragebogen besteht aus fünf ungebundenen Items.

Frage 1 „Was ist Ihnen im Theorieteil des Abschlusstests besonders schwer gefallen?"
Auf die erste Frage des dritten Fragebogens antworten die Schüler mit insgesamt 38 Aussagen (vgl. Übersicht 7-29). Die Probleme, die bei den Schülern auftreten, sind in den Aussagenclustern „in Worte fassen", „einzelne Fragen" und „Sonstiges" erfasst. Die gemachten Aussagen über Schwierigkeiten im Theorieteil des Abschlusstests kommen mit 19 Nennungen vor allem von Schülern aus Gruppen, die mit der systematikorientierten Variante des Informationsmaterials gearbeitet hatten (nur zwei dieser Schüler geben an, dass nichts schwer fiel).

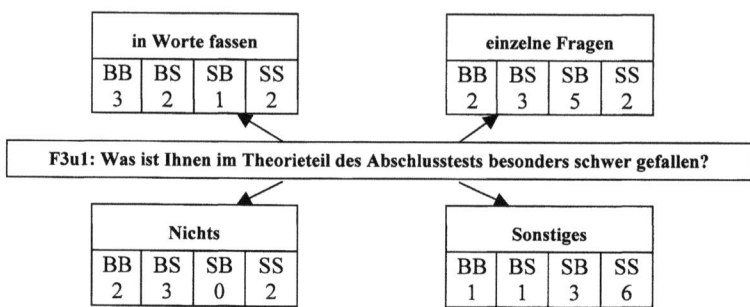

Übersicht 7-29: Strukturdiagramm für Frage 1, Fragebogen 3

Bei den Aussagen von Schülern der Gruppen, die mit der beispielorientierten Variante des Informationsmaterials gearbeitet hatten, ist das Verhältnis der Aussagen über Schwierigkeiten im Theorieteil des Abschlusstests 12:5. Betrachtet man die Aussagen nach der Beschaffenheit der erhaltenen Lehrerinstruktion, so ist fast kein Unterschied in der Anzahl der Aussagen erkennbar (beispielorientiert: 15:2, systematikorientiert: 16:5).

Die Gruppe SS führt insgesamt die meisten Probleme an (10). Bei dieser Treatmentkombination geben auch nur zwei Schüler an, dass sie keine Schwierigkeiten hatten. Ähnlich war dies anscheinend bei Gruppe SB: Probleme wurden 9-Mal genannt, dass es keine Probleme gegeben habe wird nicht erwähnt. Dagegen beziehen sich nur sechs Nennungen der Gruppe BB auf Schwierigkeiten und zwei Aussagen ist zu entnehmen, dass nichts schwer gefallen sei. Auch bei Gruppe BS war dies so: Probleme wurden 6-Mal genannt, keine Probleme 3-Mal.

Innerhalb des Aussagenclusters „in Worte fassen" gibt es nur geringe Unterschiede: bei den Gruppen mit beispielorientiertem Selbstlernmaterial wird dies nur etwas häufiger als bei den anderen Gruppen angegeben (5:3). Betrachtet nach der Art der Lehrerinstruktion sind die Anzahlen der Antworten hierzu gleich (4:4). Der Aussagencluster „einzelne Fragen" zeigt in der Anzahl der Aussagen ebenfalls keine deutlichen Unterschiede zwischen den verschiedenen Varianten: So kommen von Schülern der beispielorientierten Variante des Informationsmaterials nur etwas weniger Angaben hierzu als von Schülern der systematikorientierten Variante (5:7). Ebenso gering ist der Unterschied zwischen den beiden Varianten in der Betrachtung nach der Art der Lehrerunterstützung (7:5).

Der Cluster „Nichts" weist etwas mehr Aussagen der Gruppen mit beispielorientiertem als der mit systematikorientiertem Informationsmaterials auf (5:2). Umgekehrt stellt sich es bei den Gruppen mit beispielorientierter und systematischer Lehrerunterstützung dar (2:5).

Es zeigt sich, dass Schüler der Gruppen, die mit der systematikorientierten Variante des Informationsmaterials gearbeitet hatten häufiger über Schwierigkeiten im Theorieteil des Ab-

7 Darstellung der Untersuchungsergebnisse

schlusstests klagen als die Schüler der beiden anderen Gruppen. Bei den Varianten der Lehrerbetreuung lässt sich kein aussagekräftiger Unterschied in der Anzahl der Schüleraussagen erkennen.

Frage 2 „Worauf führen Sie das zurück?"

Zur Frage, worauf die Probleme im Theorieteil des Abschlusstests zurückzuführen seien, werden insgesamt 39 Aussagen gemacht (vgl. Übersicht 7-30). Darin äußern die Teilnehmer vor allem Gründe wie „Zeitdruck/zu wenig Wiederholung" (insgesamt zehn Nennungen), und „Persönliche Gründe/Wissenslücken" (z. B. Unaufmerksamkeit oder bereits bestehende Wissenslücken, neun Nennungen). Weniger häufig konnten Aussagen den Clustern „Unterrichtsform" (5) und „Leittext/Informationsmaterial" (3) zugeordnet werden.

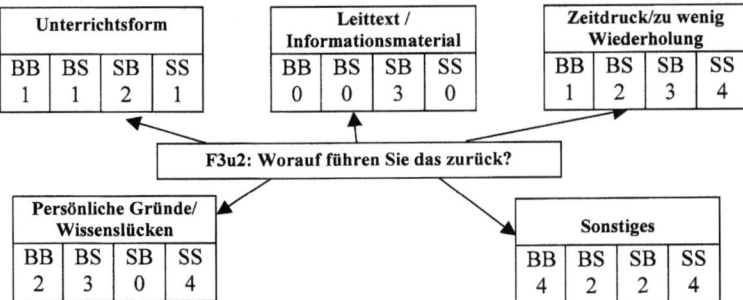

Übersicht 7-30: Strukturdiagramm für Frage 2, Fragebogen 3

Die Aussagen im Cluster „Zeitdruck/zu wenig Wiederholung" kommen vor allem von Schülern der Gruppen mit Selbstlernmaterialen der systematikorientierten Variante (7:3). Weniger deutlich ist der Unterschied bei der jeweiligen Art der Lehrerinstruktion (6:4).

Schüler, die ihr eigenes Wissen oder Verhalten als Grund für die Probleme angeben (Aussagencluster „Persönliche Gründe/Wissenslücken") kommen vor allem aus den Gruppen, die vom Lehrer systematikorientiert unterstützt wurden (7:2). Im Vergleich dazu ist die Beschaffenheit der Informationsmaterialen offensichtlich nicht entscheidend für die Anzahl der diesbezüglichen Aussagen (5:4).

„Leittext/Informationsmaterial" als Grund für Schwierigkeiten geben nur Schüler der Gruppe SB an (3). Beim Aussagencluster „Unterrichtsform" lassen sich keine Unterschiede hinsichtlich einer Variante des Leittexts oder der Lehrerinstruktion feststellen, die Häufigkeiten sind hier annähernd gleich (jeweils 3:2).

In der Zusammenfassung zeigt sich, dass für Schwierigkeiten im schriftlichen Teil des Abschlusstests vor allem Gründe wie „Zeitdruck/zu wenig Wiederholung" und „Persönliche Gründe/Wissenslücken" angegeben wurden. Zum Aussagencluster „Zeitdruck/zu wenig Wiederholung" finden sich vor allem Aussagen von Schülern, die mit der systematikorientierten Variante des Selbstlernmaterials gearbeitet hatten. Bei Gruppen mit systematikorientierter Lehrerinstruktion wurde hauptsächlich auf „Persönliche Gründe/Wissenslücken" hingewiesen. „Leittext/Informationsmaterial" als Grund für Schwierigkeiten im Test fand seltener Erwähnung, und wenn, ausschließlich von Schülern der Gruppe SB.

Frage 3 „Was ist Ihnen im praktischen Teil des Abschlusstests bei der Programmieraufgabe besonders schwer gefallen?"

Auf die dritte Frage, die eventuelle Schwierigkeiten im zu programmierenden Teil des Abschlusstests erfragt, antworten die an der Untersuchung teilnehmenden Schüler mit 41 Aussagen (vgl. Übersicht 7-31). Hier werden somit deutlich mehr Schwierigkeiten genannt, als zur Frage nach Schwierigkeiten beim schriftlichen Teil des Abschlusstests (31).

Der Aussagencluster „Einzelne Punkte" weist insgesamt die meisten Nennungen auf (18), bei „Gesamtverständnis/Wissenslücken" sind dies 13. Keine Überforderung gaben nur vier Schüler an (Aussagencluster „Nichts"). Es zeigen sich nur geringe Unterschiede hinsichtlich der verwendeten Selbstlernmaterialien: Bei Gruppen mit der beispielorientierten Variante geben 19 Schüler Probleme an, drei Schüler sagen aus, dass nichts schwer fiel. Bei den Aussagen der Schüler aus Gruppen mit der systematikorientierten Variante der Selbstlernmaterialien ist dieses Verhältnis 22:1. Noch geringer ist der Unterschied, betrachtet man das Verhältnis der Schüleraussagen nach der Art der erhaltenen Lehrerinstruktion. Bei den Schülern mit beispielorientierter Lehrerinstruktion äußern 20 Schüler Probleme. Zwei Schüler geben an, keine Schwierigkeiten gehabt zu haben. Bei den Schülern mit systematikorientierter Lehrerinstruktion ist das Verhältnis der Aussagen 21:2.

Der Aussagencluster „Gesamtverständnis/Wissenslücken" weist mehr Aussagen von Schülern mit Leittext der systematikorientierten Variante als der beispielorientierten Variante auf (8:5). Geordnet nach der Art der Lehrerinstruktion ist ebenfalls ein Unterschied festzustellen: Schüler der beispielorientierten Variante nennen häufiger Probleme, die man dem Aussagencluster „Gesamtverständnis/Wissenslücken" zuordnen kann als die Schüler der systematikorientierten Variante (9:4). Das wird besonders deutlich bei der Gruppe SB, die hier die meisten Nennungen abgibt (6).

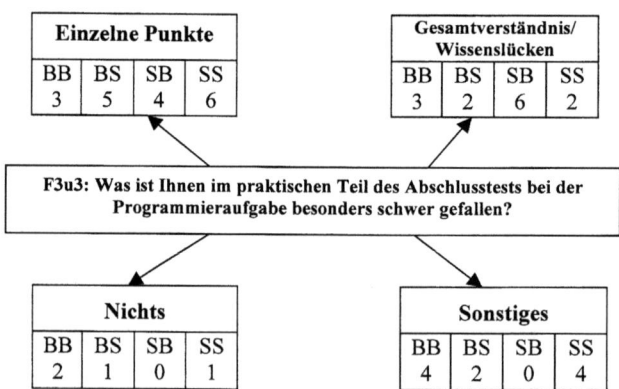

Übersicht 7-31: Strukturdiagramm für Frage 3, Fragebogen 3

Geordnet nach der Beschaffenheit der Informationsmaterialien geben in etwa gleich viele Schüler der beiden Varianten an (8:10), dass ihnen spezielle Elemente in der Programmierung Probleme bereiteten. Diese Aussagen sind in dem Cluster „Einzelne Punkte" zusammengefasst. Ein etwas deutlicherer Unterschied zeigt sich bei der Art der Lehrerinstruktion: Mehr Schüler der Gruppen mit systematischer als der mit beispielorientierter Variante der erhaltenen Lehrerunterstützung äußern sich dementsprechend (11:7).

7 Darstellung der Untersuchungsergebnisse

Zusammengefasst zeigt sich, dass von Schülern der Gruppen mit der systematikorientierten Variante der Lernmaterialien etwas häufiger Probleme genannt werden als von den beiden mit beispielorientierten Materialien (22:19). Im Cluster „Einzelne Punkte", der insgesamt die meisten Nennungen aufweist, sind mehr Aussagen der Schüler von Gruppen mit systematikorientierter Lehrerunterstützung zu finden (11:7). Die meisten Aussagen des Clusters „Gesamtverständnis/Wissenslücken" stammen von Schülern mit systematikorientierten Lernmaterialien und beispielorientierter Lehrerunterstützung.

Frage 4 „Worauf führen Sie das zurück?"

Zur Frage, worauf sie die Probleme im praktischen Teil des Abschlusstests zurückführen, geben die Schüler insgesamt 38 Aussagen ab (vgl. Übersicht 7-32). Hierbei war der am häufigsten genannte Grund, dass zu wenig Zeit für die intensive Erarbeitung der Lerninhalte und zum Vertiefen derselben gegeben war (15 Antworten insgesamt im Aussagencluster „Zeitdruck/zu wenig Übung"). Hier besteht kein bemerkenswerter Unterschied zwischen den Schülern der beiden Varianten des Informationsmaterials (8:7), oder der Lehrerinstruktion (7:8). Die Gruppen BB und SS machen hier jedoch etwas mehr Aussagen (jeweils 5) als dies bei BS oder SB der Fall war (nur 3 bzw. 2). Bei den Gruppen SS und BB ist dies auch die am häufigsten gegebene Antwort (5).

Der Aussagencluster „Persönliche Gründe/Wissenslücken" weist insgesamt neun Aussagen auf. Es lassen sich keine deutlichen Unterschiede bezüglich der verwendeten Varianten der Lernmaterialen feststellen (4:5). Geordnet nach der Beschaffenheit der erhaltenen Lehrerinstruktion schneiden die Schüler der beispielorientierten etwas schlechter ab als die der systematikorientierten Variante (3:5). Die Gruppe SS gibt hier im Vergleich mit den anderen Gruppen die meisten Antworten (4 von insgesamt 9). Ein deutlicher Trend ist aber auch in dieser Betrachtung nicht erkennbar.

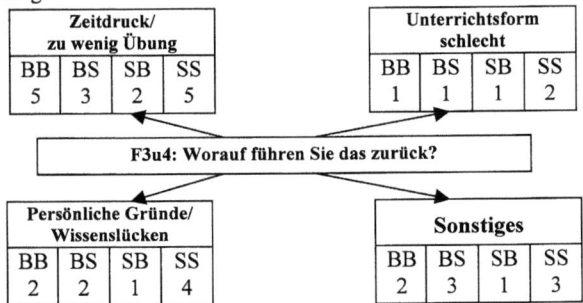

Übersicht 7-32: Strukturdiagramm für Frage 4, Fragebogen 3

Beim Aussagencluster „Unterrichtsform schlecht", der mit nur fünf die wenigsten Nennungen aufweist, ist ebenfalls keine Tendenz in der Anzahl der Aussagen einer bestimmten Unterrichtsvariante zu erkennen (jeweils 2:3).

Insgesamt ist bei der Einschätzung der Gründe für die Probleme beim praktischen Teil des Abschlusstests keine klare Tendenz hinsichtlich einer Unterrichtsvariante erkennbar. Es ist jedoch festzustellen, dass Schüler, die sowohl im Selbstlernmaterial als auch in der Lehrerbetreuung die gleiche Variante hatten - also BB oder SS - im Cluster „Zeitdruck/zu wenig Übung" die meisten Aussagen machten. Auch „Persönliche Gründe/Wissenslücken" wurden häufiger genannt.

Frage 5 „Sonstige Anmerkungen"

Abschließend bot sich den Schülern in Frage 5 noch die Gelegenheit, „Sonstige Anmerkungen" zum erlebten Unterricht bzw. zum Abschlusstest zu machen. Hierzu wurden nur 26 Anmerkungen abgegeben (vgl. Übersicht 7-33).

Der Aussagencluster „Unterrichtsform schlecht" weist die meisten Aussagen auf (8). Dabei ist kein Unterschied hinsichtlich der Variante des verwendeten Informationsmaterials erkennbar (jeweils 4). Die Schüler mit der beispielorientierten Variante der Lehrerunterstützung geben jedoch diesbezüglich deutlich mehr Nennungen ab als diejenigen, die eine systematikorientierte Unterstützung erhielten (7:1).

Beim Aussagencluster „Unterrichtsform gut", der Aussagen wie z. B. „„...sehr gelungen...." oder „...mehr solchen praxisbezogenen Unterricht wie diesen gewünscht" enthält, zeigen sich bezüglich der verwendeten Selbstlernmaterialien keine deutlichen Unterschiede (3:2). Ordnet man die Aussagen der Schüler nach der Beschaffenheit der erhaltenen Unterstützung durch den Lehrer, so wird das Bild der Aussagen zum Cluster „Unterrichtsform schlecht" komplementär ergänzt. Vier Schüleraussagen aus den Gruppen mit systematikorientierter Lehrerunterstützung, in denen die Unterrichtsform als gut beschrieben wird, stehen einer Äußerung der beiden anderen Gruppen gegenüber.

Unterschiede ergeben sich zudem bei den Schüleraussagen, die einen zu hohen Zeitdruck bemängeln. So äußern sich mehr Schüler der Gruppen mit einem Informationsmaterial der systematikorientierten Variante über „Zeitdruck" als Schüler der beiden anderen Gruppen (4:0), wobei die Gruppe SS insgesamt etwas häufiger darunter zu leiden scheint (3). Bezüglich der Lehrerinstruktion ist nur ein sehr geringer Unterschied feststellbar: Etwas mehr Schüler der systematikorientierten Variante S klagen über Zeitdruck (3:1).

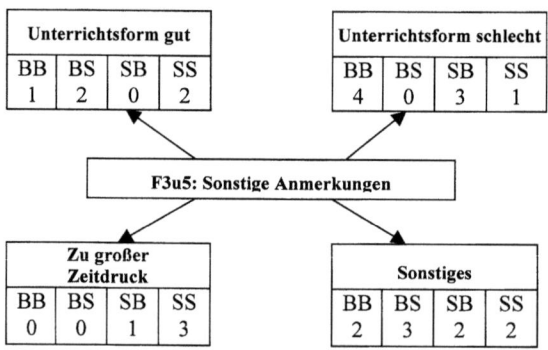

Übersicht 7-33: Strukturdiagramm für Frage 5, Fragebogen 3

Zusammenfassend lässt sich feststellen, dass Schüler der Gruppen mit systematikorientierter Lehrerunterstützung den Unterricht eher befürworten während Schüler der Gruppen der beispielorientierten Variante der Lehrerunterstützung den Unterricht eher ablehnen. Ein ähnliches Bild zeigt die Betrachtung der Schüleräußerungen, in denen ein Zeitdruck beschrieben wird. Hier zeigt sich jedoch noch darüber hinaus, dass sich Schüler häufiger über Zeitdruck äußern, denen die systematikorientierte Variante des Informationsmaterials zur Verfügung stand (4:0).

7 Darstellung der Untersuchungsergebnisse

7.4.3 Fragen an den Lehrer

Der untersuchte Unterricht der vier Treatmentgruppen wurde von einem Lehrer der Schule durchgeführt, an der die Untersuchung stattfand (vgl. Kapitel 4.2). Die Einschätzungen dieses Lehrers in der Befragung nach der Durchführung der Untersuchung werden im Folgenden thematisch zusammengefasst dargestellt. Die Darstellung erfolgt in Kursivschrift, da es sich um eine Zusammenstellung der Äußerungen des Lehrers handelt. Eine Kopie der Lehrerfragebögen ist im Anhang (S. 197-200) abgebildet.

Unterricht

Von den Schülern wird ein Höchstmaß an Konzentration gefordert. Diese Arbeitsweise ist teilweise vielleicht noch zu wenig eingeübt. Die Texte werden teilweise zu oberflächlich gelesen. Wenn der Text zu lang ist, sinkt die Konzentration rapide.

Für die Einführung in das Gebiet der Schrittkettenprogrammierung sind in unserem Stoffverteilungsplan zwei bis drei Blockwochen vorgesehen. So sind auch längere Übungsphasen möglich.

Abschlusstest

Die Fragen (des schriftlichen Teils) waren angemessen und wurden auch entsprechend bearbeitet. Ein kleiner Teil der Schüler war durch den vorhergehenden Misserfolg demotiviert und konnte und wollte auch nicht den (praktischen Teil des) Test optimal absolvieren. Ein anderer Teil kam mit dem Test besser zu recht, als bei der vorangegangenen praktischen Übung. Versuch und Irrtum zusammen mit den erarbeiteten Kenntnissen ermöglichten schließlich die weitgehende Lösung der Aufgabe.

Gruppenarbeit

Die Schüler waren bei der Durcharbeitung des Leittextes und des Informationsmaterials hoch motiviert und arbeiteten zunächst sehr intensiv. So konnten auch die schriftlichen Fragen in der Regel richtig beantwortet werden. Erst bei der Programmierung kam durch teilweisen Misserfolg Unruhe in den Gruppen auf.

Leittext und Informationsmaterial

Mit dem Leittext kamen die Schüler ziemlich gut zurecht. Der Umfang war dem Thema angemessen. Die Aufgabenstellung war klar und übersichtlich. Das Informationsmaterial war für manche Schüler fast zu umfangreich. Ich habe das Gefühl, dass manche den Text zu oberflächlich gelesen haben.

Lehrerunterstützung

Die zusammenfassenden Erklärungen waren für die Klasse sehr wichtig. Als Lehrer hatte ich die Möglichkeit, das Gelernte zu hinterfragen und so Lücken und Missverständnisse zu klären. Im zweiten Teil war hierfür leider keine Zeit vorgesehen. Der Schüler musste sich (in der systematikorientierten Variante) zunächst mit einer etwas abstrakter dargestellten Materie auseinandersetzen.

Bei der systematikorientierten Instruktion hat der Schüler zunächst das Problem die neuen Erkenntnisse in seinen praktischen Erfahrungsbereich einzuordnen. Schüler, welche diese Abstraktion nicht schaffen, reagieren dann zunehmend aggressiv und lehnen dann das gesamte Thema emotional bedingt ab. Die Strukturen werden (jedoch) klarer aufgezeigt. Das erworbene Wissen ist später leichter auf ähnliche Anwendungsprobleme übertragbar. Die Schülermotivation bedarf aber mehr Unterstützung durch den Lehrer.

Bevorzugte Treatmentvariante

Die systematikorientierte Instruktion würde ich bevorzugen. Den Leittext würde ich zur besseren Schülermotivation eher beispielorientiert gestalten, da der Schüler die neue Problematik schneller erkennen kann, und zu einer Problemlösung motiviert wird. Daher: Leittext beispiel-orientiert – Instruktion systematikorientiert.

Eigene Vorschläge

Ich hätte die Klasse noch mehr „dressiert", das notwendige Schema der vorgeschlagenen Schrittkette zunächst einzuhalten, um einzelnen Misserfolg in der Anfangsphase zu vermeiden. Die Schüler brauchen in diesem Stadium noch eine konsequente Führung durch den Lehrer.
*Die Arbeitsunterlagen würde ich beispielorientiert gestalten. An einer ersten einfachen praktischen Aufgabe würde ich das fachliche Problem darstellen. Die zur Lösung unbedingt notwendigen Fachkenntnisse erhalten die Schüler in der systematikorientierten Instruktion. Sie können so mit minimalen Erkenntnissen bei der Anwendung des neuen Lernstoffes erste Erfolge erzielen. Diese Art der Instruktion wird der ersten hohen Motivation der Schüler gerecht. Nach der Anwendung der ersten Kenntnisse muss der Lehrer die Thematik in einem **kurzen** Lehrer-Schülergespräch aufarbeiten und vertiefen, damit sich die Grundroutinen fest einprägen (man mag diesen Teil ruhig einen Dressurakt zum exakten Arbeiten nennen).*
Im zweiten Teil sollte die erheblich anspruchsvollere Programmierung eines Montageautomaten zunächst direkt am praktischen Objekt mit jeder Schülergruppe durchgesprochen werden. Dabei werden zunächst Lösungsstrategien vereinbart, damit sich der Lehrer später nicht mit zu vielen Lösungsansätzen beschäftigen muss. Erfahrungsgemäß steigen ohne diese vereinbarten Lösungswege auch die Misserfolge, und die Fehlersuche ist dann für den Lehrer erheblich schwieriger und vor allem zeitaufwendiger. Erst danach würde ich die Schüler mit einem reinen systematikorientierten Infomaterial arbeiten lassen. Da die Schüler bei dieser Arbeitsweise hochkonzentriert sind und dies auch sehr anstrengend ist, sollte der Lehrer in kurzen lehrerzentrierten Phasen die neue Thematik zusammenfassen und vertiefen. Dabei können auch ergänzende und weiterführende Aufgaben besprochen werden. Ein Methodenwechsel ist nach einer gewissen Zeit notwendig – gerade dann, wenn in einem Fach mehr als zwei Stunden unterrichtet wird.

7.5 Ergebnisse der Auswertung der Arbeitsdokumentationen

Als weiterer Auswertungsschritt werden die beim Programmieren der Stationen der Montageanlage erstellten Programme untersucht. Neben anderen Aspekten liegt der Schwerpunkt der Aufgabenstellung in Aufgabe 2 des untersuchten Unterrichts (vgl. Kapitel 4) darin, die jeweilige Station der Montageanlage soweit wie möglich zu programmieren. Übersicht 7-34 zeigt die Mittelwerte der pro Station programmierten Schritte der verschiedenen Treatmentgruppen. Es fällt auf, dass die beiden Gruppen mit der beispielorientierten Variante des Unterrichtsmaterials (BB, BS) im Durchschnitt einen Programmierschritt weniger programmierten als die Schüler der beiden anderen Gruppen (SS, SB).

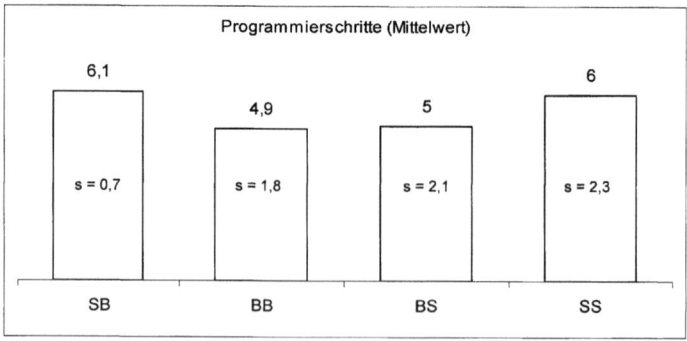

Übersicht 7-34: Durchschnittlich programmierte Schritte der Stationen der Montageanlage

7 Darstellung der Untersuchungsergebnisse

Ein Programmierschritt der komplexen Montageanlage besteht aus mehreren zu programmierenden Netzwerken und beinhaltet weitere Programmierarbeit. Die unterschiedlichen Programmierschritte sind in ihrem Schwierigkeitsgrad vergleichbar. Ihre Anzahl bezieht sich auf eine durchschnittliche Arbeitszeit von fünf Unterrichtsstunden. Die hierfür benötigte Arbeitszeit kann jedoch nicht genau definiert werden, da während dieser Zeit noch andere Aufgabenteile zu bearbeiten sind.

8 Beurteilung der Untersuchungsergebnisse

Das folgende Kapitel beurteilt die in Kapitel 7 dargestellten Ergebnisse der Untersuchung. Die vorliegend beschriebene Forschungsarbeit analysiert unterschiedliche Gestaltungsvarianten eines handlungsorientierten Unterrichts in der Berufsschule für Mechatroniker im Lerngebiet Steuerungstechnik. Die Beurteilung der inhaltlichen und organisatorischen Merkmale dieser Form eines handlungsorientierten Unterrichts erfolgt in Abschnitt 8.1. Im Rahmen der Beurteilung der Ergebnisse der teilnehmenden Beobachtung findet sich eine Beurteilung des Arbeits- und Lernverlaufs der einzelnen Arbeitsgruppen in Abschnitt 8.2. Als zentrales Element der vorliegenden Untersuchung werden die Ergebnisse der beiden Teile des Abschlusstests in Abschnitt 8.3 beurteilt. Abschnitt 8.4 unterwirft die Ergebnisse der Fragebögen einer kritischen Betrachtung. Abschließend erfolgt eine zusammenfassende Beurteilung im Vergleich mit relevanten Ergebnissen anderer Untersuchungen.

8.1 Beurteilung des eingesetzten Lehr-Lern-Arrangements

Das Lehr-Lern-Arrangement des untersuchten Unterrichts orientiert sich gemäß Kapitel 3.1 und 4.2 der vorliegenden Arbeit an Dubs' konstruktivistischen Elementen guter Unterrichtsgestaltung (1995b, S. 893) und an den Bestimmungsgrößen eines voll entwickelten handlungsorientierten Unterrichts (Riedl 2004, S. 89ff.). Der folgende Vergleich des durchgeführten Unterrichts mit diesen Elementen und Kriterien für einen handlungsorientierten Unterricht überprüft, inwieweit der untersuchte Unterricht einem handlungsorientierten und konstruktivistischen Unterricht entspricht.

Komplexe Aufgabenstellung und Lerngebiet, integrierter Fachunterrichtsraum und handlungssystematisches Vorgehen

Die Schüler bearbeiten in dem untersuchten Unterricht zwei reale, berufliche Aufgabenstellungen, die sich in ihrem Schwierigkeitsgrad von der einfacheren Einstiegsaufgabe zur komplexen Automatisierungsaufgabe steigern. Beide Aufgaben werden in einem integrierten Fachunterrichtsraum bearbeitet, der über alle für die Bearbeitung der Unterrichtsaufgaben erforderlichen Anlagen und Arbeitsgeräte verfügt (vgl. Kapitel 4, Übersicht 4-3). Einschränkend könnte hier angeführt werden, dass der integrierte Fachunterrichtsraum für längere lehrerzentrierte Phasen zu klein ist, da er keinen eigenen Bereich hierfür vorsieht und die Schüler somit in diesen Phasen am PC-Arbeitsplatz sitzen bleiben. Der untersuchte Unterricht weist jedoch nur zwei kurze lehrerzentrierte Phasen auf. Aus diesem Grund ist die Größe des integrierten Fachunterrichtsraums für den vorliegend untersuchten Unterricht ausreichend. Die Programmieraufgaben des untersuchten Unterrichts werden entlang ihrer Handlungssystematik bearbeitet, welche dem Schüler durch den Leittext vorgegeben ist. Die Bearbeitung des Leittextes führt die Schüler handlungssystematisch zur Erstellung der geforderten Programme.

Selbststeuerung und Freiheitsgrade sowie kooperatives und kommunikatives Lernen

Die Schüler haben die Möglichkeit, ihren Lernprozess weitgehend eigenverantwortlich zu gestalten. Individuelle Bearbeitungswege werden vom Lehrer nur korrigiert, wenn abzusehen ist, dass sie zeitraubend in die falsche Richtung führen. Die vom Schüler durchlaufenen Entscheidungssituationen können auch zum Misserfolg führen. Die Schüler arbeiten zu zweit oder in Kleingruppen von maximal drei Personen. Sie sind selbst verantwortlich für die Aufteilung der Arbeiten. Kooperation und Kommunikation unter den Gruppenmitgliedern ist für die Bearbeitung der Aufgaben in der vorgegebenen Zeit zwingend erforderlich.

Innere Differenzierung

Die Möglichkeit der inneren Differenzierung war im untersuchten Unterricht nur eingeschränkt gegeben. Zwar konnte jede Gruppe in ihrer eigenen Lerngeschwindigkeit vorgehen, die Kleingruppen waren jedoch leistungsheterogen besetzt. Dies soll das kooperative und kommunikative Element des Unterrichts stärken, da die leistungsstärkeren Schüler den leistungsschwächeren helfen, Lerninhalte zu verstehen und Aufgaben zu bearbeiten. Das Gestaltungselement der inneren Differenzierung könnte durch eine leistungshomogene Besetzung der Kleingruppen gestärkt werden. Dies erschien jedoch im Hinblick auf die Vergleichbarkeit der Abschlusstestergebnisse nicht sinnvoll.

Unterstützende Lehrerrolle

Das Unterrichtsteam organisierte das auf selbstgesteuertes Lernen ausgerichtete Lehr-Lern-Arrangement. Die Unterrichtsmaterialen wurden sorgfältig vorbereitet und die für die Bearbeitung der Aufgaben erforderlichen technischen Anlagen bereitgestellt. Die Steuerung des Unterrichts erfolgte hier nicht allein durch den Lehrer. Der Schüler bestimmte durch seinen selbstgesteuerten Lernprozess mit und der Lehrer reagierte im Rahmen des von ihm angedachten Unterrichtsablaufs flexibel auf die aufkommenden Problemstellungen und Fragen. Der Lehrer war verfügbar und begleitete die Lernprozesse beratend. Vorgesehene Fachgespräche zum jeweiligen Abschluss der beiden Aufgaben des Leittextes wechselten sich mit den beiden geplanten frontalen Instruktionsphasen ab. Einschränkend muss hier angeführt werden, dass die Vorgaben für den Lehrer, einmal systematikorientiert und ein anderes Mal beispielorientiert zu unterstützen keinem optimalen Vorgehen entsprechen. Dies lag jedoch im Untersuchungsdesign begründet.

Die Untersuchungsergebnisse bestätigen die Notwendigkeit einer intensiven Begleitung der Lernenden während ihrer selbstgesteuerten Lernprozesse. Befürchtungen, nach denen die beiden lehrerzentrierten Phasen den individuellen Lernprozess der Schüler unterbrechen könnten, traten nicht ein. Um Orientierungslosigkeit und Frustrationserlebnissen vorzubeugen, muss der Lehrer in einem handlungsorientierten Unterricht seine beratende Rolle wahrnehmen können. Hierfür erscheint eine Zahl von 15 bis 16 Schülern als gerade noch sinnvolle obere Grenze. Dies erfordert jedoch ein höheres Kontingent an Unterrichtsstunden, in den die Klassen geteilt oder durch ein Lehrerteam unterrichtet werden können.

Integrative, offene Leistungsfeststellung

Auf eine integrative und offene Leistungsfeststellung wurde im Rahmen der vorliegenden Untersuchung zugunsten des zweiteiligen Abschlusstests verzichtet. Trotzdem bietet der beschriebene Unterricht hinreichende Möglichkeiten für eine integrative und offene Leistungsfeststellung. So können Fachgespräche mit dem Lehrer zur Erhebung von mündlichen Leistungen verwendet werden, wobei der Programmierfortschritt während des Unterrichts als Indikator dienen kann. Es bestehen vielfältige Möglichkeiten, sowohl den Arbeits- und Lernprozess als auch das Produkt, also die fertigen Programme in die Gesamtbewertung einfließen zu lassen.

In der Gesamtschau der Bestimmungsgrößen lässt sich der vorliegend beschriebene und untersuchte Unterricht mit den genannten Einschränkungen bei der Leistungserhebung, der inneren Differenzierung und der Lehrerrolle als ein voll entwickelter handlungsorientierter und konstruktivistischer Unterricht bezeichnen.

8.2 Beurteilung der Ergebnisse der teilnehmenden Beobachtung

Zwei Forscher beobachten den beschriebenen Unterricht teilnehmend. Sie beantworten - wenn erforderlich - Schülerfragen bezüglich der Unterrichtsorganisation und verweisen bei inhaltlichen Fragen auf den durchführenden Lehrer. Im Zentrum der teilnehmenden Beobachtung steht die Einhaltung der festgelegten Instruktions- und Unterstützungsvariante durch den Lehrer. Daneben wird die Häufigkeit der inhaltlichen Unterstützung der Gruppen durch den Lehrer erfasst.

Die Auswertung der vorstrukturierten schriftlichen Protokolle ergibt eine prüfstatistisch signifikante Unterstützungshäufigkeit der Treatmentgruppe SB. Diese Treatmentgruppe schneidet in der Gesamtbetrachtung der beiden Abschlusstestergebnisse am schlechtesten ab. Der Vergleich der Unterstützungshäufigkeit der vier Treatmentgruppen nach der Art der verwendeten Variante des Selbstlernmaterials erbringt nur einen geringen Unterschied. Größer ist hier der Unterschied in den Unterstützungshäufigkeiten abhängig von der Art der erhaltenen Lehrerunterstützung. Die Unterstützung des Lehrers wird hier deutlich häufiger - wenn auch nicht statistisch signifikant - von den Schülern angefordert, die eine beispielorientierte Lehrerunterstützung erhalten. Die Ergebnisse der beiden Treatmentgruppen mit beispielorientierter Lehrerunterstützung (SB und BB) divergierenden in den Abschlusstests stark. Gleiches gilt für die beiden Treatmentgruppen mit systematikorientierter Lehrerunterstützung (BS und SS). Es kann aus der vorliegenden Datenbasis kein aussagekräftiger Zusammenhang zwischen der Unterstützungshäufigkeit und dem Lernerfolg festgestellt werden.

Die Beobachtung der Einhaltung der Instruktionsvorgaben durch den Lehrer konnte nur kleinere Unregelmäßigkeiten in den ungeplanten, schülerinitiierten Unterstützungen der einzelnen Schülerkleingruppen offen legen. Diese Inkonsistenzen in der Umsetzung der Vorgaben für die jeweilige Unterstützungsart liegen jedoch nach Auffassung der teilnehmenden Beobachter in der Unterrichtskonzeption begründet und hatten keinen Einfluss auf das Untersuchungsergebnis. Es liegt im Wesen eines handlungsorientierten Unterrichts, dass es dem durchführenden Lehrer nur schwerlich möglich ist, alle eventuell auftretenden Schülerfragen oder Probleme zu antizipieren. Hierfür erscheint es nicht möglich, im Rahmen der Vorgaben der vorliegenden Untersuchung den jeweiligen Unterrichtsvarianten angemessene Reaktionen des Lehrers vorzubereiten, um in der Situation entsprechend handeln zu können.

8.3 Beurteilung der Testergebnisse und des Lernverlaufs

Insgesamt betrachtet, kamen die Schüler der verschiedenen Treatments zu einem beachtlichen Lernerfolg. Somit konnte der Erwerb anwendbaren Wissens durch das allen vier Treatments zu Grunde liegende handlungsorientierte Unterrichtskonzept erfolgreich gefördert werden. Vor dem untersuchten Unterricht hatte keiner der Lernenden Kenntnisse zur Programmierung eines automatisierten technischen Systems in Schrittketten, nach der durchlaufenen Lernstrecke meisterte der Großteil der Schüler eine komplexe Transferaufgabe zum erarbeiteten Themengebiet.

8.3.1 Eingangstest

In der Gesamtbetrachtung der Ergebnisse des Eingangstests zeigen sich keine prüfstatistisch signifikanten Unterschiede zwischen den untersuchten Gruppen. Teilweise wurden sehr schlechte Gruppenmittelwerte erzielt. Somit können nach dem untersuchten Unterricht auftretende Unterschiede zwischen den Gruppen auf die durchlaufenen Gestaltungsvarianten der verschiedenen Treatments zurückgeführt werden.

8.3.2 Lernverlauf und Abschlusstest

Der Lernverlauf während des Unterrichts wird anhand der Anzahl der programmierten Schritte der jeweiligen Station der Montageanlage gemessen (vgl. Übersichten 7-34 und 4-3). Hier zeigt sich, dass die Gruppen mit beispielorientiertem Lernmaterial jeweils einen Programmierschritt weniger programmierten als die beiden anderen Gruppen. Die Programmierung eines Programmierschrittes der Montageanlage ist sehr zeitaufwändig. Daher kann behauptet werden, dass die Schüler mit systematikorientiertem Lernmaterial deutlich schneller arbeiten konnten, als diejenigen mit der beispielorientierten Variante.

Ein Grund für den langsameren Programmierfortschritt der Gruppen BB und BS (mit beispielorientiertem Informationsmaterial) während des Unterrichts könnte darin bestehen, dass sie das zum Programmieren der komplexen Aufgabe 2 erforderliche Wissen aus den Lösungsbeispielen der beispielorientierten Variante des Informationsmaterials extrahieren mussten. Die Schüler waren in ihrem Arbeits- und Lernfortschritt gebremst, da sie dieser Vorgang mehr Zeit kostete als den Schülern mit der systematikorientierten Variante des Informationsmaterials.

Die in Kapitel 2.3 aufgestellten Hypothesen zur vorliegenden Untersuchung werden durch die Ergebnisse nur in wenigen Teilbereichen gestützt. Laut Hypothese 1 wird erwartet, dass die verschiedenen Gestaltungsvarianten des analysierten Unterrichts zu unterschiedlichen Lernergebnissen führen. Dem kann zugestimmt werden. Sowohl im schriftlichen Teil, als auch in der Programmieraufgabe des Abschlusstests erzielen die Treatmentgruppen unterschiedliche Ergebnisse. Weiter wurde jedoch erwartet, dass sich zwischen den Gestaltungsvarianten SB und BS die geringsten Unterschiede in der Wissensrepräsentation der Domäne sowie der Transferfähigkeit dieses Wissens einstellen. Größere Unterschiede wurden laut H1 für die Gestaltungsvarianten SS und BB gegenüber den Gestaltungsvarianten SB und BS erwartet. Dies trat so nicht ein. Im schriftlichen Teil des Abschlusstest setzt sich eindeutig Variante BB durch (vgl. Übersicht 7-5). Im zu programmierenden Teil des Abschlusstests liegen die Gruppen BB, BS und SS relativ nah beieinander, die Gruppe SB fällt ab (vgl. Übersicht 7-7). Eindeutiger drückt sich der Unterschied aus, ordnet man die Ergebnisse nach Beschaffenheit des verwendeten Unterrichtsmaterials. Hier erreichen in beiden Teilen des Abschlusstests die Treatmentgruppen bessere Ergebnisse, die mit der beispielorientierten Variante gearbeitet hatten (vgl. Übersichten 7-6 und 7-8). Geordnet nach der Beschaffenheit der erhaltenen Lehrerunterstützung ergibt sich ein uneinheitliches Bild. Im schriftlichen Teil des Abschlusstests setzt sich wiederum die beispielorientierte Variante durch. Hingegen erzielen diejenigen Schüler im zu programmierenden Teil des Abschlusstests die besseren Ergebnisse, die eine systematikorientierte Unterstützung durch den Lehrer erfuhren. In allen diesen Ergebnissen kann nur von Tendenzen gesprochen werden, da sich in keinem Fall prüfstatische Signifikanzen ergeben.

In Hypothese 2 wird erwartet, dass die Lernergebnisse dann besonders günstig sind, wenn systematikorientierte und beispielorientierte Grundorientierungen des Selbstlernmaterials und der Art der Lehrerunterstützung miteinander kombiniert werden. Dies trifft für das Ergebnis des zu programmierenden Teils des Abschlusstests zu. Hier erreicht die Gestaltungsvariante BS das beste Ergebnis. Allerdings wäre dies entsprechend der Teilhypothese 2.2 (vgl. Kapitel 2.3) für die Gestaltungsvariante SB zu erwarten gewesen. Auch die weiteren Teilhypothesen erfahren durch die Untersuchungsergebnisse keine Bestätigung.

8 Beurteilung der Untersuchungsergebnisse 123

Zusammenfassend lassen sich die Ergebnisse des Abschlusstests folgendermaßen beschreiben: In beiden Teilen des Abschlusstests erzielen die Gruppen die besseren Ergebnisse, die mit der beispielorientierten Variante des Selbstlernmaterials gearbeitet hatten. In der Gesamtschau der Ergebnisse der beiden Teile des Abschlusstests gewinnt die beispielorientierte Variante der erhaltenen Lehrerunterstützung knappe Vorteile gegenüber der systematikorientierten Variante. Keines der Ergebnisse des zweiteiligen Abschlusstests ist prüfstatistisch signifikant. Betrachtet man die Ergebnisse des Abschlusstests zusammen mit dem Arbeits- und Lernverlauf während des achtstündigen Unterrichts so zeigt sich, dass diejenigen Gruppen die besseren Ergebnisse im Abschlusstest erzielten, die während des Unterrichts weniger schnell programmierten. Als Begründung hierfür wird angenommen, dass die Schüler der Gruppen BB und BS besser auf die Aufgaben des Abschlusstests vorbereitet waren, da die Bearbeitung der beispielorientierten Lernmaterialien eine intensivere Auseinandersetzung einforderte. Eine weitere Begründung wird darin vermutet, dass Schüler beim Bearbeiten von Lösungsbeispielen eine höhere Motivation entwickeln, als es bei der theoretischen Durchdringung einer systematischen Darstellung von Wissensinhalten der Fall ist.

8.4 Beurteilung der Ergebnisse der Fragebögen

Die Teilnehmer der Untersuchung beantworteten im Laufe des Unterrichts drei Fragebögen. Hierfür war jeweils nach der Bearbeitung der beiden Aufgaben und der Beendigung des Abschlusstests eine angemessene Zeit vorgesehen. Der durchführende Lehrer beantwortete jeweils nach Durchführung einer Unterstützungsvariante einen Fragebogen.

8.4.1 Gebundene Fragen an die Schüler

Die Antworten auf die gebundenen Fragen offenbaren wenig Unterschiede in der Rezeption des Unterrichts durch die Schüler in den unterschiedlichen Treatments. Die Zustimmung zur Unterrichtsführung durch den Leittext nimmt im Laufe des beobachteten Unterrichts zu und erreicht bei den Schülern beider Varianten des eingesetzten Materials eine mittlere bis gute Wertung. Dies spricht für die Qualität des eingesetzten Selbstlernmaterials, denn die Schüler sind das Arbeiten mit Selbstlernmaterialien aus ihrem sonstigen Unterricht gewöhnt und in der Lage solches einzuschätzen.

Die Schüler der systematikorientierten Variante des verwendeten Unterrichtsmaterials profitieren nach eigener Meinung stärker von der Beantwortung der Fragen des Leittextes. Ein Grund hierfür könnte darin liegen, dass diese Schüler die Fragen als Erschließungshilfe zum Thema notwendiger erachteten als die Schüler mit der beispielorientierten Variante. Diese waren durch die beiden Lösungsbeispiele in den Selbstlernmaterialien motiviert und erachteten die Leit- und Erschließungsfragen des Leittextes als nicht so wichtig für ihren Lernprozess.

Die Schülerantworten auf die Fragen 3, 4, 5 und 6 erbringen keine Erkenntnisse. Die Anzahl der Beispiele in den Selbstlernmaterialien wird von allen Gruppen als ausreichend eingeschätzt. Die eingesetzten Beispiele werden allgemein als nicht zu kompliziert empfunden. Alle Gruppen finden, dass in den bereitgestellten Selbstlernmaterialien alle benötigten Informationen vorhanden und die gegebenen Informationen klar gegliedert waren. Die geringfügigen Unterschiede zwischen den Gruppen sind hier vernachlässigbar.

Die drei gebundenen Fragen 7, 8 und 9 zielen auf die Unterstützung der Lernprozesse durch den Lehrer. Die Teilnehmer der systematikorientierten Variante äußern sich geringfügig positiver über die Wirkung der Hilfestellungen und Erläuterungen des Lehrers. Bei der Frage, ob die Teilnehmer mehr Unterstützung durch den Lehrer bevorzugt hätten, ändert sich die Antwort der Teilnehmer fast einheitlich von einer Ablehnung nach der Bearbeitung der ersten, einfacheren Aufgabe hin zu einer Zustimmung nach der Bearbeitung der zweiten, komplexeren Aufgabe. Dies unterstreicht die Notwendigkeit einer guten Betreuung eines selbstgesteuerten Lernens durch den Lehrer. Diese Einschätzung wird durch die durchwegs verneinenden Antworten der Gruppen auf Frage 9 gestützt, in der gefragt wird, ob sie lieber mehr schriftliche Informationen bekommen hätten.

Die Frage nach den Vorerfahrungen zum Lerninhalt des untersuchten Unterrichts erweist sich als sinnvoll. Die Datensätze der drei Schüler, die Vorerfahrungen angegeben hatten, wurden aus der Wertung genommen.

Ebenso sinnvoll erscheint die Frage nach dem eigenen Anteil am Gruppenergebnis. Hier ergeben sich relativ hohe Korrelationen mit den Abschlusstestergebnissen. Je höher die Schüler ihren Anteil am Gruppenergebnis einschätzen, desto besser ist ihr Abschlusstestergebnis. Dies erscheint plausibel und kann auch als Beleg dafür gesehen werden, dass die weiteren Fragen der Fragebögen von den teilnehmenden Schülern nach bestem Wissen beantwortet wurden.

In der Zusammenfassung ergeben die gebunden Fragen der Schülerfragebögen bezogen auf die Forschungsfragen der vorliegenden Untersuchung keine eindeutigen Aufschlüsse. Weder der Aufbau der verwendeten Selbstlernmaterialien noch die Art der erhaltenen Lehrerunterstützung führen zu nennenswerten Unterschieden zwischen den vier Treatmentgruppen. Als Ergebnis zeigt sich aber, dass der Bedarf an Unterstützung durch den Lehrer mit zunehmender Komplexität der zu bearbeitenden Aufgaben steigt.

8.4.2 Ungebundene Fragen an die Schüler

Der Zweck der ungebundenen Fragen an die Schüler als ein qualitatives Element der vorliegenden Untersuchung besteht darin, weitere Zugänge zu dem beobachteten Unterricht zu eröffnen. In Fragebogen 1 wird nach einer möglichen Überforderung der Schüler in der Lernsituation gefragt. Teil 2 der Frage versucht Möglichkeiten zu erfragen, mit denen diese Überforderung vermieden werden hätte können. Es fällt auf, dass sich ungefähr die Hälfte der Schüler während der Bearbeitung der ersten Aufgabe überfordert fühlt. Als Gründe werden z.B. „hoher Zeitdruck", „schwer verständliches Informationsmaterial" oder „ungenügende Lehrerbetreuung" angeführt. Die Schüleräußerungen kommen zu gleichen Teilen von Schülern beider Varianten des verwendeten Selbstlernmaterials. Bezüglich der Art der Lehrerunterstützung überwiegen die negativen Äußerungen aus den Gruppen, die systematikorientiert unterstützt wurden.

Der Wunsch nach einer stärkeren Unterstützung durch den Lehrer und nach mehr Bearbeitungszeit wird in den Antworten zum zweiten Teil von Frage 1 deutlich. Die Verbesserung der Informationsunterlagen wird von den Gruppen mit beispielorientiertem Informationsmaterial stärker eingefordert als von den Gruppen SB und SS. Die geringe Anzahl der Äußerungen lässt hier jedoch keine Aufschlüsse über ein besseres Abschneiden der einzelnen Varianten von Informationsmaterial und Lehrerunterstützung zu.

Die Antworten zu Frage 2 des ersten Schülerfragebogens unterstreichen die Wichtigkeit der Lehrerunterstützung in einem selbstgesteuerten Unterricht. Jegliche Intervention des Lehrers, sei es individuell oder für alle Schüler einer Treatmentgruppe am Tageslichtprojektor, wird positiv aufgefasst. Bei den Schüleräußerungen, in denen die individuelle Unterstützung des Lehrers genannt wird, überwiegen die Schüler der Treatmentgruppen, die mit der systematikorientierten Variante des Informationsmaterials gearbeitet hatten. Eine eindeutige Aussage über die Gründe hierfür lässt sich jedoch nicht treffen. In der Zusammenschau mit den Schülerantworten zu Frage 2 der gebunden Fragen beider Fragebögen kann jedoch vermutet werden, dass die Bearbeitung der systematikorientierten Variante des verwendeten Unterrichtsmaterials stärker die Unterstützung des Lehrers einfordert als die Bearbeitung der beispielorientierten Variante.

Der zweite Fragebogen wird von den Schülern direkt im Anschluss an den durchlaufenen Unterricht beantwortet. Dieser Fragebogen weist drei ungebundene Fragen auf. 40 Schüler äußern sich auf die Frage nach den Stellen im Unterricht, an denen sie weitere Hilfe durch den Lehrer benötigt hätten. Bei den Äußerungen überwiegen sowohl bezüglich des Selbstlernmaterials als auch der Lehrerunterstützung die Äußerungen der Schüler mit der jeweils systematikorientierten Variante. Es fällt zudem auf, dass nur Schüler der beispielorientierten Variante des Selbstlernmaterials angeben keine weitere Hilfestellung des Lehrers zu benötigen.

Auf die Frage, welche Art der Hilfestellung durch den Lehrer besonders geholfen habe, antworten Schüler der systematikorientierten Variante besonders häufig, dass ihnen die individuelle Hilfe bei Fehlern oder Fragen genützt habe. Ansonsten lassen die Schülerantworten keine weiteren Schlüsse zu. Auch die erwarteten Äußerungen zu den Darbietungen und Wiederholungen des Lehrers für die gesamte Treatmentgruppe am Tageslichtprojektor geben hier keinen Aufschluss über die Rezeption der beiden Varianten durch die Schüler.

Bei den „Sonstigen Anmerkungen zum Unterricht" in Frage 3 fällt auf, dass die Art des durchgeführten Unterrichts in der Gunst der Schüler mit der beispielorientierten Variante des Selbstlernmaterials eindeutig höher steht als bei den Schülern mit der systematikorientierten Variante. Weiter ist auffallend, dass sich überwiegend Schüler der systematikorientierten Variante des Selbstlernmaterials für mehr Unterrichtzeit aussprechen.

Der dritte Fragebogen war nach dem Abschlusstest zu bearbeiten. Die betreffenden Fragen zielen auf eventuelle Schwierigkeiten bei der Bearbeitung der Aufgaben des Abschlusstests. Hier zeigt sich für beide Teile des Abschlusstests ein Übergewicht an Aussagen von Schülern, die mit der systematikorientierten Variante des Selbstlernmaterials gearbeitet hatten. Dieses Ergebnis deckt sich mit den Ergebnissen der beiden Teile des Abschlusstests, in denen diese Gruppen jeweils schlechter abschneiden als die beiden Gruppen, denen die beispielorientierten Variante des Selbstlernmaterials zur Verfügung stand. Die Antworten auf die weiteren Fragen des dritten Fragebogens lassen keine weiteren Schlüsse zu.

8.4.3 Fragen an den durchführenden Lehrer

Die Antworten auf die Fragen an den durchführenden Lehrer bestätigen im Rückblick die hohe Kompetenz des ausgewählten Lehrers. Der Lehrer weist auf den möglichen Nachteil „textlastiger" Informationsmaterialien hin. Zudem würde er den etwas komprimierten Unterricht der Untersuchung entzerren und somit den Schülern mehr Zeiten der Übung geben. Das neu erarbeitete Wissen braucht Zeit, um sich „setzen" zu können. Den Abschlusstest bewertet der Lehrer als dem durchlaufenen Unterricht angemessen. Er lobt die hohe Motivation und intensive Arbeit der Schüler. Das Selbstlernmaterial ist seiner Meinung nach für manche Schüler zu umfangreich und verführt zu oberflächlichem Lesen.

Der Lehrer erachtet die von ihm gegebenen Erklärungen und Wiederholungen für die gesamte Treatmentgruppe sowohl für sich als auch die Schüler als sehr wichtig. Er bevorzugt die systematikorientierte Variante der Lehrerunterstützung im Verbund mit beispielorientiert gestalteten Selbstlernmaterialien.

Seine bevorzugte Vorgehensweise für den gehaltenen Unterricht beschreibt er wie folgt:
- Der Lehrer führt in die Thematik mittels eines einfachen Beispiels ein.
- Die Lösung für das einfache, einführende Beispiel wird im Dialog zwischen Lehrer und Klasse gemeinsam erarbeitet.
- Danach hebt der Lehrer die fachsystematischen Zusammenhänge der Thematik hervor.
- Während der ersten Phase des selbstgesteuerten Lernens mit beispielorientierten Selbstlernmaterialien nutzt der Lehrer die Kleingruppenarbeit, um in Fachgesprächen die neuen Lerninhalte systematikorientiert zu vertiefen. Abschließend werden wiederum Fachgespräche durchgeführt.
- Am Anfang der komplexen zweiten Aufgabenstellung steht eine Einweisung in die Montageanlage durch den Lehrer. Das selbstgesteuerte Lernen stützt sich nun auf ein systematikorientiert gestaltetes Selbstlernmaterial. Die Beschaffenheit der Lehrerunterstützung variiert situationsbezogen.
- Der Lehrer plädiert nicht nur aus Gründen eines notwendigen Methodenwechsels für kurze, lehrerzentrierte Unterrichtsphasen. In diesen können Inhalte wiederholt und vertieft oder weiterführende Aufgaben besprochen werden.

Die Antworten des durchführenden Lehrers decken sich in einigen Bereichen mit den Gestaltungsempfehlungen, die sich aus den weiteren Ergebnissen der vorliegenden Untersuchung ergeben und in Kapitel 9 dargestellt sind.

8.5 Zusammenfassende Beurteilung im Vergleich mit Ergebnissen anderer Untersuchungen

Die vorliegend dargestellte Untersuchung analysiert unterschiedliche Gestaltungsvarianten eines handlungsorientierten Unterrichts in der Berufsschule für Mechatroniker im Lerngebiet Steuerungstechnik. Dabei werden das zur Verfügung stehende Selbstlernmaterial sowie das Instruktionsverhalten der Lehrkraft zweifach variiert und miteinander kombiniert. Die Varianten sind in ihrer Ausrichtung jeweils einmal systematikorientiert und in der zweiten Variante beispielorientiert. Die Untersuchung betrachtet ihre Auswirkungen auf den Lernprozess und die erzielten Ergebnisse in einem zweiteiligen Abschlusstest.

Die Ergebnisse zeigen entgegen den formulierten Forschungshypothesen, dass diejenigen Schülergruppen, die mit einem situiert-beispielorientierten Selbstlernmaterial gearbeitet haben zwar keine prüfstatistisch signifikanten, jedoch in der Tendenz bessere Ergebnisse erzielen, als die Schüler, denen die systematikorientierte Variante des Selbstlernmaterials zur Verfügung stand. Sowohl der quantitative als auch der qualitative Forschungszugang zeigen, dass Lernende mit dieser Form von Selbstlernmaterial zwar langsamer in einer konkreten Aufgabensituation vorankommen, ihr Lernprozess und ihr Lernergebnis aufgrund von mehr und intensiveren Transferphasen aber nachhaltiger sind. Daraus abgeleitete Empfehlungen für einen stark prozessorientierten Lerngegenstand in einem leittextgestützten handlungsorientierten Unterricht in der Domäne Automatisierungstechnik legen das Bearbeiten ausgearbeiteter Lösungsbeispiele nahe.

Darüber hinaus zeigen die Ergebnisse, dass selbstgesteuerte Lernprozesse erheblich von einer Unterstützung durch die Lehrkraft profitieren. Eindeutige Aussagen über eine Beschaffenheit einer schülerinitiierten Lehrerunterstützung ergeben sich aus den Abschlusstestergebnissen

8.5 Zusammenfassende Beurteilung

nicht. Basierend auf den Ergebnissen der ausgewerteten Fragebögen wird ein Vorgehen empfohlen, das sich situationsflexibel an der individuellen Problemlage orientiert. Für lehrerzentrierte Phasen empfiehlt sich eine systematikorientierte Ausrichtung.

Lernen mit Lösungsbeispielen

Der Erfolg der Schüler mit der beispielorientierten Variante des Lernmaterials im Abschlusstest bestätigt die Gestaltungsempfehlungen für einen kaufmännischen Unterricht von Stark, Gruber, Renkl und Mandl (1998, 2000). Basierend auf Ergebnissen aus Forschungsarbeiten zum Lernen mit Lösungsbeispielen in der kaufmännischen Erstausbildung empfehlen Stark et al. den Einsatz von Lösungsbeispielen in problemorientierten Lernumgebungen. Die Bestätigung dieser Empfehlungen ist umso aussagekräftiger, als die vorliegende Untersuchung sowohl eine andere Domäne (Automatisierungstechnik) als auch eine andere Teilnehmergruppe (Mechatroniker-Auszubildende) umfasst.

Ebenso finden in der vorliegenden Untersuchung die Ergebnisse der Arbeiten zur *Cognitive Load*-Theorie Bestätigung, nach der sich der Einsatz von Lösungsbeispielen lernförderlich auswirkt (vgl. Renkl et al. 2003). Widersprüchlich zeigt sich hier die längere Bearbeitungszeit, welche die Schüler der beispielorientierten Variante des Selbstlernmaterials für die zu bearbeitenden Aufgaben während des Unterrichts benötigen. Die Reduzierung des nicht unmittelbar dem Wissenserwerb dienenden *Extraneous Load* durch die Lösungsbeispiele sollte gemäß der Theorie Kapazitäten für die eigentlichen Lernprozesse (*Germane Load*) freistellen.

Die Ergebnisse der vorliegenden Untersuchung können die Befunde von Schollweck (2001) nicht belegen, nach denen Schüler in einem handlungsorientierten Unterricht fachsystematisch gegliederte Selbstlernmaterialien gegenüber situiert-beispielorientierten bevorzugen. Die diesbezüglichen Schüleräußerungen der vorliegenden Untersuchung erlauben hierfür kein eindeutiges Urteil.

Konstruktion und Instruktion

Betrachtet man die Ergebnisse der vorliegend beschriebenen Untersuchung, so stellt sich die Frage, warum diese nicht zu eindeutiger ausfallen. Neben den durch die Forschungsmethodik bedingten Unwägbarkeiten, die in der Methodenreflexion in Kapitel 6.4 angesprochen werden, könnte hierfür das Wesen des gewählten und allen vier Gestaltungsvarianten zugrunde liegenden Unterrichtskonzeptes verantwortlich sein. Nach Ansicht des Verfassers ist zu vermuten, dass das gewählte Unterrichtskonzept mit seiner komplementären Anordnung konstruktiver und instruktiver Elemente relativ robust gegenüber den beiden Gestaltungsvarianten von Lehrerunterstützung und Selbstlernmaterial ist. Somit konnten sich aus der untersuchten Unterrichtsstrecke keine eindeutigeren Unterschiede zwischen den durchlaufenen Gestaltungsvarianten ergeben. Trotzdem leiten sich aus den Ergebnissen der vorliegenden Forschungsarbeit Folgerungen für die Gestaltung von komplexen Lehr-Lern-Arrangements und Forschungsdesiderata ab, welche im nachfolgenden Kapitel dargestellt sind.

9 Folgerungen und Forschungsdesiderata

Der Einsatz komplexer Lehr-Lern-Verfahren in starken Lernumgebungen ist nicht automatisch lernförderlich. Gerade in freieren Unterrichtsmethoden trifft man aus subjektiven Erfahrungen des Verfassers, der auch in der Unterrichtspraxis steht, allzu häufig auf falsch verstandene Umsetzungsformen selbstgesteuerten Lernens. Im Extremfall sehen sich unvorbereitete Schüler mit unzureichend vorbereiteten Unterlagen und vagen Aufgabenstellungen konfrontiert. Ein zwangsläufiges Fehlschlagen des Unterrichtsversuchs wertet die Lehrkraft als Bestätigung althergebrachter Theorien und schreibt den Misserfolg behände den neuen Lehrplänen mit deren „übersteigerten Anforderungen" an die Schüler zu. Ein solcher Unterricht müsse ja zum Scheitern verurteilt sein, ist dann oftmals zu hören.

Doch auch wenn einem handlungsorientierten Unterricht zugestanden wird, dass Schüler wie Lehrer auf ihn vorbereitet sein müssen - soll er erfolgreich sein - so werden oftmals grundlegende Dinge vernachlässigt oder übersehen. Für den Erfolg eines handlungsorientierten Unterricht ist es von entscheidender Bedeutung, dass die Lernenden bei der Erarbeitung der Lerninhalte z.B. durch einen Leittext geführt und vom Lehrer bei Bedarf oder an bestimmten, von ihm definierten Punkten unterstützt werden. Schülerselbstgesteuerte Lernprozesse können ohne hinreichende Unterstützung durch den Lehrer bzw. ohne adressatengerecht vorbereitetes Selbstlernmaterial nicht gelingen.

Czycholl (2001, S. 186) bemerkt über den handlungsorientierten Unterricht, dass er in der Vergangenheit deshalb nicht besonders erfolgreich gewesen sei, „weil er das voraussetzt, was das mühsamste Ausbildungsziel der nächsten Zeit sein wird, nämlich die Auszubildenden und Schüler zu einem *selbstorganisierten Lernen* zu befähigen (Hervorhebungen im Original, Anmerk. des Verf.). Ob dies wirklich in diesem Maße zutrifft, sei dahingestellt. Unbestritten bleibt jedoch, dass Schüler zumindest im Bereich der Mikromethoden durch ein Einüben der erforderlichen Lern- und Arbeitstechniken auf einen handlungsorientierten Unterricht vorbereitet werden müssen. Wurde dieser vorbereitende Schritt zu Anfang der Ausbildungszeit oder im ausreichend bemessenen Vorfeld eines bevorstehenden handlungsorientierten Unterrichts versäumt, so werden unzählige Lernchancen, die der handlungsorientierte Unterricht bietet, nicht genutzt. Man läuft vielmehr Gefahr, den Lernerfolg gänzlich zu gefährden.

Ebenso ist ein Vergleich zwischen eher traditionell ausgerichteten Unterrichtskonzepten und einem handlungsorientierten Unterricht nicht zielführend, wenn letzterer nicht entsprechend methodisch vorbereitet wurde.

9.1 Folgerungen für die Unterrichtsgestaltung

Aus den Ergebnissen der vorliegenden Untersuchung leiten sich bezüglich der untersuchten Varianten des Selbstlernmaterials und der Unterstützung der Lernprozesse der Schüler durch die Lehrkraft Folgerungen für die Gestaltung eines leittextgestützten handlungsorientierten Unterrichts ab. Diese sind im Folgenden dargestellt. Darüber hinaus gehende Gestaltungsempfehlungen können der Beurteilung der Umsetzung von Bestimmungsgrößen eines voll entwickelten handlungsorientierten Unterrichts in Kapitel 8.1 entnommen werden (vgl. auch Riedl 2004, S. 89ff.).

Gestaltung von Selbstlernmaterialien

Die Schülergruppen, die im untersuchten Unterricht mit einem situiert-beispielorientierten Selbstlernmaterial gearbeitet hatten, erzielten zwar keine prüfstatistisch signifikanten, jedoch in der Tendenz bessere Ergebnisse als die Schüler der systematikorientierten Variante des Selbstlernmaterials. In der Zusammenschau mit den weiteren Ergebnissen spricht dies für den Einsatz von ausgearbeiteten Lösungsbeispielen in Selbstlernmaterialien eines handlungsorientierten Unterrichts.

Der Einsatz von Lösungsbeispielen in Selbstlernmaterialien wird besonders zur Einführung in Lerninhalte empfohlen, bei denen der Erwerb von Schemata oder Prozeduren im Mittelpunkt steht. Die gewählten Lösungsbeispiele sollten sich in ihrem Schwierigkeitsgrad von der einfacheren Einstiegsaufgabe zu komplexeren Aufgaben steigern. Die Lösungsbeispiele werden mit Hilfe von Erschließungsfragen bearbeitet. Dies beugt einer zu befürchtenden „Kompetenzillusion" vor, in der Schüler nach dem ersten Lesen des Lösungsbeispieles der Vorstellung erliegen, sie hätten alles zur Bearbeitung der Problemlöseaufgabe Notwendige verstanden. Die Aufgabenstellungen des Unterrichts werden entlang der jeweilig zugrunde liegenden Handlungssystematik bearbeitet. Diese ist dem Schüler durch den Leittext vorstrukturiert. Die Bearbeitung des Leittextes führt die Schüler handlungssystematisch zur Lösung der jeweiligen Aufgaben bzw. zur Erstellung der geforderten Programme. Der Grad der Führung der Lernprozesse durch den Leittext leitet sich aus dem Erfahrungsstand der Lernenden mit dem Arbeiten mit Leittexten und der Komplexität des Lerninhalts ab. Je weniger Erfahrung die Lernenden mit dieser Unterrichtsmethode besitzen und je komplexer der zu erwerbende Lerninhalt ist, desto stärker ausgeprägt ist die Führung durch den Leittext.

Die Erarbeitung der Lerninhalte findet in einem ausreichend bemessenen integrierten Fachunterrichtsraum statt, der über alle für die Bearbeitung der Unterrichtsaufgaben erforderlichen Anlagen und Arbeitsgeräte, sowie Gruppenarbeitstische und Computer verfügt. Für die lehrerzentrierten Unterrichtsphasen ist der integrierte Fachunterrichtsraum mit Tafel, Tageslichtprojektor und Videobeamer ausgestattet.

Unterstützende Lehrerrolle

Die Ergebnisse der vorliegenden Untersuchung zeigen, dass selbstgesteuerte Lernprozesse erheblich von einer Unterstützung durch die Lehrkraft profitieren. Eindeutige Aussagen über die Beschaffenheit einer schülerinitiierten Lehrerunterstützung können aus den Ergebnissen nicht abgeleitet werden. Basierend auf den Ergebnissen der ausgewerteten Fragebögen wird ein Vorgehen empfohlen, das sich situationsflexibel an der vom Schüler vorgetragenen Problemlage orientiert. Für lehrerzentrierte Phasen empfiehlt sich eine systematikorientierte Ausrichtung. Der Prozess der Systematisierung von Lerninhalten aus einem situierten Lehr-Lern-Arrangement heraus bereitet gerade leistungsschwachen Schülern Probleme, hier setzt der Lehrer unterstützend ein.

In einem handlungsorientierten Unterricht muss der Lehrer eine beratende und unterstützende Rolle aktiv wahrnehmen, anderenfalls drohen Orientierungslosigkeit und Frustrationserlebnisse bei den Schülern. Eine Gruppengröße von 15 bis 16 Schülern erscheint hierfür als gerade noch umsetzbarer Grenzwert. Wünschenswert ist in diesem Zusammenhang ein höheres Kontingent an Unterrichtsstunden, in denen die Klassen geteilt oder durch ein Lehrerteam unterrichtet werden können. Leider ist diesbezüglich in letzter Zeit genau das Gegenteil zu beobachten. Teilungskontingente fallen zunehmend den aktuell dominierenden Sparzwängen zum Opfer und lassen somit hoffnungsvolle Bestrebungen der engagierten Kollegen an den Berufsschulen ins Leere laufen.

Im Sinne einer komplementären Anordnung instruktiver und konstruktiver Elemente ist die Ergänzung der selbstgesteuerten, konstruktiven Lernprozesse der Schüler durch instruktive Phasen des Lehrers angezeigt. In kurzen, lehrerzentrierten Phasen werden Lerninhalte zur Einführung mit Hilfe eines Lösungsbeispiels im Lehrer-Schüler-Gespräch erarbeitet. Für spätere lehrerzentrierte Phasen wird ein Vorgehen empfohlen, bei dem der Lehrer die Systematik der zu erlernenden Schemata, Prozeduren und sonstigen Lerninhalte hervorhebt.

9.2 Forschungsdesiderata

Aus den Untersuchungsergebnissen der vorliegenden Arbeit entstehen weitere Untersuchungsblickrichtungen. Ein Aspekt richtet sich auf die Bedeutung und Notwendigkeit einer Lehrerunterstützung in selbstgesteuerten Lernprozessen durch Fachgespräche. Die Ergebnisse der hier beschriebenen Arbeit bestätigen die Notwendigkeit und große Bedeutung von Fachgesprächen für schülerselbstgesteuerte Lernprozesse. Dringender Untersuchungsbedarf besteht hinsichtlich der Funktion und der Gestaltungsmöglichkeiten einer solchen Lernerunterstützung. In fast allen gängigen Gestaltungsempfehlungen zu selbstgesteuerten Unterrichtsformen sind Fachgespräche in unterschiedlichen Funktionen eingeplant. Eine empirische Erforschung der Wirkungen unterschiedlicher Formen und Funktionen von Fachgesprächen steht jedoch bisher aus.

Ein weiterer Aspekt bezieht sich auf Möglichkeiten der geplanten Vermittlung von Lerninhalten durch eine Lehrkraft in Phasen selbstgesteuerten Lernens, welche zu einer lernförderlichen Komplementarität von instruktionsgestütztem und selbstgesteuertem Lernen führen kann. Trotz der positiven Erkenntnisse der vorliegenden Untersuchung besteht weiterhin Klärungsbedarf hinsichtlich der Frage, wie die instruktive Ergänzung eines konstruktiven, selbstgesteuerten Lernprozesses durch lehrerzentrierte Phasen zeitlich und inhaltlich beschaffen sein sollte. In diesem Zusammenhang ist z. B. von Interesse, ob sich das Instruktionsangebot des Lehrers zeitgleich an alle Schüler oder nur an die gerade anfragende Schülergruppe richten sollte und ob darin Lerninhalte neu oder unter einer weiteren Perspektive dargeboten oder nur wiederholt werden sollten.

Die Ergebnisse der vorliegend beschriebenen Untersuchung bestätigen Gestaltungsempfehlungen von Stark, Gruber, Renkl und Mandl (1998, 2000), problemlöse- und beispielbasiertes Lernen systematisch zu integrieren. Von großem Interesse wäre, wie sich die systematische Integration von beispielbasiertem Lernen in problemorientierten Lernumgebungen innerhalb einer inhaltlichen Domäne der gewerblich-technischen Berufsbildung über den Zeitraum von einem Schuljahr auswirkt. Die Forschergruppe um Stark und Mandl konnte darüber hinaus lernförderliche Auswirkungen durch die Bearbeitung unvollständiger Lösungsbeispiele und den Einsatz von kognitiven und metakognitiven Beispielelaborationen belegen (Stark 2000). Stark (ebd.) empfiehlt den Einsatz der genannten Gestaltungselemente für Domänen, in denen ein Verständnis spezifischer Prinzipien und Prozeduren erforderlich ist. Eine Erforschung dieser Elemente in einer inhaltlichen Domäne der gewerblich-technischen Berufsbildung erscheint viel versprechend.

10 Zusammenfassung

Moderner beruflicher Unterricht verbindet zur Anbahnung einer professionellen Handlungskompetenz situationsbezogenes Lernen mit systematischem Lernen. Für den Erwerb von beruflicher Handlungskompetenz ist bisher nicht ausreichend geklärt, wie Fachsystematik und Handlungssystematik als unterschiedliche Orientierungen bei der Unterrichtsgestaltung bzw. wie schülerselbstgesteuerte Wissenskonstruktion und lehrergeführte Instruktion lernförderlich zusammenwirken können.

Diese Zusammenhänge wurden in einem von der DFG geförderten Forschungsvorhaben durch die Gegenüberstellung unterschiedlicher Gestaltungsvarianten eines handlungsorientierten Unterrichts zur Steuerungstechnik in dem vorliegend beschriebenen Forschungsvorhaben empirisch untersucht. In verschiedenen Varianten dieses Unterrichts kamen hierbei unterschiedliche Selbstlernmaterialien zum Einsatz. Diese waren in einer Variante systematikorientiert, in einer anderen situiert-beispielbezogen gestaltet. Beide Formen begleitete jeweils ein Instruktionsverhalten der Lehrkraft, das ebenfalls einmal systematikorientiert, einmal situiertbeispielbezogen war.

Die Fragestellungen zu diesem Lehr-Lern-Arrangement zielen auf eine Analyse der Auswirkungen, welche diese unterschiedlichen Gestaltungsvarianten eines handlungsorientierten Unterrichts auf den Erwerb von Fachwissen und einer damit verbundenen, beruflichen Handlungsfähigkeit haben. Hierzu wird das im Unterricht erworbene Wissen zur untersuchten Domäne als theoretische Repräsentation dieses Problemraumes schriftlich getestet. Weiter wird analysiert, wie die Lernenden das erworbene Wissen auf neue Handlungsanforderungen einer beruflichen Handlungsaufgabe übertragen können. Die anschließenden Interpretationen werden durch ergänzende qualitative und quantitative Daten gestützt.

Der beforschte Lernbereich Automatisierungstechnik des Ausbildungsberufs „Mechatroniker" ist ebenso für viele andere Metall- und Elektroberufe von höchster Relevanz. In der untersuchten Lerneinheit zu Speicherprogrammierbaren Steuerungen (SPS) erfolgt die Einführung in das Programmieren von Schrittketten. Die Untersuchung fand an der Städtischen Berufsschule für Fertigungstechnik in München statt.

Als Ergebnis zeigt sich in der Analyse des zweiteiligen Abschlusstestes, dass die beiden Schülergruppen bessere Ergebnisse erzielen, die mit dem situiert-beispielorientierten Informationsmaterial gearbeitet hatten. Basierend auf einer Gesamtschau der diesbezüglichen Ergebnisse der Untersuchung wird das Bearbeiten ausgearbeiteter Lösungsbeispiele im Rahmen eines leittextgestützten handlungsorientierten Unterrichts empfohlen. Dies stellt eine effektive Methode dar, um die Vermittlung von Lerninhalten der Wissensdomäne Automatisierungstechnik im Unterricht nachhaltig zu fördern.

Darüber hinaus zeigen die Ergebnisse, dass selbstgesteuerte Lernprozesse einer Unterstützung durch die Lehrkraft bedürfen. Eine eindeutige Empfehlung für die Beschaffenheit dieser Unterstützung kann jedoch auf der Grundlage der Befunde der vorliegenden Forschungsarbeit nicht gegeben werden. Aus der Gesamtschau der diesbezüglichen Ergebnisse lassen sich dennoch die nachfolgenden Empfehlungen formulieren. Für kurze, lehrerzentrierte Frontalphasen wird empfohlen, die dem Lerninhalt zugrunde liegende Fachsystematik hervorzuheben. Bei schülerinitiierten Unterstützungen durch die Lehrkraft empfiehlt sich ein situationsflexibles Vorgehen, das sich an der individuellen Problemstellung orientiert.

Literatur

ACHTENHAGEN, Frank; GRUBB, W. Norton: Vocational and Occupational Education: Pedagogical Complexity, Institutional Diversity. In: Handbook of Research on Teaching. Fourth Edition. Edited by Virginia Richardson. American Educational Research Association 2001

BAUER-KLEBL, Anette; EULER, Dieter; HAHN, Angela: Förderung sozialkommunikativer Handlungskompetenzen durch spezifische Ausprägungen des dialogorientierten Lehrgesprächs. In: Beck, K. / Krumm, V. (Hrsg.): Lehren und Lernen in der beruflichen Erstausbildung, Opladen: Leske + Budrich 2001, S. 163 – 185

BECK, Klaus (Hrsg.): Lehr-Lern-Prozesse in der kaufmännischen Erstausbildung. Ein Schwerpunktprogramm der Deutschen Forschungsgemeinschaft (DFG). Kurzberichte und Bibliographie. Landau: Verlag Empirische Pädagogik e.V. 2000

BECK, Klaus; HEID, Helmut (Hrsg.): Lehr-Lern-Prozesse in der kaufmännischen Erstausbildung - Wissenserwerb, Motivierungsgeschehen und Handlungskompetenzen. Zeitschrift für Berufs- und Wirtschaftspädagogik. Beiheft 13. Stuttgart: Steiner 1996

BECK, Klaus; DUBS, Rolf (Hrsg.): Kompetenzentwicklung in der Berufserziehung. Kognitive, motivationale und moralische Dimensionen kaufmännischer Qualifizierungsprozesse. Zeitschrift für Berufs- und Wirtschaftspädagogik. Beiheft 14. Stuttgart: Steiner 1998

BLOECH, Jürgen; HARTUNG, Susanne; ORTH, Christian: Unternehmensplanspiele in der kaufmännischen Ausbildung – Anpassung der Komplexität an den Lernfortschritt. In: Beck, Klaus; Dubs, Rolf (Hrsg.): Kompetenzentwicklung in der Berufserziehung. Kognitive, motivationale und moralische Dimensionen kaufmännischer Qualifizierungsprozesse. Zeitschrift für Berufs- und Wirtschaftspädagogik. Beiheft 14. Stuttgart: Steiner 1998

BONZ, Bernhard: Methoden der Berufsbildung. Stuttgart: Hirzel 1999

BORTZ, Jürgen: Statistik für Sozialwissenschaftler. Berlin: Springer 1999

BORTZ, Jürgen; DÖRING, Nicola: Forschungsmethoden und Evaluation. Berlin: Springer 2002

BORTZ, Jürgen; LIENERT, Gustav A.: Kurzgefasste Statistik für die klinische Forschung - Ein praktischer Leitfaden für die Analyse kleiner Stichproben. Berlin: Springer 1998

BRETTSCHNEIDER, Volker; GRUBER, Hans; KAISER, Franz-Josef; MANDL, Heinz; STARK, Robin: Anleitung komplexer Problemlöse- und Entscheidungsprozesse zur Unterstützung des Erwerbs kaufmännischer Kompetenz. In: Zeitschrift für Berufs- und Wirtschaftspädagogik 96 (2000) 3, S. 399 – 418

CZYCHOLL, Reinhard: Handlungsorientierung und Kompetenzentwicklung in der beruflichen Bildung. In: BONZ, Bernhard (Hrsg.): Didaktik der beruflichen Bildung. Baltmannsweiler: Schneider Verlag Hohengehren 2001, S. 170 – 186

DENKSCHRIFT der Deutschen Forschungsgemeinschaft (DFG) zur Berufsbildungsforschung an den Hochschulen der Bundesrepublik Deutschland. Weinheim 1990

DUBS, Rolf: Lehrerverhalten: ein Beitrag zur Interaktion von Lehrenden und Lernenden im Unterricht. Zürich : Verlag des Schweizerischen Kaufmännischen Verbandes 1995a

DUBS, Rolf: Konstruktivismus: Einige Überlegungen aus der Sicht der Unterrichtsgestaltung. In: Zeitschrift für Pädagogik 41 (1995b) 6, S. 889 – 903

DUBS, Rolf: Scaffolding - mehr als nur ein neues Schlagwort. In: Zeitschrift für Berufs- und Wirtschaftspädagogik 95 (1999) 2, S. 163 – 167

EULER, Dieter: Didaktik einer sozio-informationstechnischen Bildung. Köln: Botermann & Botermann 1994

EULER, Dieter; SCHELTEN, Andreas; ZÖLLER, Arnulf (Hrsg.): Abschlussbericht zum Modellversuch „Multimedia und Telekommunikation für berufliche Schulen" (MUT), Arbeitsbericht Nr. 316. München: Hintermaier 2001

FLICK, Uwe. Methodenangemessene Gütekriterien in der qualitativen Sozialforschung; in: BERGOLD, Jarg B.; FLICK, Uwe (Hrsg.) Ein-Sichten. Zugänge zur Sicht des Subjekts mittels qualitativer Forschung, Tübingen: DGVT 1987, S. 247 – 262

FLICK, Uwe; KARDORFF, Ernst v.; KEUPP, Heiner; ROSENSTIEL, Lutz v.; WOLFF, Stephan (Hrsg.): Handbuch qualitative Sozialforschung. Grundlagen, Konzepte, Methoden und Anwendungen. Weinheim: Psychologie-Verlags-Union 1995

GEIGER, Robert; RIEDL, Alfred, Lehr-Lern-Prozesse in technischem beruflichem Unterricht – Gestaltungsvarianten eines handlungsorientierten Unterrichts. In: Die berufsbildende Schule 56 (2004) 9, S. 195 – 201

GLÖCKEL, Hans: Vom Unterricht. Bad Heilbrunn: Klinkhardt 2003

GLÖGGLER, Karl: Handlungsorientierter Unterricht im Berufsfeld Elektrotechnik. Untersuchung einer Konzeption in der Berufsschule und Ermittlung der Veränderung expliziten Handlungswissens. Frankfurt am Main: Lang 1997.

GRUBER, Hans; MANDL, Heinz; RENKL, Alexander: Was lernen wir in Schule und Hochschule: Träges Wissen? (Forschungsbericht Nr. 101). München: Ludwig-Maximilians-Universität, Lehrstuhl für Empirische Pädagogik und Pädagogische Psychologie 1999

HEIMERER, Leo; SCHELTEN, Andreas; SCHIEßL, Otmar (Hrsg.): Abschlußbericht zum Modellversuch „Fächerübergreifender Unterricht in der Berufsschule" (FügrU), Arbeitsbericht Nr. 274. München: Hintermaier 1996

HELMKE, A; WEINERT, Franz: Bedingungsfaktoren schulischer Leistung. In: Weinert, Franz, E.: Enzyklopädie der Psychologie: Themenbereich D, Praxisgebiete: Ser. 1, Pädagogische Psychologie; Bd. 3, Psychologie des Unterrichts und der Schule. Göttingen: Hogrefe 1997, S. 71 – 176

KLAUSER, Fritz: Effektive Gestaltung von Lehr- und Lernprozessen in der kaufmännischen Ausbildung – Erfordernisse, neuere Befunde und künftige Forschungsaufgaben. In: Zeitschrift für Berufs- und Wirtschaftspädagogik 94 (1998) 2, S. 248 – 264

KMK – Sekretariat der Ständigen Konferenz der Kultusminister der Länder in der Bundesrepublik Deutschland: Handreichungen für die Erarbeitung von Rahmenlehrplänen der Kultusministerkonferenz für den berufsbezogenen Unterricht in der Berufsschule und ihre Abstimmung mit Ausbildungsordnungen des Bundes für anerkannte Ausbildungsberufe. Bonn: 2000

KRAPP, Andreas, LEWALTER, Doris; WILD, Klaus-Peter: Abschlussbericht über das DFG-Forschungsprojekt „Bedingungen und Auswirkungen berufsspezifischer Lernmotivation in der kaufmännischen Erstausbildung". München/Freiburg: Universität der Bundeswehr München 2001

KREMER, H.-Hugo; MELKE, Katharina; SLOANE, Peter F.E.: Fächer- und Lernortübergreifender Unterricht – Maßnahmen zur Förderung beruflicher Handlungskompetenz. In: Beck, K./Krumm, V.: Lehren und Lernen in der beruflichen Erstausbildung. Grundlagen einer modernen kaufmännischen Berufsqualifizierung. Opladen: Leske + Budrich 2001, S. 95 – 114.

KROMREY, Helmut. Empirische Sozialforschung. Opladen: Leske + Budrich 1995

LAMNEK, Siegfried: Qualitative Sozialforschung. Band 1: Methodologie. Weinheim: Beltz 1995a

LAMNEK, Siegfried: Qualitative Sozialforschung. Band 2: Methoden und Techniken. Weinheim: Beltz 1995b

MAYRING, Phillip: Einführung in die qualitative Sozialwissenschaft. Weinheim: Psychologie-Verlags-Union 1996

MEIXNER, Johanna; MÜLLER, Klaus: Konstruktivistische Schulpraxis. Neuwied: Luchterhand 2001

NASHAN, Ralf; OTT, Bernd: Unterrichtspraxis Metalltechnik, Maschinentechnik: Didaktisch-methodische Grundlagen für Schule und Betrieb. Bonn: Dümmler 1995

NICKOLAUS, Reinhold: Handlungsorientierung als dominierendes didaktisch-methodisches Prinzip in der beruflichen Bildung. In: Zeitschrift für Berufs- und Wirtschaftspädagogik 96 (2000) 2, S. 190 – 206

NICKOLAUS, Reinhard: Empirische Befunde zur Didaktik der Berufsbildung. In: Bonz, B. (Hrsg.): Didaktik der beruflichen Bildung. Hohengehren: Schneider Verlag 2001, S. 239 – 252

NICKOLAUS, Reinhold.; BICKMANN, Jörg.: Kompetenz- und der Motivationsentwicklung durch Unterrichtskonzeptionsformen - Erste Ergebnisse einer empirischen Untersuchung bei Elektroinstallateuren. In: Die berufsbildende Schule 54 (2002) 7-8, S. 236-243

NICKOLAUS, Reinhold; HEINZMANN, Horst; KNÖLL, Bernd: Differentielle Effekte von Unterrichtskonzeptionsformen in der gewerblichen Erstausbildung. In: ECKERT, Manfred; REINISCH, Holger; TRAMM, Tade (Hrsg.): Beiträge zur Berufs- und Wirtschaftspädagogik. Forschungsberichte der Herbsttagung 2003. Opladen: Leske + Budrich 2004

NIEGEMANN, Helmut, M.; GRONKI-JOST, Eva-Maria; NEFF, Oliver: Instruktionsdesign zur Förderung des selbständigen Erwerbs theoretischen Wissens in der kaufmännischen Berufsausbildung. In: Unterrichtswissenschaft 27 (1999) 1, S. 12 – 28

PAHL, Jörg-Peter: Bausteine beruflichen Lernens im Bereich Technik - Teil 2: Methodische Konzeptionen für den Lernbereich Technik. Alsbach: Leuchtturm 1998

PÄTZOLD, Günter: Lernfeldstrukturierte Lehrpläne – Berufsschule im Spannungsfeld zwischen Handlungs- und Fachsystematik. In: LIPSMEIER, Antonius; PÄTZOLD, Günter (Hrsg.): Lernfeldorientierung in Theorie und Praxis. Zeitschrift für Berufs- und Wirtschaftspädagogik. Beiheft 15. Stuttgart: Steiner 2000, S. 72 – 86

POPPER, Karl Raimund: Objektive Erkenntnis. Ein evolutionärer Entwurf. Hamburg: Hoffman und Campe 1993, 1. Aufl., dt. Fassung der 4., verb. und erg. Aufl.

PRENZEL, Manfred; DRECHSEL, Barbara; KRAMER, Klaudia: Lernmotivation im kaufmännischen Unterricht: Die Sicht von Auszubildenden und Lehrkräften. In: BECK, Klaus.; DUBS, Rolf: Kompetenzentwicklung in der Berufserziehung. Zeitschrift für Berufs- und Wirtschaftspädagogik. Beiheft 14. Stuttgart, 1998 S. 169 – 187

PRENZEL, Manfred, DRECHSEL, Barbara; KRAMER Klaudia: Selbstbestimmung, motiviertes und interessiertes Lernen in der kaufmännischen Erstausbildung - Ein Forschungsprojekt in vier Strängen. In: BECK, Klaus (Hrsg.), Lehr-Lern-Prozesse in der kaufmännischen Erstausbildung, Ein Schwerpunktprogramm der Deutschen Forschungsgemeinschaft. Landau: VEP 2000

REIMANN, Peter: Lernprozesse beim Wissenserwerb aus Beispielen. Analyse, Modellierung, Förderung. Bern: Huber 1997

REINMANN-ROTHMEIER, Gabi; MANDL, Heinz: Lehren im Erwachsenenalter. Auffassungen vom Lehren und Lernen, Prinzipien und Methoden. In: WEINERT, Franz, E.; MANDL, Heinz: Enzyklopädie der Psychologie: Themenbereich D, Praxisgebiete: Ser. 1, Pädagogische Psychologie; Bd. 4, Psychologie der Erwachsenenbildung. Göttingen: Hogrefe 1997, S. 355 – 403

REINMANN-ROTHMEIER, Gabi; MANDL, Heinz: Wissensvermittlung: Ansätze zur Förderung des Wissenserwerbs. In: KLIX, Friedhart; SPADA, Hans: Enzyklopädie der Psychologie: Themenbereich C, Theorie und Forschung: Ser. 2, Kognition; Bd. 6, Wissen. Göttingen: Hogrefe 1998, S. 457 – 500

REINMANN-ROTHMEIER, Gabi; MANDL, Heinz: Unterrichten und Lernumgebungen gestalten. In: KRAPP, Andreas; WEIDENMANN, Bernd (Hrsg.): Pädagogische Psychologie. Weinheim Beltz PVU 2001, S. 601 – 646

REINMANN-ROTHMEIER, Gabi; MANDL, Heinz; BALLSTAEDT, Steffen-Peter: Lerntexte in der Weiterbildung. Gestaltung und Bewertung. Herausgegeben von H. ARZBERGER & K.-H. BREHM, Siemens AG. Erlangen: Publicis MCD 1995

RENKL, Alexander; GRUBER, Hans; WEBER, Sandra; LERCHE, Thomas; SCHWEIZER, Karl: Cognitive Load beim Lernen aus Lösungsbeispielen. In: Zeitschrift für Pädagogische Psychologie 17 (2003) 2, S. 93 – 101

RIEDL, Alfred: Verlaufsuntersuchung eines handlungsorientierten Elektropneumatikunterrichts und Analyse einer Handlungsaufgabe. Frankfurt am Main: Lang 1998

RIEDL, Alfred: Technischer handlungsorientierter Unterricht in der Berufsschule - Gestaltungsanforderungen einer komplexen Lehr-Lern-Umgebung. In: KREMER, H.-H; SLOANE, P. F. E. (Hrsg.): Konstruktion, Implementation und Evaluation komplexer Lehr-Lern-Arrangements. Fallbeispiele aus Österreich, den Niederlanden und Deutschland im Vergleich. Paderborn: Eusl 2001. S. 75 – 106

RIEDL, Alfred; SCHELTEN, Andreas: Handlungsorientiertes, selbstgesteuertes Lernen - Erfahrungen mit der Leittextmethode. In: REFA Aus- und Weiterbildung 9 (1997) 2, S. 38 – 41

RIEDL, Alfred: Didaktik der beruflichen Bildung, Stuttgart: Steiner 2004

ROTLUFF, Joachim: Selbständig Lernen – Arbeiten mit Leittexten. Weinheim, Basel: Beltz 1992

SCHÄFER, Bettina, BADER, Reinhard: Handlungskompetenz durch Lernfelder – Möglichkeiten einer Konzeptualisierung des Lernfeld-Ansatzes. In: LIPSMEIER, Antonius; PÄTZOLD, Günter (Hrsg.): Lernfeldorientierung in Theorie und Praxis. Zeitschrift für Berufs- und Wirtschaftspädagogik. Beiheft 15. Stuttgart: Steiner 2000, S. 148 – 158

SCHELTEN, Andreas: Aspekte des Bildungsauftrages der Berufsschule: Ein Beitrag zu einer modernen Theorie der Berufsschule. In: Pädagogische Rundschau 51 (1997) 5, S. 601 – 615

SCHELTEN; Andreas: Begriffe und Konzepte der berufspädagogischen Fachsprache - Eine Auswahl. Stuttgart: Steiner 2000

SCHELTEN, Andreas: Einführung in die Berufspädagogik. Dritte, vollst. neu bearbeitete Auflage. Stuttgart: Franz Steiner Verlag 2004

SCHMID, Dietmar; BAUMANN, Albrecht; KAUFMANN, Hans; PAETZOLD, Heinz; ZIPPEL, Bernhard: Steuern und Regeln für Maschinenbau und Mechatronik, Haan-Gruiten: Europa Lehrmittel Verlag 2000

SCHOLLWECK, Susanne: Lehr-Lern-Prozesse in der Steuerungstechnik – Analyse eines handlungsorientierten Unterrichts aus der Metalltechnik. Lehrstuhl für Pädagogik, Technische Universität München 2001. Vortrag auf der Frühjahrstagung der DGfE in Mainz am 7. März 2001

SCHUNK, Axel: Subjektive Theorien von Berufsfachschülern zu einem planspielgestützten Betriebswirtschaftslehre-Unterricht. Berichte: Band 19. Georg-August-Universität Göttingen 1993

SEMBILL, Detlef, WOLF, Karsten, D., WUTTKE, Evelyn, SANTJER, I.; SCHUMACHER, L.: Prozessanalysen Selbstorganisierten Lernens. In: BECK, Klaus; DUBS, Rolf (Hrsg.): Kompetenzerwerb in der Berufserziehung. Kognitive, motivationale und moralische Dimensionen kaufmännischer Qualifizierungsprozesse. Zeitschrift für Berufs- und Wirtschaftspädagogik, Beiheft 14. Stuttgart: Steiner 1998, S. 57 – 79

SEKRETARIAT DER STÄNDIGEN KONFERENZ DER KULTUSMINISTER DER LÄNDER IN DER BUNDESREPUBLIK DEUTSCHLAND (Hrsg.): Handreichung für die Erarbeitung von Rahmenlehrplänen der Kultusministerkonferenz für den berufsbezogenen Unterricht in der Berufsschule und ihre Abstimmung mit Ausbildungsordnungen des Bundes für anerkannte Ausbildungsberufe. Bonn 2000

SEKRETARIAT DER STÄNDIGEN KONFERENZ DER KULTUSMINISTER DER LÄNDER IN DER BUNDESREPUBLIK DEUTSCHLAND (Hrsg.): Rahmenlehrplan für den Ausbildungsberuf Mechatroniker/ Mechatronikerin. Bonn 1998

STARK, Robin: Instruktionale Effekte beim Lernen mit unvollständigen Lösungsbeispielen (Forschungsbericht Nr. 117). München: Ludwig-Maximilians-Universität, Lehrstuhl für Empirische Pädagogik und Pädagogische Psychologie 2000

STARK, Robin; GRUBER, Hans; RENKL, Alexander; MANDL, Heinz: Lernen mit Lösungsbeispielen in der kaufmännischen Erstausbildung – Versuche der Optimierung einer Lernstrecke. In: BECK, Klaus; DUBS, Rolf (Hrsg.): Kompetenzentwicklung in der Berufserziehung. Kognitive, motivationale und moralische Dimensionen kaufmännischer Qualifizierungsprozesse. Zeitschrift für Berufs- und Wirtschaftspädagogik. Beiheft 14. Stuttgart: Steiner 1998, S. 24 – 37.

STARK, Robin; GRUBER, Hans; RENKL, Alexander; MANDL, Heinz: Instruktionale Effekte einer kombinierten Lernmethode. In: Zeitschrift für Pädagogische Psychologie, 14 (2000) 4, S. 206 – 218

SWELLER, John: Cognitive load during problem solving: Effects on learning. In: Cognitive Science 12 (1988), S. 257 – 285

SWELLER, John; VAN MERRIENBOER, Jeroen J.G.; PAAS, Fred G.W.C.: Cognitive architecture and instructional design. In: Educational Psychology Review 10 (1998), S. 251 – 296

TENBERG, Ralf: Schüleraussagen und Verlaufsuntersuchung über einen handlungsorientierten Metalltechnikunterricht. Frankfurt am Main, Berlin, Bern, New York, Paris, Wien: Lang 1997

TERHART, Ewald: Lehr-Lern-Methoden. Eine Einführung in Probleme der methodischen Organisation von Lehrern und Lernen. Weinheim: Juventa 2000, 3. erg. Aufl.

VAN BUER, Jürgen; MATTHÄUS, Sabine :Die Entwicklung der kommunikativen Kompetenz und des kommunikativen Handelns Jugendlicher in der kaufmännischen Erstausbildung. In: BECK, K./ KRUMM, V (Hrsg.): Lehren und Lernen in der beruflichen Erstausbildung. Grundlagen einer modernen kaufmännischen Berufsqualifizierung. Leske + Budrich Verlag, Opladen, 2001

VAN MERRIENBOER, Jeroen J.G.; KIRSCHNER, Paul A.; KESTER, Liesbeth: Taking the load off the learner's mind: Instructional design for complex teaching. In: Educational Psychologist 38 (2003) 1, S. 5 – 13

VÖGELE, Michael: Computerunterstütztes Lernen in der beruflichen Bildung - Analyse von individuellen Lernwegen beim Einsatz einer Unterrichtssoftware und Darstellung eines Unterrichts in den Ausbildungsberufen der Informations- und Telekommunikationstechnik. Frankfurt am Main u. a.: Lang: 2003

WÜLKER, Wilfried: Differenzielle Effekte von Unterrichtskonzeptionsformen in der gewerblichen Erstausbildung in Zimmererklassen – eine empirische Studie. Universität Hannover: 2003

Anhang

Selbstlernmaterialien der Schüler

S. 142 - 150	Systematikorientierte Variante des Leittextes
S. 151 - 159	Beispielorientierte Variante des Leittextes
S. 160 - 169	Systematikorientierte Variante des Informationsmaterials
S. 170 - 183	Beispielorientierte Variante des Informationsmaterials

Wissenstests

S. 184 - 185	Eingangstest
S. 186 - 187	Abschlusstest - Schriftlicher Teil
S. 188	Abschlusstest - Programmieraufgabe
S. 189 - 192	Lösungsbeispiel Abschlusstest - Programmieraufgabe

Fragebögen

S. 193	Schülerfragebogen 1
S. 194	Schülerfragebogen 2
S. 195 - 196	Schülerfragebogen 3
S. 197 - 198	Lehrerfragebogen 1
S. 199 - 200	Lehrerfragebogen 2
S. 201 - 209	Schülerantworten zu den ungebundenen Fragen der Fragebögen 1-3

Statistische Übersichten

S. 210 - 211	Zu den Ergebnissen des Eingangstests
S. 212 - 213	Zu den Ergebnissen des Abschlusstests
S. 214 - 215	Zu den Ergebnissen der teilnehmenden Beobachtung

 Städtische Berufsschule für Fertigungstechnik

LEITTEXT
SPS
LÖSUNG SO

Einführung in die Programmierung von Schrittketten

05.02.01 - 09.02.01

Name: _____ Gruppe: __-__

```
Teilautomatisierte Bohrmaschine -- H:\Sps\S7-Projekte\Teil_Boh
    Teilautomatisierte Bohrm      Systemdaten    OB1
        SIMATIC 300(1)            FC1            FC2
            CPU 314 IFM
                S7-Programm(1)
                    Quellen
                    Bausteine
```

SO

Systematikorientierte Variante des Leittexts 143

Einführung in die Programmierung von Schrittketten
(8 Unterrichtsstunden)

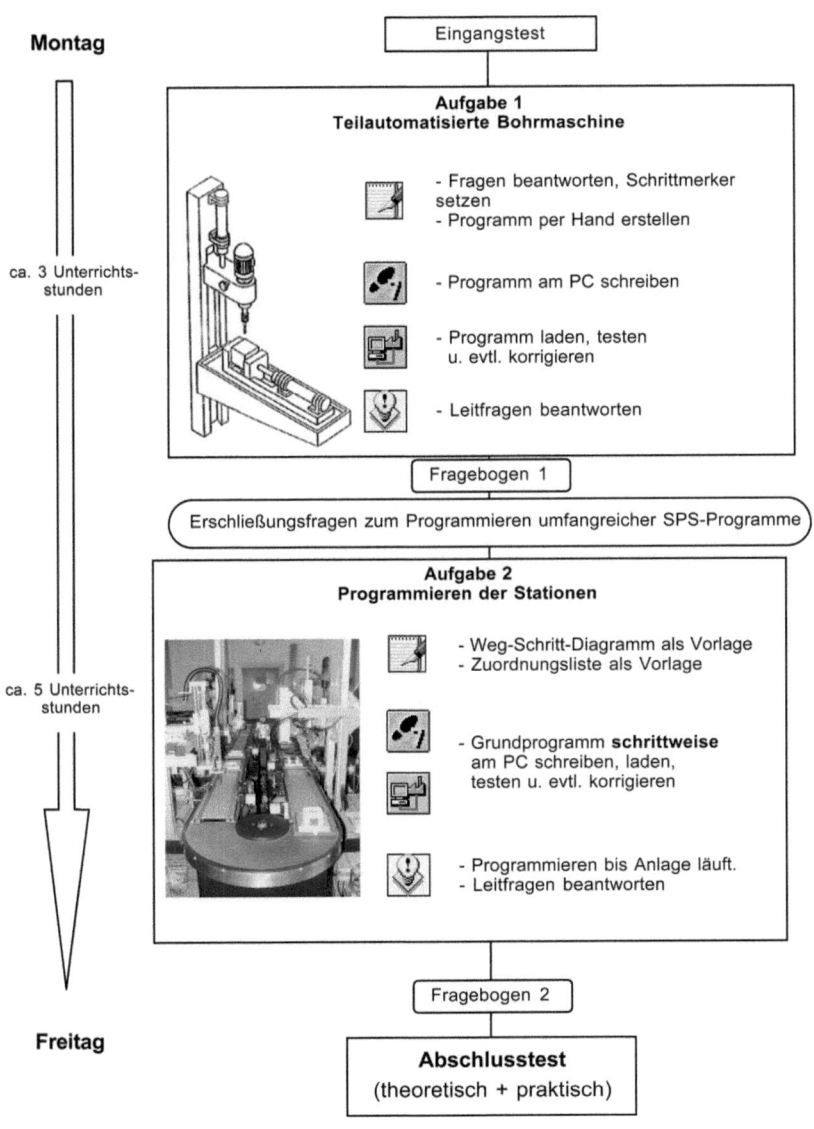

Montag

Eingangstest

Aufgabe 1
Teilautomatisierte Bohrmaschine

- Fragen beantworten, Schrittmerker setzen
- Programm per Hand erstellen

- Programm am PC schreiben

- Programm laden, testen u. evtl. korrigieren

- Leitfragen beantworten

ca. 3 Unterrichtsstunden

Fragebogen 1

Erschließungsfragen zum Programmieren umfangreicher SPS-Programme

Aufgabe 2
Programmieren der Stationen

- Weg-Schritt-Diagramm als Vorlage
- Zuordnungsliste als Vorlage

- Grundprogramm **schrittweise** am PC schreiben, laden, testen u. evtl. korrigieren

- Programmieren bis Anlage läuft.
- Leitfragen beantworten

ca. 5 Unterrichtsstunden

Fragebogen 2

Freitag

Abschlusstest
(theoretisch + praktisch)

Bearbeitungshinweise

Der vorliegende Leittext enthält **zwei Programmieraufgaben** und **zusätzliche Fragen**. Mit den zusätzlichen Fragen erarbeiten Sie sich die für die Programmierung der Aufgaben benötigten Kenntnisse. Die **Informationen zur Bearbeitung des Leittextes** bekommen Sie in dem ausgeteilten **Informationsmaterial**. Bevor Sie anfangen, beachten Sie bitte **folgende Hinweise:**

- **Arbeiten Sie mit Ihren Gruppenmitgliedern zusammen.** Diskutieren Sie Lösungswege und tauschen Sie sich über Probleme aus. Bis auf den **Abschlusstest** sind alle sonstigen Aufgaben in Gruppenarbeit zu lösen. **Trotzdem beantwortet jeder einzeln die Aufgaben und Fragen auf seinem Leittext.**

- Machen Sie sich mit dem **Leittext** und dem **Informationsmaterial** vertraut, indem Sie beides vollständig durchblättern. Dies hilft Ihrer Orientierung bei späteren Problemen.

- Wenn Sie eine Frage oder ein Problem in der Gruppe nicht lösen können, bitten Sie **Ihren Lehrer um Hilfestellungen.** Sie können auch Ihre **Nachbargruppe** um Rat fragen.

> Bitte halten Sie sich bei der Bearbeitung der Aufgaben an die **Reihenfolge** und die **Hinweise** zur Bearbeitung

Einführung in die Programmierung von Schrittketten

Sie haben bisher Verknüpfungssteuerungen programmiert, in denen im **FC 1** die Informationen der Eingänge der SPS in einfachen binären Verknüpfungen verarbeitet und im **FC 2** den Ausgängen zugeordnet wurden. Bei der Programmierung von Prozessabläufen in Schrittketten (vgl. Elektropneumatik) müssen jedoch zusätzlich bestimmte Sachverhalte berücksichtigt werden. Besonders die **Merker, als Verbindungsglieder zwischen den Funktionen,** haben dabei eine wichtige Aufgabe.

1. Bearbeiten Sie die dazu die folgenden Fragen. **Informationen** zu Merkern in Schrittketten usw. finden **Sie im Informationsmaterial auf S. 1.**

Was versteht man unter einem Schrittmerker und wie wird er programmiert?

___

Wie wird ein Schrittmerker gesetzt und zurückgesetzt?

___

Welche Eigenschaft haben *remanente* Merker?

___

Wofür dient ein Startmerker? Was ist beim Startmerker zu beachten?

___

Systematikorientierte Variante des Leittexts

 2. Bevor Sie damit beginnen, das SPS-Programm für die untenstehende Aufgabe zu erstellen, **erarbeiten Sie sich** zuerst die dafür **erforderlichen Kenntnisse.** Lesen Sie sich dazu die **Seiten 2, 3 und 4 des Informationsmaterials genau durch. Achten Sie dabei bitte auf folgende Punkte und tauschen Sie sich darüber in der Gruppe aus:**
- Wie sind **einfache** SPS-Programme zur Programmierung von Schrittketten aufgebaut?
- Nach welchem Schema werden die Schrittmerker gesetzt?
- Was geschieht mit den Schrittmerkern in der Befehlsausgabe?
- Warum wird die Befehlsausgabe hier über SR-Speicher programmiert?

 3. Ihre Aufgabe besteht nun darin, **mit Hilfe der Informationen** und **Programmierbeispiele** im **Informationsmaterial** die folgende Programmieraufgabe 1 zu bearbeiten. Machen Sie sich mit der Aufgabenstellung der teilautomatisierten Bohrmaschine vertraut und weisen Sie dann den Schritten im untenstehenden Weg-Schritt-Diagramm der teilautomatisierten Bohrmaschine die entsprechenden **Schrittmerker** zu.

Programmieraufgabe 1
Teilautomatisierte Bohrmaschine

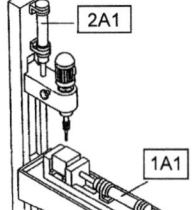

Die nebenstehende Bohrmaschine soll mittels einer Speicherprogrammierbaren Steuerung teilautomatisiert werden. Durch Betätigen des Starttasters S1 wird der Spannvorgang gestartet. Nach dem Spannen des Werkstücks durch den Zylinder 1A1 erfolgt automatisch der Vorschub des Bohrwerkzeugs. Nach Beendigung des Bohrvorgangs fährt das Bohrwerkzeug zurück und das Werkstück wird entspannt. Die Anlage kann durch das Betätigen der Rücksetztaste S0 in den Ausgangszustand zurückgesetzt werden. Die Steuerung wurde mit doppeltwirkenden Zylindern und monostabilen Magnetventilen realisiert.

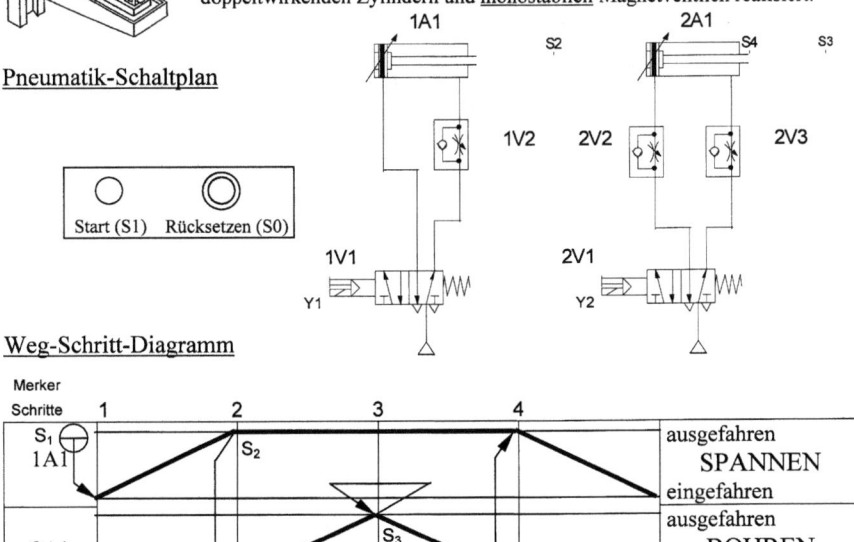

4. Vervollständigen Sie die Zuordnungsliste (Symboltabelle) für die Aufgabe 1 mit Hilfe des Weg-Schritt-Diagramms und des Schaltplans auf Seite 4.

Symbol	Adresse		Kommentar
Schrittkette	FC	1	
Befehlsausgabe	FC	2	
S0	E	0.0	Rücksetztaste (Reset)
S1	E	0.1	Start
	E	0.2	Spannzylinder ausgefahren
	E	0.3	Bohrzylinder ausgefahren
	E	0.4	Bohrzylinder eingefahren
Merker 0	M	0.0	Startmerker
Merker 1	M	0.1	
Merker 2	M	0.2	
Merker 3	M	0.3	
Merker 4	M	0.4	
	A	4.1	Spannzylinder ausfahren
	A	4.2	Bohrzylinder ausfahren

 5. Erstellen Sie nun schriftlich (Freihand-Skizze) das SPS-Programm in der Programmiersprache FUP. **Orientieren Sie sich** dabei an der Beschreibung eines einfachen SPS-Programms im **Informationsteil auf den Seiten 2, 3 und 4**.

 Sie benötigen für das Programm der Aufgabe 1 einen Organisationsbaustein **OB 1**, sowie die Funktionen **FC 1** und **FC 2**. Da in diesem einfachen Programm auf die Wahl der Betriebsart verzichtet wird, lautet die Symbolbezeichnung für **FC 1** hier nicht „Betriebsarten", sondern **„Schrittkette"**. Analog dazu heißt die Funktion **FC 2** in diesem Programm **„Befehlsausgabe"**.

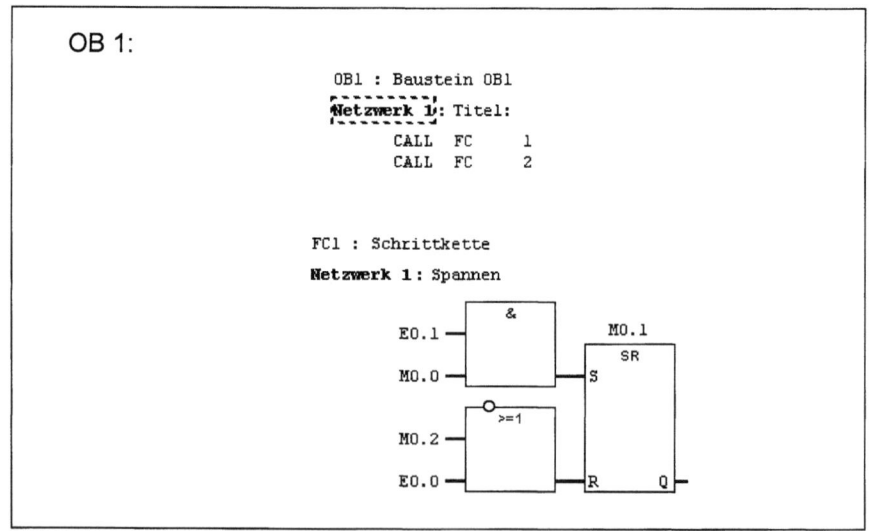

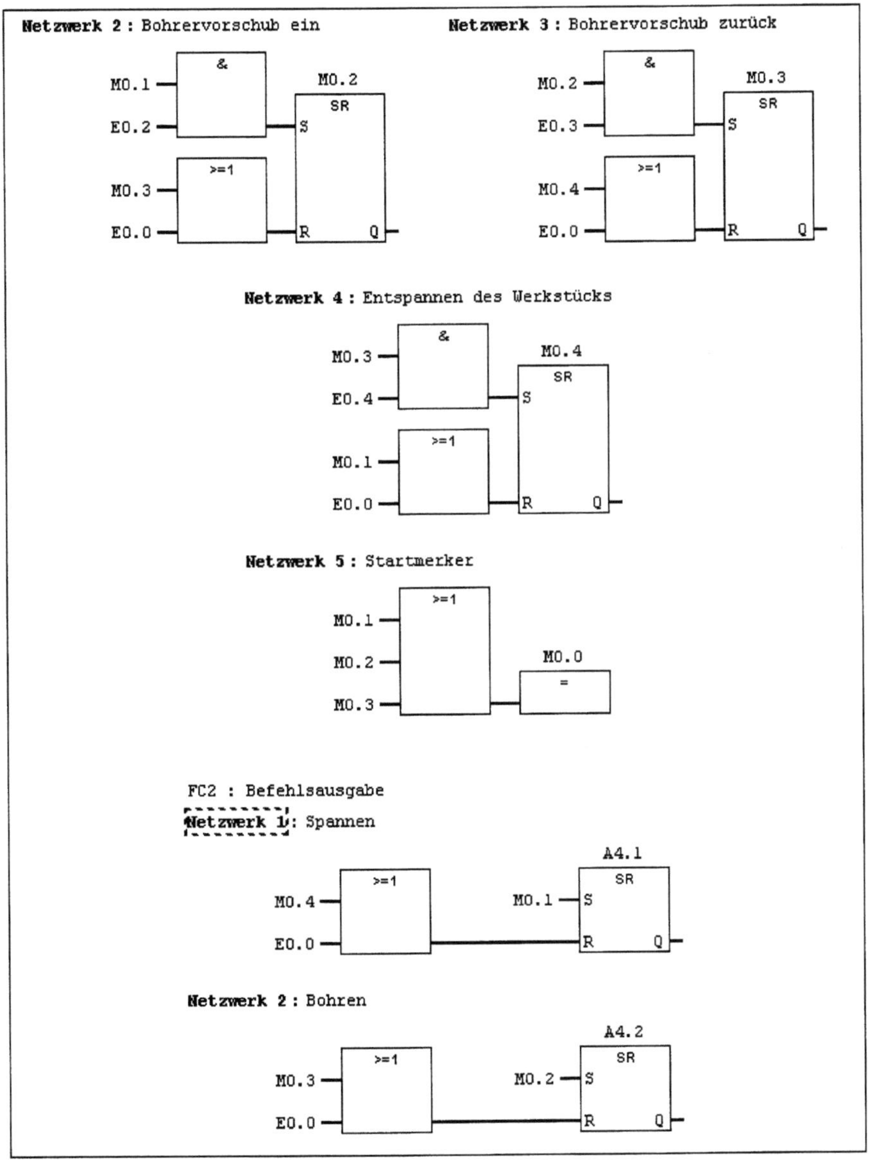

Systematikorientierte Variante des Leittexts

Netzwerk 2: Bohrervorschub ein

```
M0.1 ─┐&
      │   ┌── M0.2
E0.2 ─┘   │ SR
        ──┤S
M0.3 ─┐>=1│
      │   │
E0.0 ─┘ ──┤R  Q├
```

Netzwerk 3: Bohrervorschub zurück

```
M0.2 ─┐&
      │   ┌── M0.3
E0.3 ─┘   │ SR
        ──┤S
M0.4 ─┐>=1│
      │   │
E0.0 ─┘ ──┤R  Q├
```

Netzwerk 4: Entspannen des Werkstücks

```
M0.3 ─┐&
      │   ┌── M0.4
E0.4 ─┘   │ SR
        ──┤S
M0.1 ─┐>=1│
      │   │
E0.0 ─┘ ──┤R  Q├
```

Netzwerk 5: Startmerker

```
M0.1 ─┐
      │>=1
M0.2 ─┤       M0.0
      │   ──┤=│
M0.3 ─┘
```

FC2 : Befehlsausgabe

Netzwerk 1: Spannen

```
                               A4.1
                               SR
M0.4 ─┐>=1        M0.1 ──┤S
      │
E0.0 ─┘           ────── ┤R  Q├
```

Netzwerk 2: Bohren

```
                               A4.2
                               SR
M0.3 ─┐>=1        M0.2 ──┤S
      │
E0.0 ─┘           ────── ┤R  Q├
```

 Besprechen Sie das Programm mit Ihrem Lehrer und lassen Sie ihn die bisherigen Arbeitsergebnisse unterschreiben. Fahren Sie danach mit Aufgabe 5 fort.

Lehrerunterschrift

6. Erstellen Sie nun das SPS-Programm am PC (Ansicht **ohne symbolische Darstellung** aber **mit Symbolinformation und Kommentaren**).

- Legen Sie ein **neues Projekt** mit dem Namen **„Bohrmaschine"** an und starten Sie dann im SIMATIC Manager den Symbol Editor durch einen Doppelklick auf das Icon „Symbole".
- Geben Sie hier **zuerst** Ihre **Zuordnungsliste** zusammen mit den Kommentaren ein.

Wechseln Sie sich in der Softwarebedienung **ab**. Stellen Sie sicher, dass jedes Gruppenmitglied in der Lage ist, ein neues Projekt anzulegen und ein Programm zu erstellen.

 Informieren Sie sich im Hilfe-Programm des Symboleditors über die *Schritte zum Bearbeiten der Symboltabelle* (Symboleditor→ Menü „Hilfe" → Hilfe zum Kontext).
Finden Sie heraus, wie der Symboleditor noch gestartet werden kann.

- **Fügen Sie zuerst** die S7-Bausteine **FC 1 „Schrittkette"** und **FC 2 „Befehlsausgabe"** (z.B. Menü EINFÜGEN – S7-Baustein – Funktion) in Ihr Projekt ein.
- Schreiben Sie **danach** den Organisationsbaustein **OB 1**. Durch einen Doppelklick auf die Bausteine wird der jeweilige Baustein im Editor geöffnet und kann bearbeitet werden.
- Übertragen Sie die Netzwerke der Funktionen FC 1 „Schrittkette" und FC 2 „Befehlsausgabe" Ihres Programms für die Aufgabe 1 in das von Ihnen angelegte Projekt

 7. Geben Sie den **Netzwerken** der beiden Funktionen **sinnvolle Titel**. Schreiben Sie für jedes Netzwerk einen **Kommentar, der die Aufgabe des Netzwerks erläutert**. Das Programm wird dadurch übersichtlicher und leichter nachvollziehbar. Zudem gibt es Ihnen eine Rückmeldung darüber, ob Ihr Programm sinnvoll aufgebaut ist.

 Meistens werden Programme von Grund auf am PC geschrieben. Dabei wird **schrittweise programmiert**. Zuerst wird in der Funktion „Schrittkette" (hier FC 1) **der erste Schritt programmiert**. In der Funktion „Befehlsausgabe" (hier FC 2) **wird dann sogleich die dazugehörige Befehlsausgabe programmiert** und das **Programm geladen** und **getestet**. Auf diese Weise werden Sie später das SPS-Programm der **Aufgabe 2** schrittweise programmieren. Da Sie das Programm der Aufgabe 1 schon per Hand entworfen haben, ist die schrittweise Programmierung **in diesem Fall nicht notwendig**.

 8. Laden, testen und korrigieren Sie gegebenenfalls Ihr SPS-Programm. Drucken Sie Ihr fertiges Programm einmal für die Gruppe aus und geben einen Ausdruck bei Ihrem Lehrer ab (**ohne symbolische Darstellung** aber **mit Symbolinformation und Kommentar**). Bearbeiten Sie danach die folgenden Leitfragen.

Bearbeiten Sie mit Hilfe des **Informationsmaterials** auf einem DIN A4-Blatt folgende **Leitfragen:**
- Nach welchem Schema werden die Netzwerke der Schrittkette programmiert?
- Wie wird die Befehlsausgabe bei monostabilen Magnetventilen programmiert? Warum?
- Wozu dienen die unterschiedlichen Bausteine eines SPS-Programms?
- Welchen Vorteil bietet das Schreiben von Kommentaren und Titeln bei Netzwerken?

 Nach der Bearbeitung der Aufgaben und Leitfragen füllen Sie bitte den **Fragebogen 1** aus (beim Lehrer erhältlich).

Erschließungsfragen zum Programmieren umfangreicher SPS-Programme

Bevor Sie mit der Aufgabe 2 beginnen, ein umfangreicheres SPS-Programm zu schreiben, **arbeiten** Sie den Abschnitt *2.2 Umfangreiche SPS-Programme* im **Informationsmaterial ab S. 5** sorgfältig durch. Beantworten Sie **danach in der Gruppe** die untenstehenden Fragen. Die **Seitenangaben** der Fragen beziehen sich auf das **Informationsmaterial**. Durch das Studieren des Textes und die Beantwortung der Fragen erarbeiten Sie sich das nötige Wissen zur Programmierung der Aufgabe 2.

1. Wodurch unterscheiden sich einfache SPS-Programme in Ihrem Aufbau von umfangreicheren?

2. Wozu dient der Taster E0.7 in Bild 2, S. 5

3. Was würde geschehen, wenn E0.1 in Bild 3 auf S. 5 nicht negiert wäre?

4. Aus welchem Grund dürfen Anfangsschritte oder Startbedingungen nicht gespeichert werden (S. 5)?

5. Wann müssen Ausgänge mit SR-Speichern gesetzt werden (S.6)?

6. Was könnte passieren, wenn ein NOT-AUS-Schalter durch einen Schließer realisiert wird?

7. Wozu dient die Funktion FC 4?

8. Wie reagiert eine Steuerung mit einem Einschaltverzögerungselement (S. 9, Tabelle 2), wenn der S-Eingang des Zeitschaltglieds T5 von 1 auf 0 wechselt, während die Zeit abläuft?

auf 0, so

Nachdem Sie jetzt die Programmierbeispiele durchgearbeitet haben, sprechen Sie Ihre Ergebnisse mit dem Lehrer durch.

Lehrerunterschrift

Fahren Sie danach bitte auf der nächsten Seite mit Aufgabe 2 fort.

Programmieraufgabe 2
Programmieren der Stationen

In der Montageanlage in Raum 02 werden Feuchtraumschalter für das Anbringen auf Putz zusammengebaut und auf vorhandene Paletten abgelegt.

 1. Ihre Aufgabe besteht nun darin, **die ersten fünf Schritte** Ihrer Station zu Programmieren. **Lesen Sie dazu alle unten stehenden Tipps und Hinweise aufmerksam durch bevor Sie anfangen.**

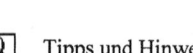 Tipps und Hinweise:

- Orientieren Sie sich zur Unterstützung an den Abschnitten *2.1 Einfache SPS-Programme* und *2.2 Umfangreiche SPS-Programme* im **Informationsteil**.
- Verschaffen Sie sich durch das allgemeine Schema des zyklischen Abarbeitens eines SPS-Programms einen Überblick über die Struktur ihres Programms (siehe S. 8).
- Erstellen Sie die Symboltabelle mit Hilfe von Zuordnungsliste und Weg-Schritt-Diagramm (bekommen Sie von Ihrem Lehrer).
- Ihr Programm soll aus den Bausteinen OB 1, FC 1 „Betriebsarten" (Auswahl zwischen Automatik und Einzelschrittbetrieb), FC 2 „Schrittkette" FC 3 „Befehlsausgabe" und FC 4 „Meldungen" bestehen.
- Legen Sie **zuerst alle** Bausteine an. Rufen Sie dann im OB1 alle Funktionen auf (in AWL). Fangen Sie **danach** mit FC 2 „Schrittkette" und FC 3 „Befehlsausgabe" (in FUP) an **schrittweise zu programmieren**. Halten Sie sich dabei an das Schrittketten-Schema.
- Geben Sie in den **Netzwerken** der Funktionen **sinnvolle Titel**. Schreiben Sie für jedes Netzwerk einen **Kommentar, der die Aufgabe des Netzwerks erläutert**.
- Aus Kostengründen fehlen an der Anlage bestimmte Sensoren als Weiterschaltbedingung für den nächsten Schritt. Programmieren Sie stattdessen jeweils eine Zeit von **5ms** als **Weiterschaltbedingung**.
- **Wenn Sie die ersten fünf Schritte programmiert haben, ergänzen Sie den Betriebsartenmerker von FC 1 (vgl. Informationsteil S. 5)** in der Schrittkette.
- Bearbeiten Sie den Funktionsbaustein **FC4 „Meldungen"** mit der folgenden Aufgabe: Wird bei der Abarbeitung von den Schritten 2 bis 5 eine Zeit von 5s überschritten, soll diese Verlangsamung des Montageablaufs durch eine rote Lampe angezeigt werden. Diese Funktion lässt sich im Einzelschrittbetrieb überprüfen.

 Wenn Sie das Programm mit den ersten fünf Schritten Ihrer Station getestet haben, präsentieren Sie Ihrem Lehrer die Funktion und das Programm.

Bearbeiten Sie mit Hilfe des **Infomaterials** auf einem DIN A4-Blatt folgende Leitfragen:
- Was versteht man unter zeitabhängigen und prozessabhängigen Ablaufsteuerungen?
- Was versteht man unter den Begriffen *Verknüpfungssteuerung* und *Ablaufsteuerung*.
- Nennen und beschreiben Sie zwei Zeitfunktionen.
- Was versteht man unter einer zyklischen Abarbeitung eines SPS-Programmes?
- Wie ändert sich die Befehlsausgabe bei der Verwendung bistabiler Magnetventile (S. 7)?

 Gegen Ende der Arbeitszeit drucken Sie Ihr Programm aus (**ohne symbolische Darstellung** aber **mit Symbolinformation und Kommentar**) und geben es bei Ihrem Lehrer ab.

Städtische Berufsschule für Fertigungstechnik

TECHNISCHE
UNIVERSITÄT
MÜNCHEN

LEITTEXT
SPS
LÖSUNG BO

Einführung in die Programmierung von Schrittketten

29.01.01 - 02.02.01

Name: _____ **Gruppe:** __-__

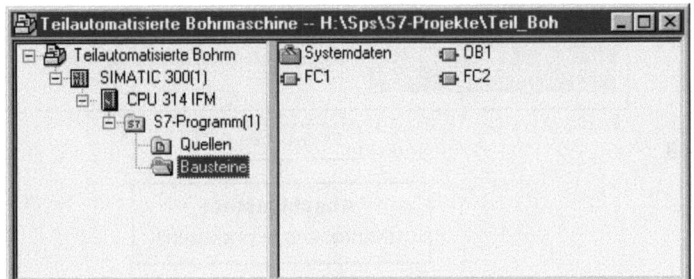

BO

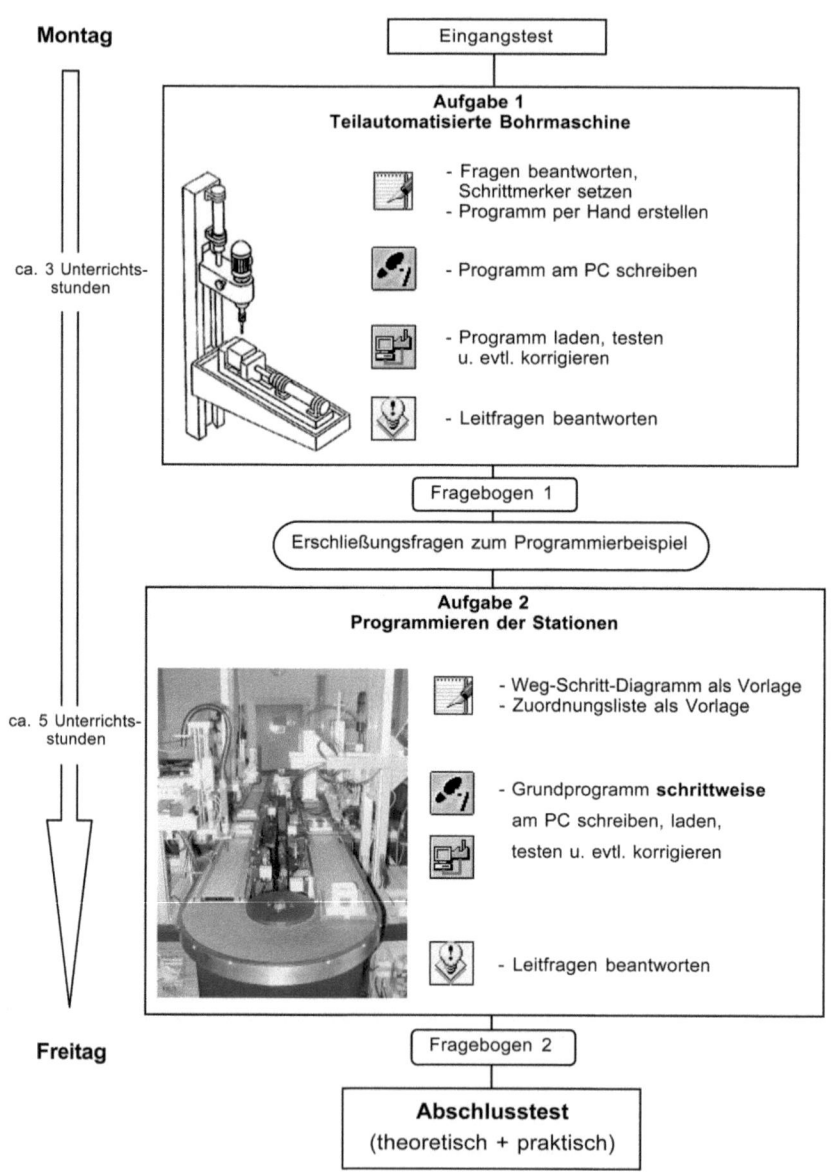

Beispielorientierte Variante des Leittexts 153

Bearbeitungshinweise

Der vorliegende Leittext enthält **zwei Programmieraufgaben** und **zusätzliche Fragen**. Mit den zusätzlichen Fragen erarbeiten Sie sich die für die Programmierung der Aufgaben benötigten Kenntnisse. Die **Informationen zur Bearbeitung des Leittextes** bekommen Sie in dem ausgeteilten **Informationsmaterial**. Bevor Sie anfangen, beachten Sie bitte **folgende Hinweise:**

- **Arbeiten Sie <u>mit</u> Ihren Gruppenmitgliedern <u>zusammen</u>.** Diskutieren Sie Lösungswege und tauschen Sie sich über Probleme aus. Bis auf den **Abschlusstest** sind alle sonstigen Aufgaben in Gruppenarbeit zu lösen. **Trotzdem beantwortet <u>jeder einzeln</u> die Aufgaben und Fragen auf <u>seinem</u> Leittext.**

- Machen Sie sich mit dem **Leittext** und dem **Informationsmaterial** vertraut, indem Sie beides vollständig durchblättern. Dies hilft Ihrer Orientierung bei späteren Problemen.

- Wenn Sie eine Frage oder ein Problem in der Gruppe nicht lösen können, bitten Sie **Ihren Lehrer um Hilfestellungen**. Sie können auch Ihre **Nachbargruppe** um Rat fragen.

> Bitte halten Sie sich bei der Bearbeitung der Aufgaben an die **Reihenfolge** und die **Hinweise** zur Bearbeitung

Einführung in die Programmierung von Schrittketten

Sie haben bisher Verknüpfungssteuerungen programmiert, in denen im **FC 1** die Informationen der Eingänge der SPS in einfachen binären Verknüpfungen verarbeitet und im **FC 2** den Ausgängen zugeordnet wurden. Bei der Programmierung von Prozessabläufen in Schrittketten (vgl. Elektropneumatik) müssen jedoch zusätzlich bestimmte Sachverhalte berücksichtigt werden. Besonders die **Merker, als Verbindungsglieder zwischen den Funktionen**, haben dabei eine wichtige Aufgabe.

1. Bearbeiten Sie die dazu die folgenden Fragen. **Informationen** zu Merkern in Schrittketten usw. finden **Sie im Informationsmaterial auf S. 1.**

Was versteht man unter einem Schrittmerker und wie wird er programmiert?

_____

_____

Wie wird ein Schrittmerker gesetzt und zurückgesetzt?

_____

_____

Welche Eigenschaft haben *remanente* Merker?

_____

Wofür dient ein Startmerker? Was ist beim Startmerker zu beachten?

_____

_____

2. Bevor Sie damit beginnen, das SPS-Programm für die untenstehende Aufgabe zu erstellen, **erarbeiten Sie sich** zuerst die dafür **erforderlichen Kenntnisse.** Lesen Sie dazu die **Seiten 2, 3 und 4 des Informationsmaterials genau durch. Achten Sie dabei bitte auf folgende Punkte und tauschen Sie sich darüber in der Gruppe aus:**
- Wie sind **einfache** SPS-Programme zur Programmierung von Schrittketten aufgebaut?
- Nach welchem Schema werden die Schrittmerker gesetzt?
- Was geschieht mit den Schrittmerkern in der Befehlsausgabe?
- Warum wird die Befehlsausgabe hier über SR-Speicher programmiert?

 3. Ihre Aufgabe besteht nun darin, **mit Hilfe der Informationen** und **Programmierbeispiele** im **Informationsmaterial** die folgende Programmieraufgabe 1 zu bearbeiten. Machen Sie sich mit der Aufgabenstellung der teilautomatisierten Bohrmaschine vertraut und weisen Sie dann den Schritten im untenstehenden Weg-Schritt-Diagramm der teilautomatisierten Bohrmaschine die entsprechenden **Schrittmerker** zu.

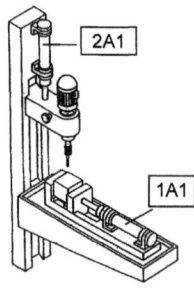

Programmieraufgabe 1
Teilautomatisierte Bohrmaschine

Die nebenstehende Bohrmaschine soll mittels einer Speicherprogrammierbaren Steuerung teilautomatisiert werden. Durch Betätigen des Starttasters S1 wird der Spannvorgang gestartet. Nach dem Spannen des Werkstücks durch den Zylinder 1A1 erfolgt automatisch der Vorschub des Bohrwerkzeugs. Nach Beendigung des Bohrvorgangs fährt das Bohrwerkzeug zurück und das Werkstück wird entspannt. Die Anlage kann durch das Betätigen der Rücksetztaste S0 in den Ausgangszustand zurückgesetzt werden. Die Steuerung wurde mit doppeltwirkenden Zylindern und monostabilen Magnetventilen realisiert.

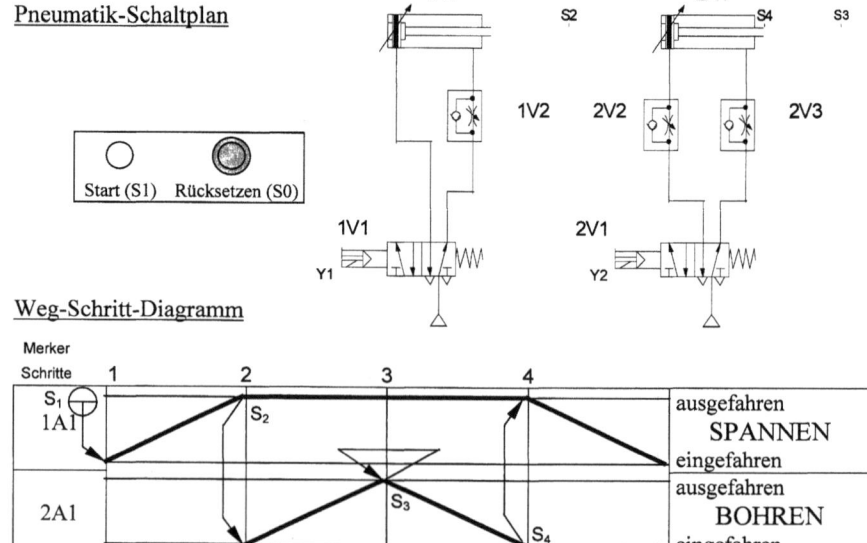

Beispielorientierte Variante des Leittexts 155

 4. Vervollständigen Sie die Zuordnungsliste (Symboltabelle) für die Aufgabe 1 mit Hilfe des Weg-Schritt-Diagramms und des Schaltplans auf Seite 4.

Symbol	Adresse		Kommentar
Schrittkette	FC	1	
Befehlsausgabe	FC	2	
S0	E	0.0	Rücksetztaste (Reset)
S1	E	0.1	Start
	E	0.2	Spannzylinder ausgefahren
	E	0.3	Bohrzylinder ausgefahren
	E	0.4	Bohrzylinder eingefahren
Merker 0	M	0.0	Startmerker
Merker 1	M	0.1	
Merker 2	M	0.2	
Merker 3	M	0.3	
Merker 4	M	0.4	
	A	4.1	Spannzylinder ausfahren
	A	4.2	Bohrzylinder ausfahren

 5. Erstellen Sie nun schriftlich (Freihand-Skizze) das SPS-Programm in der Programmiersprache FUP. **Orientieren Sie sich** dabei an der Beschreibung eines einfachen SPS-Programms im **Informationsteil auf den Seiten 2, 3 und 4**.

 Sie benötigen für das Programm der Aufgabe 1 einen Organisationsbaustein **OB 1**, sowie die Funktionen **FC 1** und **FC 2**. Da in diesem einfachen Programm auf die Wahl der Betriebsart verzichtet wird, lautet die Symbolbezeichnung für **FC 1** hier nicht „Betriebsarten", sondern „**Schrittkette**". Analog dazu heißt die Funktion **FC 2** in diesem Programm „**Befehlsausgabe**".

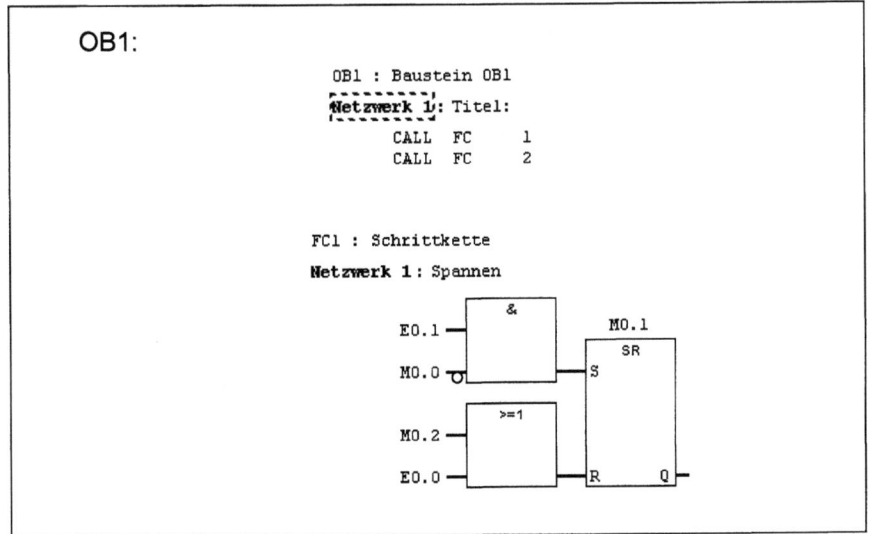

Netzwerk 2: Bohrervorschub ein

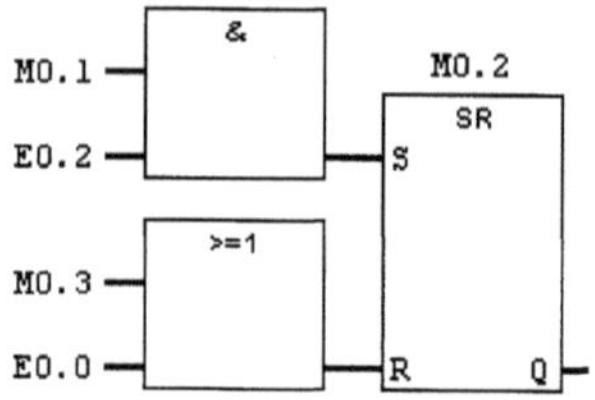

```
         &
M0.1 ──┤        ├── M0.2
       │        │    SR
E0.2 ──┤        ├──S
       └────────┘
         >=1
M0.3 ──┤        ├
       │        │
E0.0 ──┤        ├──R   Q ──
       └────────┘
```

Netzwerk 3: Bohrervorschub zurück

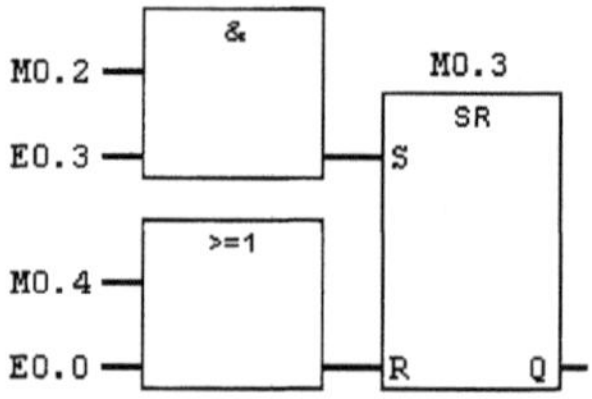

```
         &
M0.2 ──┤        ├── M0.3
       │        │    SR
E0.3 ──┤        ├──S
       └────────┘
         >=1
M0.4 ──┤        ├
       │        │
E0.0 ──┤        ├──R   Q ──
       └────────┘
```

Netzwerk 4: Entspannen des Werkstücks

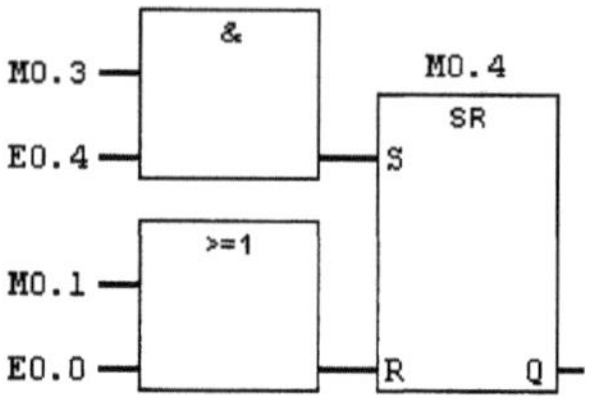

```
         &
M0.3 ──┤        ├── M0.4
       │        │    SR
E0.4 ──┤        ├──S
       └────────┘
         >=1
M0.1 ──┤        ├
       │        │
E0.0 ──┤        ├──R   Q ──
       └────────┘
```

Netzwerk 5: Startmerker

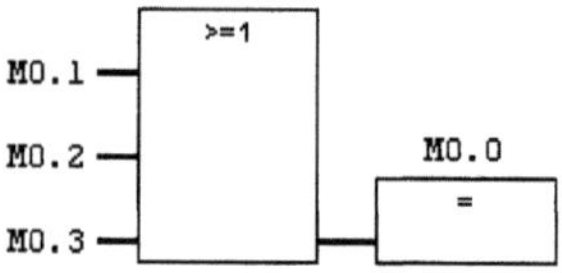

```
         >=1
M0.1 ──┤        ├
       │        │
M0.2 ──┤        ├── M0.0
       │        │    =
M0.3 ──┤        ├
       └────────┘
```

FC2 : Befehlsausgabe

Netzwerk 1: Spannen

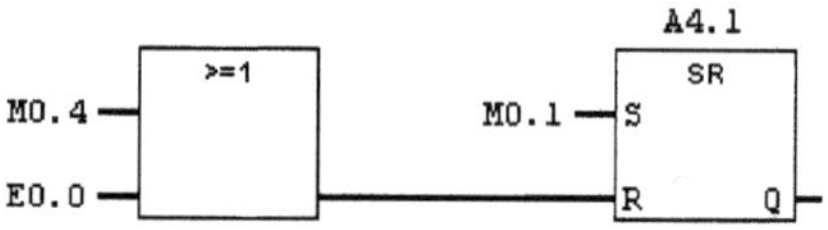

```
                                    A4.1
         >=1                         SR
M0.4 ──┤        ├         M0.1 ──S
       │        │                
E0.0 ──┤        ├─────────────────R   Q ──
       └────────┘
```

Netzwerk 2: Bohren

```
                                    A4.2
         >=1                         SR
M0.3 ──┤        ├         M0.2 ──S
       │        │                
E0.0 ──┤        ├─────────────────R   Q ──
       └────────┘
```

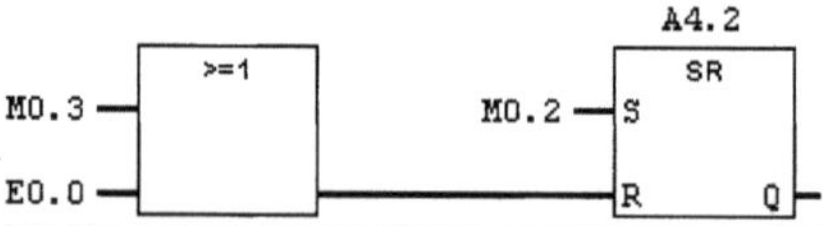

 Besprechen Sie das Programm mit Ihrem Lehrer und lassen Sie ihn die bisherigen Arbeitsergebnisse unterschreiben. Fahren Sie danach mit Aufgabe 5 fort.

Lehrerunterschrift

Beispielorientierte Variante des Leittexts

6. Erstellen Sie nun das SPS-Programm am PC (Ansicht **ohne symbolische Darstellung** aber **mit Symbolinformation und Kommentaren**).

- Legen Sie ein **neues Projekt** mit dem Namen „**Bohrmaschine**" an und starten Sie dann im SIMATIC Manager den Symbol Editor durch einen Doppelklick auf das Icon „Symbole".
- Geben Sie hier **zuerst** Ihre **Zuordnungsliste** zusammen mit den Kommentaren ein.

> **Wechseln Sie sich** in der Softwarebedienung **ab**. Stellen Sie sicher, dass jedes Gruppenmitglied in der Lage ist, ein neues Projekt anzulegen und ein Programm zu erstellen.

Informieren Sie sich im Hilfe-Programm des Symboleditors über die *Schritte zum Bearbeiten der Symboltabelle* (Symboleditor→ Menü „Hilfe" → Hilfe zum Kontext). Finden Sie heraus, wie der Symboleditor noch gestartet werden kann.

- **Fügen Sie zuerst** die S7-Bausteine **FC 1 „Schrittkette"** und **FC 2 „Befehlsausgabe"** (z.B. Menü EINFÜGEN – S7-Baustein – Funktion) in Ihr Projekt ein.
- Schreiben Sie **danach** den Organisationsbaustein **OB 1**. Durch einen Doppelklick auf die Bausteine wird der jeweilige Baustein im Editor geöffnet und kann bearbeitet werden.
- Übertragen Sie die Netzwerke der Funktionen FC 1 „Schrittkette" und FC 2 „Befehlsausgabe" Ihres Programms für die Aufgabe 1 in das von Ihnen angelegte Projekt

7. Geben Sie den **Netzwerken** der beiden Funktionen **sinnvolle Titel**. Schreiben Sie für jedes Netzwerk einen **Kommentar, der die Aufgabe des Netzwerks erläutert**. Das Programm wird dadurch übersichtlicher und leichter nachvollziehbar. Zudem gibt es Ihnen eine Rückmeldung darüber, ob Ihr Programm sinnvoll aufgebaut ist.

Meistens werden Programme von Grund auf am PC geschrieben. Dabei wird **schrittweise programmiert**. Zuerst wird in der Funktion „Schrittkette" (hier FC 1) **der erste Schritt programmiert**. In der Funktion „Befehlsausgabe" (hier FC 2) **wird dann sogleich die dazugehörige Befehlsausgabe programmiert** und das **Programm geladen** und **getestet**. Auf diese Weise werden Sie später das SPS-Programm der **Aufgabe 2** schrittweise programmieren. Da Sie das Programm der Aufgabe 1 schon per Hand entworfen haben, ist die schrittweise Programmierung **in diesem Fall nicht notwendig**.

8. Laden, testen und korrigieren Sie gegebenenfalls Ihr SPS-Programm. Drucken Sie Ihr fertiges Programm einmal für die Gruppe aus und geben einen Ausdruck bei Ihrem Lehrer ab (**ohne symbolische Darstellung** aber **mit Symbolinformation und Kommentar**). Bearbeiten Sie danach die folgenden Leitfragen.

Bearbeiten Sie mit Hilfe des **Informationsmaterials** auf einem DIN A4-Blatt folgende **Leitfragen:**
- Nach welchem Schema werden die Netzwerke der Schrittkette programmiert?
- Wie wird die Befehlsausgabe bei monostabilen Magnetventilen programmiert? Warum?
- Wozu dienen die unterschiedlichen Bausteine eines SPS-Programms?
- Welchen Vorteil bietet das Schreiben von Kommentaren und Titeln bei Netzwerken?

Nach der Bearbeitung der Aufgaben und Leitfragen füllen Sie bitte den **Fragebogen 1** aus (beim Lehrer erhältlich).

Fragen zur Erschließung des Programmierbeispiels „Farbrührwerk"
(siehe Informationsmaterial ab S. 5)

Arbeiten Sie das Programmierbeispiel „Farbrührwerk" auf den Seiten **5 bis 11 des Informationsmaterials** aufmerksam durch und beantworten Sie danach in der Gruppe die unten stehenden Fragen. Durch das Studieren des Programmierbeispiel und der Bearbeitung der Fragen erwerben Sie die Programmierkenntnisse, die für die Bearbeitung von Aufgabe 2 erforderlich sind.

1. Wodurch unterscheiden sich einfache SPS-Programme in Ihrem Aufbau von umfangreicheren?

2. Wozu dienen die Merker M7.0 und M1.0 in Bild 2 auf S. 7?

3. Was würde geschehen, wenn E0.4 oder E0.5 in Bild 3 auf S. 7 nicht negiert wären?

4. Welche Folge hätte die Verwendung eines SR-Speichers für M2.0 (FC 1, Netzwerk 3).

5. Unter welchen Voraussetzungen wird der Programmablauf unterbrochen?

6. Was passiert, wenn der Sensor S3 (FC2, Netzwerk 1) durch einen Drahtbruch ausfällt?

7. Wozu dient die Funktion FC 4?

8. Wie reagiert die Steuerung, wenn im Netzwerk 3 der Funktion FC 2 „Schrittkette" (S. 9, Bild 2) der S-Eingang der Zeitfunktion T1 von 1 auf 0 wechselt, während die Zeit abläuft? Welche Konsequenzen hat dies für den Einzelschrittbetrieb? Informationen zur Zeitfunktion finden Sie im Informationsteil auf S. 13.

Nachdem Sie jetzt die Programmierbeispiele durchgearbeitet haben, sprechen Sie Ihre Ergebnisse mit dem Lehrer durch. Fahren Sie danach bitte auf der nächsten Seite mit Aufgabe 2 fort.

Lehrerunterschrift

Beispielorientierte Variante des Leittexts

Programmieraufgabe 2
Programmieren der Stationen

In der Montageanlage in Raum 02 werden Feuchtraumschalter für das Anbringen auf Putz zusammengebaut und auf vorhandene Paletten abgelegt.

 1. Ihre Aufgabe besteht nun darin, **die ersten fünf Schritte Ihrer Station zu Programmieren. Lesen Sie dazu alle unten stehenden Tipps und Hinweise aufmerksam durch bevor Sie anfangen.**

 Tipps und Hinweise:

- Orientieren Sie sich zur Unterstützung an den beiden Programmierbeispielen „Biegewerkzeug" und „Farbrührwerk" im **Informationsteil**.
- Verschaffen Sie sich durch das allgemeine Schema des zyklischen Abarbeitens eines SPS-Programms einen Überblick über die Struktur ihres Programms (siehe S. 12).
- Erstellen Sie die Symboltabelle mit Hilfe von Zuordnungsliste und Weg-Schritt-Diagramm (bekommen Sie von Ihrem Lehrer).
- Ihr Programm soll aus den Bausteinen OB 1, FC 1 „Betriebsarten" (Auswahl zwischen Automatik und Einzelschrittbetrieb), FC 2 „Schrittkette" FC 3 „Befehlsausgabe" und FC 4 „Meldungen" bestehen.
- Legen Sie **zuerst alle** Bausteine an. Rufen Sie dann im OB1 alle Funktionen auf (in AWL). Fangen Sie **danach** mit FC 2 „Schrittkette" und FC 3 „Befehlsausgabe" (in FUP) an **schrittweise zu programmieren**. Halten Sie sich dabei an das Schrittketten-Schema.
- Geben Sie in den **Netzwerken** der Funktionen **sinnvolle Titel**. Schreiben Sie für jedes Netzwerk einen **Kommentar, der die Aufgabe des Netzwerks erläutert**.
- Aus Kostengründen fehlen an der Anlage bestimmte Sensoren als Weiterschaltbedingung für den nächsten Schritt. Programmieren Sie stattdessen jeweils eine Zeit von **5ms** als **Weiterschaltbedingung**.
- **Wenn Sie die ersten fünf Schritte programmiert haben, ergänzen Sie den Betriebsartenmerker von FC 1 (vgl. Informationsteil S. 7) in der Schrittkette.**
- Bearbeiten Sie dann den Funktionsbaustein **FC4 „Meldungen"** mit der folgenden Aufgabe: Wird bei der Abarbeitung von den Schritten 2 bis 5 eine Zeit von 5s überschritten, soll diese Verlangsamung des Montageablaufs durch eine rote Lampe angezeigt werden. Diese Funktion lässt sich im Einzelschrittbetrieb überprüfen.

 Wenn Sie das Programm mit den ersten fünf Schritten Ihrer Station getestet haben, präsentieren Sie Ihrem Lehrer die Funktion und das Programm.

Bearbeiten Sie mit Hilfe des **Informationsmaterials** auf einem DIN A4-Blatt folgende Leitfragen:
- Was versteht man unter zeitabhängigen und prozessabhängigen Ablaufsteuerungen?
- Was versteht man unter den Begriffen *Verknüpfungssteuerung* und *Ablaufsteuerung*.
- Nennen und beschreiben Sie zwei Zeitfunktionen.
- Was versteht man unter einer zyklischen Abarbeitung eines SPS-Programmes?
- Wie ändert sich die Befehlsausgabe bei der Verwendung bistabiler Magnetventile (S. 11)?

 Gegen Ende der Arbeitszeit drucken Sie Ihr Programm aus (**ohne symbolische Darstellung** aber **mit Symbolinformation und Kommentar**) und geben es bei Ihrem Lehrer ab

Informationsmaterial

1. Merker

In SPS-Programmen ist es oftmals erforderlich, ein kurzzeitiges Signal oder Verknüpfungsergebnisse (VKE) zu speichern. Zu diesem Zweck werden **Merker** eingesetzt. Bei nachfolgenden Verknüpfungen wird der Merker dann abgefragt. Weiter finden Merker als sogenannte **Schrittmerker** bei der Programmierung von **Schrittketten** (Ablaufsteuerungen) Verwendung.

Dies soll anhand der allgemeinen Darstellung in **Bild 1** erläutert werden: Für jeden **Schritt** n wird in Form eines **SR-Speichers ein Schrittmerker gesetzt**. Die **Bedingung für das Setzen** des Schrittmerkers n ist, dass der **vorhergehende Schrittmerker** $n-1$ **gesetzt** ist **UND** die **Weiterschaltbedingungen** (Transitionen) **für den Schritt n** erfüllt sind. Wie bei den Prozessabläufen in der Elektropneumatik muss auch hier der jeweilige Schritt wieder zurückgesetzt werden, damit der Prozessablauf nicht gestört wird. Dies erfolgt bei der SPS-Programmierung von Schrittketten dadurch, dass der Schrittmerker n am Rücksetzeingang des SR-Speichers durch den **Schrittmerker des nachfolgenden Schrittes** $n+1$ **ODER** die **Rücksetztaste** (Reset) zurückgesetzt wird.

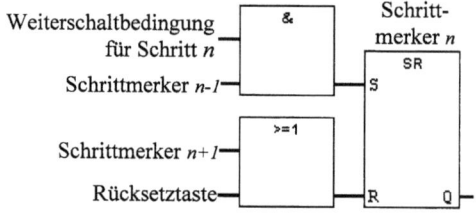
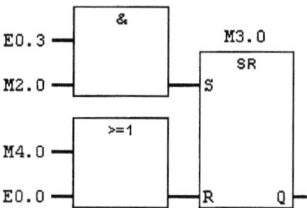

Bild 1: Allgemeine Darstellung: SR-Speicher als Schrittmerker

Bild 2: SR-Speicher als Schrittmerker am Beispiel für Schritt 3

In **Bild 2** wird das Setzen eines Schrittmerkers am Beispiel des Schrittmerkers für den 3. Schritt einer Anlage verdeutlicht. Die Bezeichnung der Merker kann im Prinzip willkürlich gewählt werden. Jedoch ist es empfehlenswert, die Merker **sinnvoll** zu bezeichnen (z.B. M 1.0 für Schrittmerker 1), um das Programm leichter nachvollziehen zu können und Fehler leichter zu entdecken.

> In SPS-Programmen kommen zusätzlich zu den Schrittmerkern sogenannte **Startmerker** zum Einsatz. Diese haben die Aufgabe, einen Neustart des Programmablaufs während des Betriebs zu verhindern. Dem Startmerker wird dazu meist das Verknüpfungsergebnis (VKE) einer ODER-Verknüpfung **zugewiesen, die alle Schrittmerker außer den letzten enthält (vgl. S. 4, Bild 2)**.

Einen Teil der **Merker** einer SPS kann man **remanent** (lat. remanere = zurückbleiben, haften bleiben) einstellen, d.h. diese Merker behalten dann ihre Signalzustände auch nach Abschalten der Stromversorgung der SPS bei **(Bild 3)**. Merker können **wie Ausgänge behandelt** werden. Sie führen jedoch **nicht nach außen**, sondern **wirken innerhalb der Steuerung**, vergleichbar einem Hilfsschütz in elektrischen Steuerungen.

Eigenschaft	Byteadresse	Bitadresse							
		7	6	5	4	3	2	1	0
nicht remanent	2047 ⋮ ⋮ 144								
remanent einstellbar	143 ⋮ 2 1 0					M0.3			

Bild 3: Merker (z.B. remanenter Merker M0.3)

2. Aufbau von SPS-Programmen

Damit Programme **übersichtlich** werden und nicht nur vom Ersteller des Programms gelesen und verstanden werden können, **soll strukturiert programmiert** werden. Dafür teilt man Programme in einzelne **Funktionen** ein, die verschiedene Aufgaben erfüllen **(Bild 1)**. Die Funktionen bestehen aus einzelnen **Netzwerken**, die jeweils **nur einen zusammenhängenden Verknüpfungsbaum** enthalten. Im **Organisationsbaustein OB 1 (Bild 2)** wird die Reihenfolge festgelegt, in der die Funktionen aufgerufen werden. Die Funktionen werden mit fortlaufender Nummer (xx) unterschieden. Für besonders komplexe Funktionsabläufe gibt es von den Steuerungsherstellern auch fertige Programmbausteine, Funktionen (FC) und Funktionsbausteine (FB), die nur noch in einigen Parametern zu ergänzen sind.

Wichtig für ein nachvollziehbares Programm ist darüber hinaus, dass in den **Netzwerktiteln** und **Kommentaren** erläutert wird, was in den einzelnen Netzwerken programmiert wurde.

Gliederung			Aufgaben
Organisationsbaustein OB 1			
Aufruf Funktion 1 (Call FC 1) ⇓ Bausteinende	BA: BE:	FC 1 Netzwerk 1 Netzwerk 2 . Netzwerk xx	Betriebsarten Start, Stopp Automatik Einzelschritt
Aufruf Funktion 2 (Call FC 2) ⇓ Bausteinende	BA: BE:	FC 2 Netzwerk 1 Netzwerk 2 . Netzwerk xx	Schrittkette Weiterschaltbedingungen
Aufruf Funktion 3 (Call FC 3) ⇓ Bausteinende	BA: BE:	FC 3 Netzwerk 1 Netzwerk 2 . Netzwerk xx	Befehlsausgabe Steuerungsbefehle
Aufruf Funktion 4 (Call FC 4) ⇓ Bausteinende	BA: BE:	FC 4 Netzwerk 1 Netzwerk 2 . Netzwerk xx	Meldungen Diagnose

Bild 1: Strukturierte Programmierung

Steuerungen verfügen meist über die Betriebsarten **Automatik** und **Einzelschritt**. Hierfür wird eine gesonderter **Funktion „Betriebsarten"** (meist FC 1) programmiert, die noch weitere Netzwerke enthalten kann.

Die **Funktion für die Schrittkette (meist FC 2)** enthält für jeden Steuerungszustand den so genannten Schrittmerker und die Schaltfunktion mit den Weiterschaltbedingungen des nachfolgenden Schrittes.

Die **Funktion Befehlsausgabe (meist FC 3)** enthält die Ausgabebefehle, die von den einzelnen Schritten und von den Betriebsarten abhängen. Mit dieser Funktion werden die Stellglieder angesteuert.

In der **Funktion für Meldungen/Diagnose (meist FC 4)** werden Schaltfunktionen definiert, die irreguläre Zustände oder Störungen melden (z.B. Zykluszeitüberschreitungen, Motorüberlast).

2.1 Einfache SPS-Programme

Einfache Programme können auch **nur aus zwei Funktionen** bestehen **(Bild 2)**. Da man in dem Fall auf die Wahl der **Betriebsart** verzichtet, bekommt hier, im Gegensatz zu **Bild 1** der FC 1 die symbolische Bezeichnung „Schrittkette" (ebenso FC 2 „Befehlsausgabe") zugewiesen. Die Symbolnamen für die verschiedenen Bausteine (z.B. „Schrittkette" für FC 1 in **Bild 2**) können direkt beim Erstellen des Bausteins oder später in der Symboltabelle eingetragen werden.

```
OB1 :
Netzwerk 1: Aufruf der Funktionsbausteine
     CALL  FC   1
     CALL  FC   2

OB 1, Darstellung ohne Symbole
```

```
OB1 :
Netzwerk 1: Aufruf der Funktionsbausteine
     CALL  "Schrittkette"
     CALL  "Befehlsausgabe"

OB 1, Symbolische Darstellung
```

Bild 2: Darstellungsmöglichkeiten

2.1.1 Voraussetzungen

Voraussetzung für die Programmierung ist die Kenntnis der Anlage und deren Aufgabe. Ist ein Weg-Schritt-Diagramm (**Bild 2**) und eine Zuordnungsliste oder Symboltabelle (**Bild 3**) vorhanden, kann mit dem Programmieren begonnen werden. In manchen Fällen liegt auch ein Programmablaufplan vor (**siehe S. 10, Bild 2**). Wie sich dem Weg-Schritt-Diagramm in **Bild 2** entnehmen lässt, fährt zuerst der Zylinder 1A1 auf Tastendruck der Starttaste S1 (**Bild 1, Bild 2, Bild 3**) aus und durch eine Selbstauslösung wieder ein. Nachdem der Zylinder 1A1 selbständig wieder eingefahren ist, fährt der Zylinder 2A1 aus und ebenfalls durch eine Selbstauslösung wieder ein. Damit ist der Anfangszustand wieder erreicht.

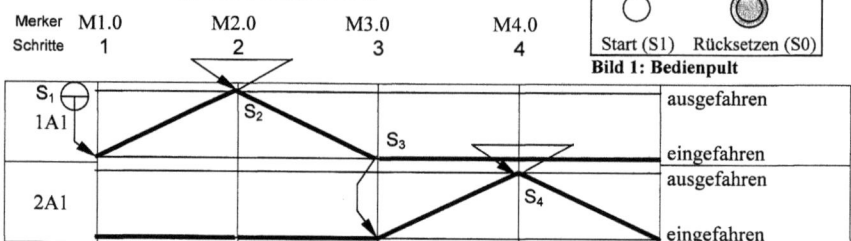

Bild 1: Bedienpult

Bild 2: Weg-Schritt-Diagramm

Symbol	Adr.	Kommentar	Symbol	Adr.	Kommentar
Schrittkette	FC 1		Merker 0	M 0.0	Startmerker
Befehlsausgabe	FC 2		Merker 1	M 1.0	Schritt 1
S0	E 0.0	Rücksetztaste (Reset)	Merker 2	M 2.0	Schritt 2
S1	E 0.1	Start	Merker 3	M 3.0	Schritt 3
S2	E 0.2	1A1 ausgefahren	Merker 4	M 4.0	Schritt 4
S3	E 0.3	1A1 eingefahren	Y1	A 4.1	1A1 ausfahren
S4	E 0.4	2A1 ausgefahren	Y2	A 4.2	2A1 ausfahren

Bild 3: Zuordnungsliste

2.1.2 Die Funktionen FC 1 und FC 2

Das SPS-Programm zu der obigen Aufgabenbeschreibung besteht aus einem OB 1 (**siehe S. 2, Bild 2**) und den zwei Funktionen FC 1 „Schrittkette" und FC 2 „Befehlsausgabe". Im FC 2 wird für jeden Schritt (**siehe Bild 2, Weg-Schritt-Diagramm**) in einem eigenen Netzwerk ein Schrittmerker gesetzt.
Der **Schrittmerker M1.0 (Bild 4)** für den **ersten Schritt** wird gesetzt, wenn der Starttaster S1 (**E0.1, Bild 1 u. 3**) gedrückt wird UND der Startmerker M0.0 (**S. 4, Bild 2**) NICHT gesetzt ist, d.h. die Startbedingungen erfüllt sind. Rückgesetzt wird der Schrittmerker M1.0, wenn alle Weiterschaltbedingungen für den Schritt 2 erfüllt sind, d.h. wenn der Schrittmerker M2.0

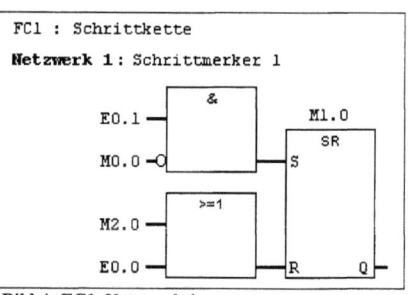

Bild 4: FC1, Netzwerk 1

ein 1-Signal führt. Ebenfalls zurückgesetzt wird der Schrittmerker M1.0, wenn die Rücksetztaste S0 (**E0.1, Bild 1, 3 u. 4**) gedrückt wird.

Um zu sehen, wie mit dem Schrittmerker M1.0 des ersten Schritts die Befehlsausgabe für den ersten Schritt programmiert wird, springen Sie bitte kurz zu **Bild 3** auf der nächsten Seite.

Die Netzwerke der **Schrittkette** werden immer **nach dem selben Schema programmiert**. Für jeden Schritt wird ein Schrittmerker in Form eines SR- Speichers durch eine **UND-Verknüpfung** von Startbedingungen (Schritt 1, **Bild 4**) oder Weiterschaltbedingungen (ab Schritt 2, S. 4) **gesetzt**. **Zurückgesetzt** wird der Schrittmerker durch eine **ODER-Verknüpfung** aus dem nächsten Schrittmerker (oder einer anderen Weiterschaltbedingung) und der Reset-Taste (**vgl. Bild 4 und S. 4, Bild 1**).

Systematikorientierte Variante des Informationsmaterials

Für den **zweiten Schritt** wird der **Schrittmerker M2.0** (**Bild 1**) gesetzt, wenn der Schrittmerker M1.0 UND das Signal S2 (E0.2, siehe Zuordnungsliste) gegeben wird, das anzeigt, dass der Zylinder 1A1 ganz ausgefahren ist. Der Schrittmerker M2.0 wird wiederum durch den Schrittmerker des nächsten Schritts ODER die Rücksetztaste S0 (E0.0) zurückgesetzt.

Die Schrittmerker M3.0 und M4.0 werden wiederum durch den vorhergehenden Schrittmerker UND das auslösende Signal gesetzt, d.h. durch E0.3 (S3, Zylinder 1A1 eingefahren) bei M3.0 bzw. durch E0.4 (S4, Zylinder 2A1 ausgefahren bei M4.0). Der Schrittmerker M3.0 wird wie die beiden vorherigen Schrittmerker durch den nachfolgenden Schrittmerker ODER die Rücksetztaste S0 (E0.0) zurückgesetzt. Der **Schrittmerker M4.0** wird jedoch, da er für den **letzten Schritt** steht, durch den **ersten Schrittmerker M1.0** zurückgesetzt (der für M4.0 wiederum im automatischen Ablauf der nachfolgende Schritt ist). Die zweite Rücksetzmöglichkeit für M4.0 ist wie bei den anderen Schrittmerkern die **Rücksetztaste** S0 (E0.0).

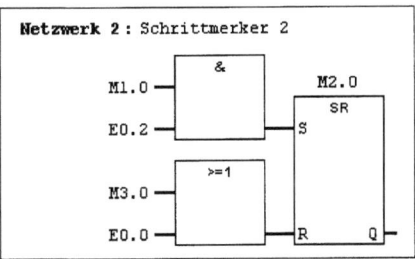

Bild 1: FC1, Netzwerk 2

Durch den **Startmerker** wird sichergestellt, dass zu Beginn des Ablaufs **keiner der Schrittmerker** gesetzt ist. Das **negierte** Signal des Startmerkers M0.0 ist eine Startbedingung für den ersten Schritt (**vgl. Bild 2, S. 3**), d.h. keiner der Schrittmerker M1.0, M2.0 oder M3.0 (außer des letzten) darf zum Starten gesetzt sein (**vgl. S. 3, Bild 4**). Derartige Anfangsbedingungen finden sich in fast jedem Programm. Der Startmerker ist auch oftmals zu Beginn der Schrittkette zu finden.

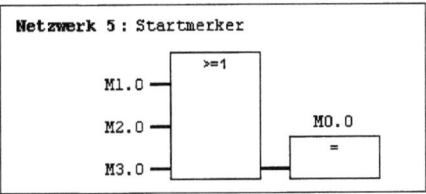

Bild 2: FC1, Netzwerk 5

In der Funktion **FC 2 „Befehlsausgabe"** werden durch die Schrittmerker die Ausgänge gesetzt. Da in der Steuerung **monostabile Magnetventile** verwendet werden, d.h. die **Signale nicht gespeichert** werden können, werden die Ausgänge durch **SR-Speicher** gesetzt. Dies könnte zwar für den Fall, dass der Ausgang beim nächsten Schritt wieder abfallen muss auch mit einer Zuweisung erfolgen (wie bei der Befehlsausgabe bei bistabilen Magnetventilen, S. 7). Um Fehler zu vermeiden, soll hier jedoch die **Befehlsausgabe bei monostabilen Magnetventilen immer durch Setzen von SR-Speicher** erfolgen.

Der **Ausgang A4.1** (**Bild 3**), durch den der Zylinder 1A1 ausgefahren wird, wird durch den Schrittmerker des ersten Schritts M1.0 gesetzt. Zurückgesetzt wird er durch den Schrittmerker M2.0 des nachfolg. Schritts oder durch eine Rücksetztaste (E0.0).

Der **Ausgang A4.2**, durch den der zweite Zylinder (**2A1, siehe Weg-Schritt-Diagramm S. 3, Bild 2**) ausgefahren wird, wird ähnlich wie in **Bild 3** programmiert. Er wird jedoch durch den Schrittmerker des dritten Schritts M3.0 gesetzt. Zurückgesetzt wird er durch den Schrittmerker M4.0 des nachfol-

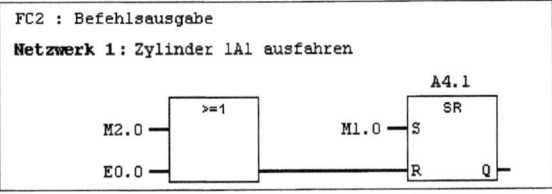

Bild 3: FC2, Netzwerk 1

genden Schritts oder wiederum durch die Rücksetztaste. Die dazugehörigen Schritte 2 und 4 werden aufgrund der monostabilen Magnetventile durch das Rücksetzen der Ausgänge A4.1 und A4.2 durch die Schrittmerker M2.0 bzw. M4.0 ausgelöst und sind daher schon programmiert.

Die Dokumentation der Programmierung ist besonders wichtig. Durch das **Dokumentieren** der Aufgabe der Netzwerke in den darunter stehenden **Kommentaren** und die Vergabe von **Titeln** wird das Programm leichter nachvollziehbar und die Fehlersuche erleichtert.

2.2 Umfangreichere SPS-Programme (vgl. Übersicht S. 8)

Bei umfangreicheren SPS-Programmen ist eine strukturierte Programmierung besonders wichtig. Die Fehlersuche lässt sich durch eine übersichtliche Programmstruktur in großem Maße reduzieren. Die Übersichtlichkeit wird u.a. durch die Ergänzung von zusätzlichen Funktionen erreicht, in denen dann zweckverwandte Netzwerke programmiert werden. Im folgenden sollen die Bestandteile eines strukturierten SPS-Programm beschrieben werden, das aus dem Organisationsbaustein OB1 und vier Funktionen besteht.

2.2.1 Der Organisationsbaustein OB 1

Von dem **Organisationsbaustein OB 1** aus, der die Schnittstelle zum Betriebssystem der SPS bildet, werden die Programmteile in festgelegter Reihenfolge aufgerufen (**Bild 1**). Nacheinander werden so die Funktionen 1 bis 4 aufgerufen und abgearbeitet (siehe auch S. 8).

```
OB1 :
Netzwerk 1: Titel:
         CALL    "Betriebsarten"
         CALL    "Schrittkette"
         CALL    "Befehlsausgabe"
         CALL    "Meldungen"
```
Bild 1: OB 1

2.2.2 Die Funktion FC 1 „Betriebsarten"

Im Programmteil FC 1 „Betriebsarten" wird die **Auswahl zwischen** dem **Automatikbetrieb und** dem **Einzelschrittbetrieb** verwirklicht. Dies erfolgt im Beispiel **(Bild 2)** durch das Setzen des Merkers M1.0 in Netzwerk 1, der dann bei der Programmierung der Schrittkette abgefragt wird **(vgl. S. 6, Bild 1)**. Der Automatikbetrieb wird durch Betätigen des Tasters E0.0 gestartet.
Im Automatikbetrieb wird das Programm automatisch immer wieder durchlaufen, bis die Anlage ausgeschaltet wird. Im Einzelschrittmodus, der oftmals auch eingesetzt

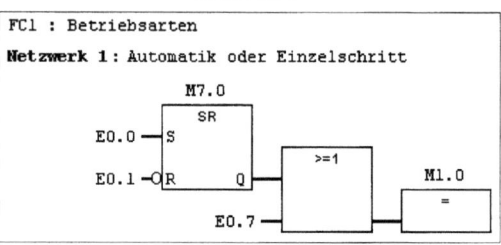

Bild 2: FC 1, Wahl der Betriebsart

wird, um den Ablauf zu testen, muss der jeweilige nächste Schritt durch den Taster (E0.7) ausgelöst werden.

Das **Ausschalten** soll über einen **Öffner** (hier E0.1, **Bild 3**) erfolgen, da ein Schließer bei einem eventuellen Drahtbruch die Anlage nicht ausschalten könnte (vgl. NOT-AUS). Damit dieser beim Öffnen wirksam wird, muss der Eingang über ein negiertes Signal geschaltet werden. Im Beispiel wurden zwei Öffner mit dem Öffner des AUS-Tasters ODER-verknüpft (z.B. thermischer Öffner, Überlastschalter). Durch die ODER-Verknüpfung der Öffner wird das Signal des Merkers M8.0 gleich 1, wenn ein oder mehrere Öffner betätigt werden.

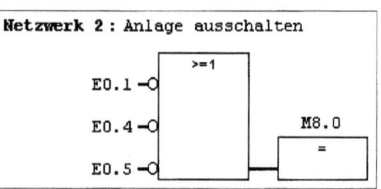

Bild 3: FC 1 Ausschalten der Anlage

> Das **Ausschalten** einer Anlage erfolgt stets **durch Öffner**. Nur so ist gewährleistet, dass die Anlage im Falle eines Drahtbruchs selbsttätig ausschaltet.

In vielen Programmen beschränkt sich der Baustein FC 1 „Betriebsarten" auf die Auswahl von Automatikbetrieb oder Einzelschrittbetrieb. Oftmals kommt noch ein Netzwerk mit einer Verknüpfung der **Startbedingungen (Anfangsschritt, vgl. S. 4, Bild 2)** oder weitere Betriebsarten, wie z.B. ein Schritt zur Erlangung der Startbedingungen hinzu.

> Um gefährliche Zustände zu verhindern, dürfen Startbedingungen oder Anfangsschritte nicht gespeichert werden (vgl. S. 4, Bild 2).. Sollte sich der Grundzustand verändern, nachdem der Merker in Form eines SR-Speichers gesetzt wurde, könnte dies den Ablauf nicht mehr beeinflussen.

2.2.3 Die Funktion FC 2 „Schrittkette"

In der Funktion FC 2 werden den einzelnen Schritten eines Weg-Schritt-Diagramms oder eines Ablaufplanes Schrittmerker zugewiesen, deren Zustand sich jeweils aus den Verknüpfungen der Weiterschaltbedingungen des jeweils vorhergehenden Schrittes und einem Startsignal ergibt. Schrittmerker werden meist mit SR-Speicherfunktionen realisiert, wenn das Signal außerhalb der SPS nicht gespeichert werden kann (z.B. Motorschütz oder monostabile Magnetventile).
In **Netzwerk 1 (Bild 1)** wird der Schrittmerker M4.0 für den ersten Schritt gesetzt, wenn der Merker des Startsignals M1.0 (S. 5, Bild 2) UND der Merker M2.0 ein 1-Signal führen. Bei dem Merker M2.0 handelt es sich wahrscheinlich um einen Startmerker, dessen Abfragen sicherstellt, dass sich die Anlage im Anfangszustand befindet **(vgl. S. 4, Bild 2)**.

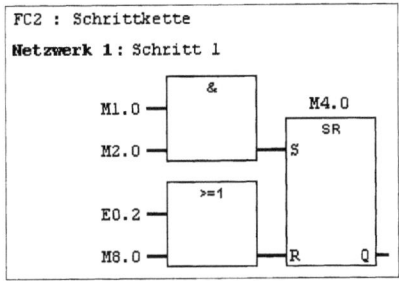

Bild 1: FC 2 Schrittkette, Schritt 1

Bei der Betrachtung dieses Schrittmerkers fällt auf, dass es sich zwar um den **ersten Schritt** handelt, der **Schrittmerker aber M4.0 heißt.** Dies ist eigentlich unerheblich, da Merkerbezeichnungen innerhalb der Systemgrenzen willkürlich gewählt werden können. Nichtsdestotrotz ist eine **sinnvolle Vergabe der Merkerbezeichnungen** anzustreben, da sie das Nachvollziehen eines Programms erleichtert.
Der **Schrittmerker M4.0 wird zurückgesetzt,** wenn der Eingang E0.2 ODER der Merker M8.0 gleich 1 sind. Eine Bedingung für das Rücksetzen eines Schrittmerkers ist immer das Erreichen einer Weiterschaltbedingung für den nächsten Schritt, hier z.B. das Signal E0.2. Der Merker M8.0 könnte für das Ausschalten der Anlage stehen, das auf verschiedene Arten erfolgen kann (AUS-Taster, Überlastschalter, ...) und aus diesem Grund in dem Merker M8.0 zusammengefasst wurde.

In **Netzwerk 2 (Bild 2)** wird der zweite Schritt programmiert. Das Signal von E0.2, das den vorhergehenden Schrittmerker M4.0 zurücksetzt **(Bild 1)**, ist im nachfolgenden Schritt 2 eine Bedingung in der UND-Verknüpfung zum Setzen des Schrittmerkers M5.0. Die andere Bedingung der UND-Verknüpfung ist das Vorhandensein des Startsignals M1.0 (vgl. S.

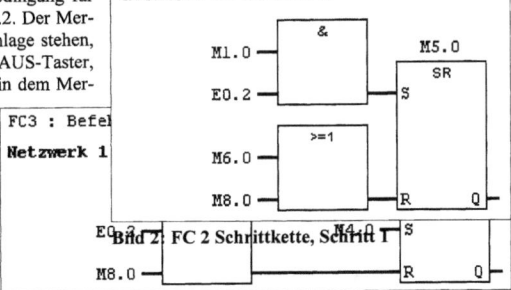

Bild 2: FC 2 Schrittkette, Schritt 2

Bild 3: FC 3 Befehlausgabe, Netzwerk 1

5, Bild 2). Zurückgesetzt wird der Merker in diesem Fall durch den nachfolgenden Schrittmerker M6.0 ODER wiederum durch den Merker M8.0, der schon beschrieben wurde.
Nachfolgende Schrittmerker werden wie die beschriebenen Beispiele **(Bild 1 und 2)** gesetzt und zurückgesetzt. Der **letzte Schrittmerker** wird jedoch neben dem Merker M8.0 von einem Merker oder Signal zurückgesetzt, das stellvertretend für das Erreichen der Anfangsbedingung steht.

2.2.4 Die Funktion FC 3 „Befehlsausgabe"

In der „Befehlsausgabe" werden nun die jeweiligen Ausgänge durch SR-Speicher gesetzt. Jeder Schrittmerker setzt einen SR-Speicher, dessen Ausgang dann die Aktion beginnt, die auf die Erfüllung seiner Weiterschaltbedingung folgen soll. Im Beispiel **(Bild 3)** heißt dies: Der Ausgang A0.0 wird auf 1 gesetzt, wenn die Weiterschaltbedingungen für eine Aktion (z.B. „**Pumpen**", Bild 3) erfüllt sind. Die Pumpe wird eingeschaltet. Da das Schütz, das den Motor der Pumpe ansteuert, das Ein-Signal nicht speichert, muss es durch die ODER-Verknüpfung von E0.2 und M8.0 zurückgesetzt werden (wie bei der Befehlsausgabe an monostabile Magnetventile).

Wie in Netzwerk 1 der Befehlsausgabe wird in **Netzwerk 2** das Signal des Ausgangs A0.1 gleich 1, wenn die Weiterschaltbedingungen für eine Aktion (z.B. „Rühren", **Bild 1**) erfüllt sind. Das Rührwerk wird eingeschaltet. Da das Schütz, das den Motor der Pumpe ansteuert, das Ein-Signal nicht

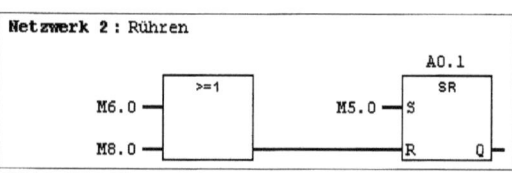

Bild 1: FC 3, Netzwerk 2

speichert, muss es durch die ODER-Verknüpfung von E0.2 und M8.0 zurückgesetzt werden (wie bei der Befehlsausgabe an monostabile Magnetventile). Dies könnte zwar für den Fall, dass der Schrittmerker beim nächsten Schritt wieder zurückgesetzt wird auch mit einer **Zuweisung** erfolgen (siehe unten). Um Fehler zu vermeiden, soll jedoch die **Befehlsausgabe bei monostabilen Magnetventilen grundsätzlich durch Setzen von SR-Speicher** erfolgen.

2.2.5 Die Funktion FC 4 „Meldungen"

In der Funktion **FC 4 „Meldungen"** werden irreguläre Zustände oder Störungen angezeigt. Dies kann z.B. durch Aufleuchten von Lampen oder durch Hörmelder geschehen.

Als Melde- und Diagnoseeinrichtung wird in **Bild 1** der Ausgang A0.3 gesetzt, wenn der negierte Eingang E0.4 (Öffner) betätigt wird. Dabei kann es sich z.B. um einen thermischen Öffner handeln, der bei einer Wärmeentwicklung wegen Motorüberlastung öffnen, was dann über eine Meldeleuchte oder einen Warnton angezeigt wird. Der Merker M10.0 könnte auch auf eine Zykluszeitüberschreitung o.ä. hinweisen.

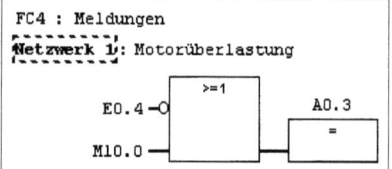

Bild 2: FC 4 Meldungen, Netzwerk 1

3. Befehlsausgabe bei bistabilen Magnetventilen

Oftmals werden in technischen Anlagen **aus Sicherheitsgründen bistabile Magnetventile** verwendet. Diese haben den Vorteil, dass das empfangene Signal auch bei Netzausfall gespeichert wird. Das Ventil bleibt in der momentanen Schaltstellung bis wieder Spannung anliegt und das Impulsventil durch das Gegensignal zurückgesetzt wird. Bei der Ansteuerung des bistabilen Magnetventils ist es nicht mehr notwendig, das Ausgangssignal in einem SR-Speicher zu speichern, bis dieser zurückgesetzt wird (vgl. S. 6, Bild 3).

In den Netzwerken 1 und 2 **(Bild 3 u. 4)** wird ein doppeltwirkender Zylinder durch ein bistabiles Magnetventil angesteuert. Damit kann z.B. verhindert werden, dass der Zustand des Zylinders (ausgefahren) bei einem Drahtbruch aufgehoben wird. Zum Ausfahren des Zylinders wird in Netzwerk 1 der Schrittmerker des ersten Schritts M1.0 mit einer **Identität** dem Ausgang zugewiesen **(Bild 3)**. Der Zylinder soll nun nach den Schritten 2 und 3 im vierten Schritt wieder einfahren **(Bild 4)**. Dazu wird der Schrittmerker M4.0 des vierten Schrittes wiederum mittels einer **Identität** dem Ausgang A4.3 zugewiesen **(Bild 4)**, der dem bistabilen Magnetventil das Gegensignal gibt. Das Impulsventil schaltet um und der Zylinder fährt wieder ein.

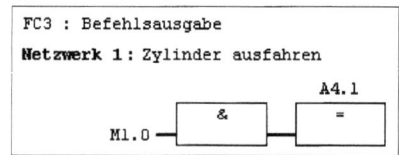

Bild 3: Befehlausgabe „ausfahren"

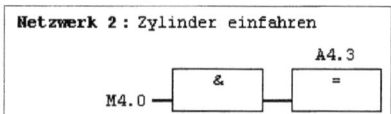

Bild 4: FC 4 Meldungen, Netzwerk 1

Größere Anlagen mit bistabilen Magnetventilen sollten über eine Möglichkeit verfügen, die bistabilen Ventile wieder in ihre Ausgangsstellung zurücksetzen zu können, falls der Ablauf unterbrochen wird. Dies wird meist über eine **Richtfunktion** realisiert. Dabei werden die Ventile durch einen Tastendruck („Ventile richten") in ihre Ausgangsposition gebracht werden.

4. Übersicht zur zyklischen Abarbeitung eines SPS-Programmes

Ist der Betriebsartenschalter der SPS auf RUN-Position geschaltet, wird das Programm zyklisch abgearbeitet. **Zunächst** wird aus dem Systemspeicher der **momentane Zustand der Eingänge eingelesen** (Prozessabbild der Eingänge). Gesteuert von OB 1 erfolgt danach die **Bearbeitung des Hauptprogramms**. Anschließend werden die sich daraus ergebenden **Zustände der Ausgänge** (Prozessabbild der Ausgänge) **in den Systemspeicher übertragen** und den **Ausgängen zugewiesen**. Jetzt wird das Prozessabbild der **Eingänge aktualisiert** und das **Hauptprogramm erneut abgearbeitet**.
Die zyklische Bearbeitung des Hauptprogramms wiederholt sich auf diese Weise, bis ein vollständiger Durchlauf des Programms erfolgt ist oder die Abarbeitung durch einen Fehler unterbrochen wird.
Wurde das Hauptprogramm vollständig bearbeitet, läuft das Programm weiter, falls die Betriebsart „Automatik" gewählt wurde.
Die Zeit für einen Durchlauf nennt man Zykluszeit (z.B. 50 ms). Sie ist abhängig von der Länge des Hauptprogramms und der Leistungsfähigkeit der verwendeten SPS.

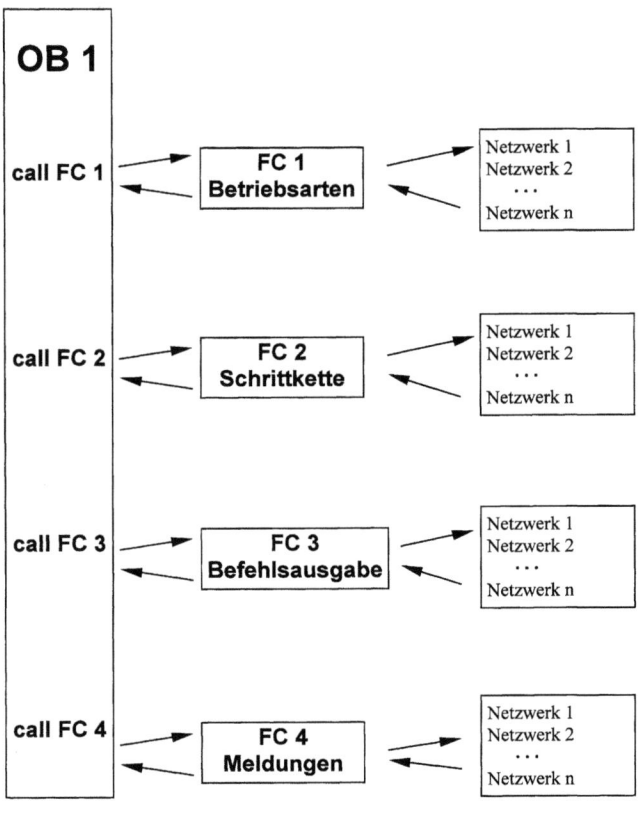

5. Zeitfunktionen

Mit Zeitfunktionen kann man zeitliche Abläufe programmtechnisch verwirklichen, wie z.B. Wartezeiten und Überwachungszeiten, Messungen einer Zeitspanne oder die Bildung von Impulsen.

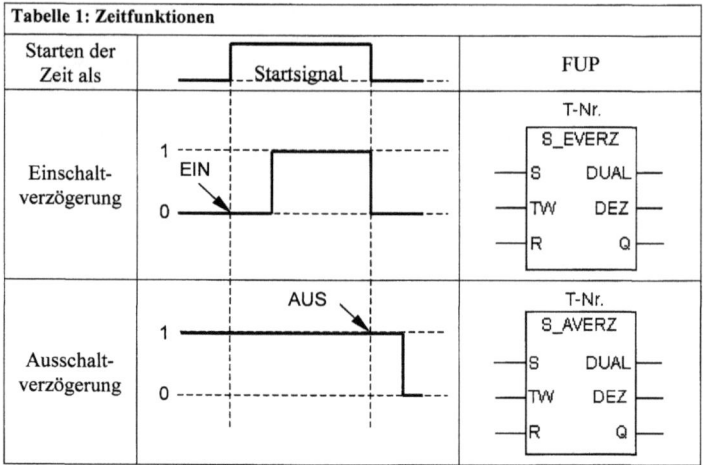

Tabelle 1: Zeitfunktionen

In **Tabelle 1** sind zwei gängige Zeitfunktionen aufgeführt. Eine Zeitfunktion startet, wenn das Verknüpfungsergebnis (VKE) vor dem Starteingang wechselt. Bei einer Ausschaltverzögerung (S_AVERZ) muss das Verknüpfungsergebnis von 1 nach 0 wechseln, alle anderen Zeitfunktionen werden mit einem Wechsel des Verknüpfungsergebnisses von 0 nach 1 gestartet. Die Zeitdauer wird durch den Wert bestimmt, der an TW ansteht. Bei einer S7-SPS wird die Zeitdauer als S5T#..h..m..s..ms angegeben (z.B. S5T#4s für die Zeitdauer von 4s). Der aktuelle Zeitwert kann an den Ausgängen DUAL und DEZ abgefragt werden. Der Zeitwert an Ausgang DUAL ist binär-codiert, der Zeitwert an Ausgang DEZ ist BCD-codiert. Die Zeit wird zurückgesetzt, wenn der Rücksetzeingang (R) von "0" auf "1" wechselt, während die Zeit läuft.

In **Tabelle 2** werden die beiden Zeitfunktionen an Hand eines Beispiels näher beschrieben.

Tabelle 2: Beispiele	
Einschaltverzögerung	**Ausschaltverzögerung**
T5 S_EVERZ E 0.0 — S DUAL S5T# 2s — TW DEZ E 0.1 — R Q — = M0	T5 S_AVERZ E 0.0 — S DUAL S5T# 2s — TW DEZ E 0.1 — R Q — = A 4.0 M
Beschreibung Wechselt der Signalzustand an Eingang E0.0 von "0" auf "1", so wird die Zeit T5 gestartet. Ist die angegebene Zeit von zwei Sekunden abgelaufen und beträgt der Signalzustand an E0.0 noch immer "1", dann ist der Signalzustand des Merkers M4.0 = 1. Wechselt der Signalzustand an E0.0 von "1" auf "0", wird die Zeit zurückgesetzt und M4.0 ist "0". Wechselt der Signalzustand an E0.1 von "0" auf "1", während die Zeit abläuft, wird die Zeit neu gestartet..	**Beschreibung** Wechselt der Signalzustand an Eingang E0.0 von "1" auf "0", wird die Zeit gestartet. Der Merker M4.0 ist "1", wenn E0.0 = 1 ist oder die Zeit läuft. Wechselt der Signalzustand an E0.1 von "0" auf "1", während die Zeit abläuft, wird die Zeit zurückgesetzt.

6. Verknüpfungssteuerungen und Ablaufsteuerungen

Nach der Art der Signalverarbeitung unterscheidet man **Verknüpfungssteuerungen** (kombinatorische Steuerungen) und **Ablaufsteuerungen** (sequentielle Steuerungen).

Bei **Verknüpfungssteuerungen** entsteht die Steuergröße durch Verknüpfung (Kombination) mehrerer Signale. Z. B. darf eine Drehmaschine nur anlaufen, wenn die Schutztüre geschlossen ist UND das Werkstück im Spannfutter gespannt ist (**Bild 1**).
Verknüpfungssteuerungen sind binäre Steuerungen. Man entwickelt sie mit Hilfe der Schaltalgebra. Die Darstellung erfolgt durch schaltalgebraische Gleichungen, Kontaktpläne, Funktionstabellen und Funktionspläne.

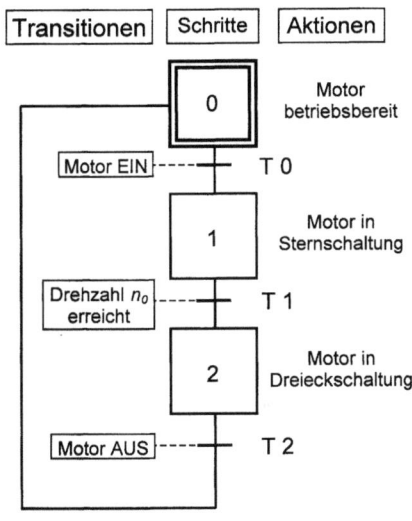

Bild 1: Beispiel einer Verknüpfungssteuerung

Bei **Ablaufsteuerungen** werden die Steuerungsvorgänge schrittweise ausgelöst (in „Schrittketten"). Das Weiterschalten von einem Schritt zum nächsten erfolgt entweder zeitabhängig oder prozessabhängig. Die Bedingungen zum Weiterschalten nennt man auch **Transitionen** (von lat. transitus = der Übergang). In **Bild 2** ist die Weiterschaltbedingung T1 das Erreichen der Drehzahl n_0.

Bei **zeitabhängigen Ablaufsteuerungen** steuern ein Taktgeber, eine Zeitschaltuhr oder ein Zeitrelais den Ablauf. Ein einfaches Beispiel für eine zeitabhängige Ablaufsteuerung ist die Steuerung für den automatischen Anlauf von Drehstrommotoren über eine Stern-Dreieck-Anlassschaltung. Zunächst wird der Motor in Sternschaltung hochgefahren und nach Ablauf der geschätzten Hochlaufzeit zuzüglich einer Zeitreserve in Dreieckschaltung umgesteuert. Danach ist der Motor betriebsbereit.

Bei **prozessabhängigen Ablaufsteuerungen** wird das Weiterschalten von einem Schritt zum nächsten durch den Prozess selbst ausgelöst. Im

Bild 2: Programmablaufplan einer prozessabhängigen Schaltung nach IEC-1131-3

Falle einer Anlassschaltung für Drehstrommotoren (**Bild 2**) benötigt man einen Sensor für den Betriebszustand „Leerlaufdrehzahl erreicht". Ist die Leerlaufdrehzahl erreicht, wird automatisch auf Dreieckschaltung umgeschaltet.
Ablaufsteuerungen können durch Funktionspläne bzw. Programmablaufpläne dargestellt werden.

Prozessabhängige Ablaufsteuerungen sind grundsätzlich zeitabhängigen Ablaufsteuerungen vorzuziehen, da bei Störungen der Ablauf unterbrochen wird oder funktionsgerecht langsamer weiterläuft. Bei z.B. unerwartet stark belastetem Drehstrommotor wird erst dann in die Dreieckschaltung umgeschaltet, wenn eine hinreichend hohe Drehzahl erreicht ist.

Informationsmaterial

1. Merker

In SPS-Programmen ist es oftmals erforderlich, ein kurzzeitiges Signal oder Verknüpfungsergebnisse (VKE) zu speichern. Zu diesem Zweck werden **Merker** eingesetzt. Bei nachfolgenden Verknüpfungen wird der Merker dann abgefragt. Weiter finden Merker als sogenannte **Schrittmerker** bei der Programmierung von **Schrittketten** (Ablaufsteuerungen) Verwendung.

Dies soll anhand der allgemeinen Darstellung in **Bild 1** erläutert werden: Für jeden **Schritt n wird in Form eines SR-Speichers ein Schrittmerker gesetzt.** Die **Bedingung** für das **Setzen** des Schrittmerkers n ist, dass der **vorhergehende Schrittmerker $n-1$** gesetzt ist UND die **Weiterschaltbedingung (Transitionen)** für den **Schritt n** erfüllt sind. Wie bei den Prozessabläufen in der Elektropneumatik muss auch hier der jeweilige Schritt wieder zurückgesetzt werden, damit der Prozessablauf nicht gestört wird. Dies erfolgt bei der SPS-Programmierung von Schrittketten dadurch, dass der Schrittmerker n am Rücksetzeingang des SR-Speichers durch den **Schrittmerker des nachfolgenden Schrittes $n+1$ ODER** die **Rücksetztaste** (Reset) zurückgesetzt wird.

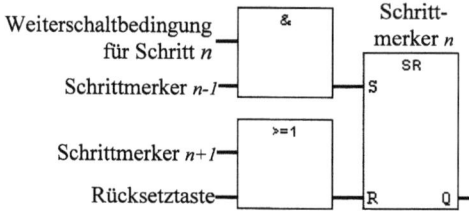
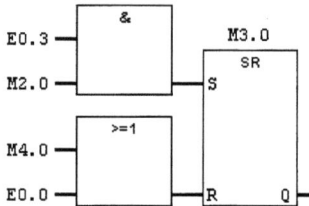

Bild 1: Allgemeine Darstellung: SR-Speicher als Schrittmerker

Bild 2: SR-Speicher als Schrittmerker am Beispiel für Schritt 3

In **Bild 2** wird das Setzen eines Schrittmerkers am Beispiel des Schrittmerkers für den 3. Schritt einer Anlage verdeutlicht. Die Bezeichnung der Merker kann im Prinzip willkürlich gewählt werden. Jedoch ist es empfehlenswert, die Merker **sinnvoll** zu bezeichnen (z.B. M 1.0 für Schrittmerker 1), um das Programm leichter nachvollziehen zu können und Fehler leichter zu entdecken.

> In SPS-Programmen kommen zusätzlich zu den Schrittmerkern sogenannte **Startmerker** zum Einsatz. Diese haben die Aufgabe, einen Neustart des Programmablaufs während des Betriebs zu verhindern. Dem Startmerker wird dazu meist das Verknüpfungsergebnis (VKE) einer ODER-Verknüpfung **zugewiesen**, die alle Schrittmerker außer den letzten enthält (**vgl. S. 4, Bild 2**).

Einen Teil der **Merker** einer SPS kann man **remanent** (lat. remanere = zurückbleiben, haften bleiben) einstellen, d.h. diese Merker behalten dann ihre Signalzustände auch nach Abschalten der Stromversorgung der SPS bei (**Bild 3**). Merker können wie **Ausgänge** behandelt werden. Sie führen jedoch **nicht nach außen**, sondern wirken innerhalb der Steuerung, vergleichbar einem Hilfsschütz in elektrischen Steuerungen.

Eigenschaft	Byteadresse	\multicolumn{8}{c}{Bitadresse}
		7	6	5	4	3	2	1	0
nicht remanent	2047								
	.								
	.								
	.								
	144								
remanent einstellbar	143								
	.								
	.								
	2								
	1								
	0					M0.3			

Bild 3: Merker (z.B. remanenter Merker M0.3)

Beispielorientierte Variante des Informationsmaterials

2. Aufbau von SPS-Programmen

Damit Programme **übersichtlich** werden und nicht nur vom Ersteller des Programms gelesen und verstanden werden können, **soll strukturiert programmiert werden**. Dafür teilt man Programme in **einzelne Funktionen** ein, die verschiedene Aufgaben erfüllen (**Bild 1**). Die Funktionen bestehen aus einzelnen **Netzwerken**, die jeweils **nur einen zusammenhängenden Verknüpfungsbaum** enthalten. Im Organisationsbaustein OB 1 (**Bild 2**) wird die Reihenfolge festgelegt, in der die Funktionen aufgerufen werden. Die Funktionen werden mit fortlaufender Nummer (xx) unterschieden. Für besonders komplexe Funktionsabläufe gibt es von den Steuerungsherstellern auch fertige Programmbausteine, Funktionen (FC) und Funktionsbausteine (FB), die nur noch in einigen Parametern zu ergänzen sind.

Wichtig für ein übersichtliches und nachvollziehbares Programm ist darüber hinaus, dass in den **Netzwerktiteln** und **Kommentaren** erläutert wird, was in den einzelnen Netzwerken programmiert wurde.

Gliederung			Aufgaben
Organisationsbaustein OB 1			
Aufruf Funktion 1 (Call FC 1) ⇓ Bausteinende	BA: BE:	FC 1 Netzwerk 1 Netzwerk 2 . Netzwerk xx	Betriebsarten Start, Stopp Automatik Einzelschritt
Aufruf Funktion 2 (Call FC 2) ⇓ Bausteinende	BA: BE:	FC 2 Netzwerk 1 Netzwerk 2 . Netzwerk xx	Schrittkette Weiterschaltbedingungen
Aufruf Funktion 3 (Call FC 3) ⇓ Bausteinende	BA: BE:	FC 3 Netzwerk 1 Netzwerk 2 . Netzwerk xx	Befehlsausgabe Steuerungsbefehle
Aufruf Funktion 4 (Call FC 4) ⇓ Bausteinende	BA: BE:	FC 4 Netzwerk 1 Netzwerk 2 . Netzwerk xx	Meldungen Diagnose

Bild 1: Strukturierte Programmierung

Steuerungen verfügen meist über die Betriebsarten **Automatik** und **Einzelschritt**. Hierfür wird eine gesonderter **Funktion „Betriebsarten"** (meist FC 1) programmiert, die noch weitere Netzwerke enthalten kann.

Die **Funktion für die Schrittkette** (meist **FC 2**) enthält für jeden Steuerungszustand den so genannten Schrittmerker und die Schaltfunktion mit den Weiterschaltbedingungen des nachfolgenden Schrittes.

Die **Funktion Befehlsausgabe** (meist **FC 3**) enthält die Ausgabebefehle, die von den einzelnen Schritten und von den Betriebsarten abhängen. Mit dieser Funktion werden die Stellglieder angesteuert.

In der **Funktion für Meldungen/Diagnose** (meist **FC 4**) werden Schaltfunktionen definiert, die irreguläre Zustände oder Störungen melden (z.B. Zykluszeitüberschreitungen, Motorüberlast).

2.1 Einfache SPS-Programme am Beispiel „Biegewerkzeug"

Einfache Programme können auch **nur aus zwei Funktionen** bestehen (**Bild 2**). Da man in dem Fall auf die Wahl der Betriebsart verzichtet, bekommt hier, im Gegensatz zu **Bild 1** der FC 1 die symbolische Bezeichnung Schrittkette zugewiesen. Die Symbolnamen für die verschiedenen Bausteine (z.B. „Schrittkette" für FC 1 in **Bild 2**) können direkt beim Erstellen des Bausteins oder später in der Symboltabelle eingetragen werden. Im folgenden soll der Aufbau einfacher Programme am **Programmierbeispiel „Biegewerkzeug"** erläutert werden.

```
OB1 :
Netzwerk 1: Aufruf der Funktionsbausteine
       CALL   FC    1
       CALL   FC    2
```
OB 1, Darstellung ohne Symbole

```
OB1 :
Netzwerk 1: Aufruf der Funktionsbausteine
       CALL   "Schrittkette"
       CALL   "Befehlsausgabe"
```
OB 1, Symbolische Darstellung

Bild 2: Darstellungsformen

2.1.1 Aufgabenbeschreibung

Für ein Biegewerkzeug (**Bild 2**) soll ein einfaches SPS-Programm erstellt werden. Beim Biegevorgang fährt zuerst der Anbiegezylinder 1A1 aus und biegt das Werkstück um 90°. Nachdem der Anbiegezylinder selb-ständig wieder eingefahren ist, fährt der Fertigbiegezylinder 2A1 aus und biegt das Werkstück fertig. Danach fährt auch er wieder selbständig in die Ausgangsstellung zurück (siehe auch das zugeh. Weg-Schritt-Diagramm, **Bild 3**).

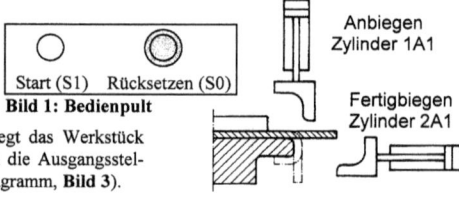

Bild 1: Bedienpult

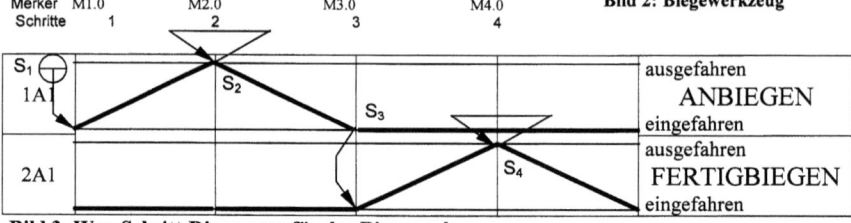

Bild 2: Biegewerkzeug

Bild 3: Weg-Schritt-Diagramm für das Biegewerkzeug

2.1.2 Die Symboltabelle

Symbol	Adresse	Kommentar
Schrittkette	FC 1	
Befehlsausgabe	FC 2	
S0	E 0.0	Rücksetztaste
S1	E 0.1	Start
S2	E 0.2	Anbiegezylinder ausgef.
S3	E 0.3	Anbiegezylinder eingef.
S4	E 0.4	Fertigbiegezyl.ausgef.

Symbol	Adresse	Kommentar
Merker 0	M 0.0	Startmerker
Merker 1	M 1.0	Schritt 1
Merker 2	M 2.0	Schritt 2
Merker 3	M 3.0	Schritt 3
Merker 4	M 4.0	Schritt 4
Y1	A 4.1	Anbiegen
Y2	A 4.2	Fertigbiegen

2.1.3 Das SPS-Programm

Das **einfache SPS-Programm besteht nur aus** dem **OB 1** (siehe S. 2, Bild 2) und den **zwei Funktionen FC 1** „Schrittkette" und **FC 2** „Befehlsausgabe".

Im FC 2 wird für jeden Schritt (**siehe Bild 3, Weg-Schritt-Diagramm**) in einem eigenen Netzwerk ein Schrittmerker gesetzt. Der **Schrittmerker M1.0** (**Bild 4**) wird gesetzt, wenn der Starttaster S1 (**E0.1, Bild 1 u. 3**) gedrückt wird UND der Startmerker M0.0 (**S. 4, Bild 3**) KEIN 1-Signal führt, d.h. die Startbedingungen erfüllt sind. Rückgesetzt wird M1.0, wenn die Weiterschaltbedingung für den Schritt 2 erfüllt ist, d.h. wenn der Schrittmerker M2.0 (**Bild 5**) ein 1-Signal führt. Ebenfalls zurückgesetzt wird der Schrittmerker M1.0, wenn die Rücksetztaste S0 (E0.0) gedrückt wird.

Für den zweiten Schritt wird der **Schrittmerker M2.0 (Bild 5)** gesetzt, wenn der Schrittmerker M1.0 UND das Signal S2 (E0.2) gegeben wird, das anzeigt, dass der Anbiegezylinder ganz ausgefahren ist. Der **Schrittmerker M2.0** wird wiederum durch den Schrittmerker des nächsten Schritts (M3.0) ODER die Rücksetztaste S0 (E0.0) zurückgesetzt.

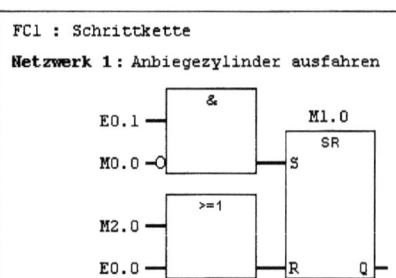

Bild 4: FC1, Netzwerk 1

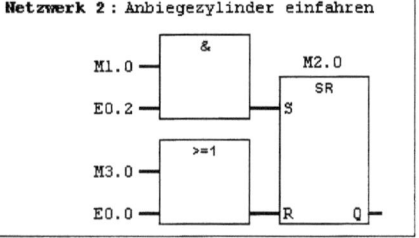

Bild 5: FC1, Netzwerk 2

Beispielorientierte Variante des Informationsmaterials

Die Netzwerke der **Schrittkette** werden immer **nach dem selben Schema programmiert**. Für jeden Schritt wird ein Schrittmerker in Form eines SR- Speichers durch eine **UND-Verknüpfung** von Startbedingungen (Schritt 1) oder Weiterschaltbedingungen (ab Schritt 2) gesetzt. Zurückgesetzt wird der Schrittmerker durch eine **ODER-Verknüpfung** aus dem nächsten Schrittmerker (oder einer anderen Weiterschaltbedingung) und der Reset-Taste (vgl. S. 3, **Bild 4 u. 5**).

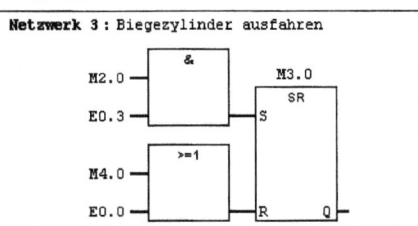
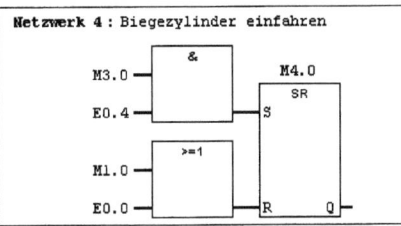

Bild 1: FC 1, Netzwerk 3   Bild 2: FC 1, Netzwerk 4

Die **Schrittmerker M3.0** und **M4.0** (Bild 1, Bild 2) werden wiederum durch den vorhergehenden Schrittmerker UND das auslösende Signal gesetzt, d.h. durch E0.3 (S3, Anbiegezylinder eingefahren) bei M3.0 bzw. durch E0.4 (S4, Fertigbiegezylinder eingefahren bei M4.0). Der **Schrittmerker M3.0** wird wie die beiden vorherigen Schrittmerker durch den nachfolgenden Schrittmerker ODER die Rücksetztaste S0 (E0.0) zurückgesetzt. Der **Schrittmerker M4.0** wird jedoch, da er für den **letzten Schritt** steht, durch den **ersten Schrittmerker M1.0** **zurückgesetzt** (der für M4.0 wiederum im automatischen Ablauf der nachfolgende Schritt ist). Die zweite Rücksetzmöglichkeit für M4.0 ist wie bei den anderen Schrittmerkern die Rücksetztaste S0 (E0.0).

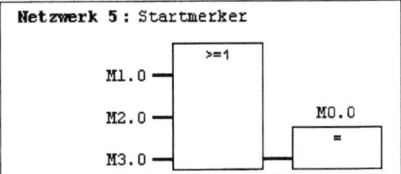

Bild 3: FC1, Netzwerk 5

Durch den **Startmerker** wird **sichergestellt, dass zu Beginn des Ablaufs keiner der Schritte gesetzt ist**. Das **negierte** Signal des Startmerkers M0.0 (S. 3, Bild 4) ist eine Startbedingung für den ersten Schritt, d.h. keiner der Schrittmerker M1.0, M2.0 oder M3.0 darf zum Starten gesetzt sein.

In der Funktion **FC 2** „**Befehlsausgabe**" werden durch die Schrittmerker die Ausgänge gesetzt. Da in der Steuerung **monostabile Magnetventile** verwendet werden, d.h. die **Signale nicht gespeichert** werden können, werden die Ausgänge durch **SR-Speicher** gesetzt. Dies könnte zwar für den Fall, dass der Ausgang beim nächsten Schritt wieder abfallen muss auch mit einer Zuweisung erfolgen (wie bei der Befehlsausgabe bei bistabilen Magnetventilen, S. 12). Um Fehler zu vermeiden, soll hier jedoch die **Befehlsausgabe bei monostabilen Magnetventilen immer durch Setzen von SR-Speicher** erfolgen.

Der **Ausgang A4.1** (**Bild 4**), durch den der Anbiegezylinder 1A1 ausgefahren wird, wird durch den Schrittmerker des ersten Schritts M1.0 gesetzt. Zurückgesetzt wird er durch den Schrittmerker M2.0 oder durch die Rücksetztaste. Der **Ausgang A4.2** (**Bild 5**), durch den der Fertigbiegezylinder 2A1 ausgefahren wird, wird wie im Netzwerk 1 durch den Schrittmerker des dritten Schritts M3.0 gesetzt. Zurückgesetzt wird er durch den Schrittmerker M4.0 oder wiederum durch die Rücksetztaste.
Die **Schritte 2 und 4** (vgl. **Weg-Schritt-Diagramm, S. 3**) werden aufgrund der monostabilen Magnetventile durch das Rücksetzen der Ausgänge A4.1 und A4.2 durch die Schrittmerker M2.0 bzw. M4.0 ausgelöst.

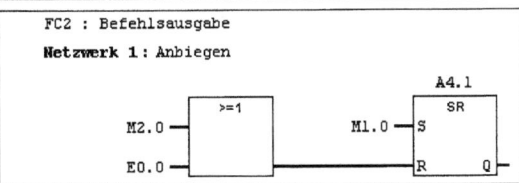

Bild 4: FC 2, Netzwerk 1

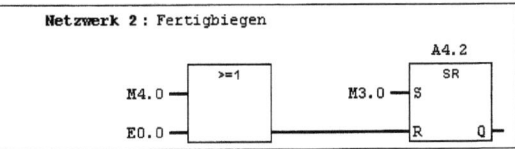

Bild 5: FC 2, Netzwerk 2

3. Programmieren einer Schrittkette am Beispiel eines Farbrührwerks

Ein Farbrührwerk soll mit ungemischter Farbe durch eine **Elektropumpe M1** gefüllt werden **(Bild 1)**. Anschließend soll für **T1 = 10s** die Farbe durch den **Rührwerksantrieb M2** umgerührt werden, und dann die Farbe durch ein **Ventil Y1** abgelassen werden. Das Füllen der Farbe in den Rührbehälter wird über den **Füllstandssensor S3** (Schließer) überwacht. Nach dem Ablassen der Farbe ist der **Drucksensor S4** (Öffnerfunktion bei leerem Behälter) geschlossen, womit der Ausgangszustand wiederhergestellt ist.
Der Automatikbetrieb für das Rührwerk wird über den **Tastschalter S1** eingeschaltet (Schließer) und über den **Tastschalter S2** ausgeschaltet (Öffnerfunktion). Zusätzlich dazu kann die Anlage im **Einzelschrittmodus** betrieben werden. In diesem wird jeder nächste Schritt erst durch das Betätigen des **Einzelschritttasters S6** ausgelöst. Der **Pumpenmotor** wird durch das **Schütz K1** geschaltet und der **Rührwerksmotor** durch das **Schütz K2** (siehe Schaltplan, S. 6). Das Ablassventil ist im nicht betätigten Zustand durch Federdruck geschlossen und wird zum Öffnen von der SPS geschaltet. Bei **Störung** soll jederzeit der Ablauf ausgeschaltet und mit einem **Taster S5** der **Behälter entleert** werden können.

> Das **Ausschalten** einer Anlage erfolgt stets **durch Öffner**. Nur so ist gewährleistet, dass die Anlage im Falle eines Drahtbruchs selbsttätig ausschaltet.

3.1 Entwurf der Ablaufsteuerung

Zum Entwurf der Ablaufsteuerung wurde ein Ablaufplan nach IEC-1131-3 gezeichnet **(Bild 2)**. Der Programmablauf beginnt mit dem Anfangsschritt, der die Ausgangslage darstellt. In der Ausgangslage muss der Behälter leer sein.
Dem Anfangsschritt folgen die Schritte „Pumpen", „Rühren" und „Ablassen". Befindet sich die Anlage nicht im Anfangsschritt, muss der Anfangsschritt von Hand hergestellt werden können („Farbe ablassen", S5).

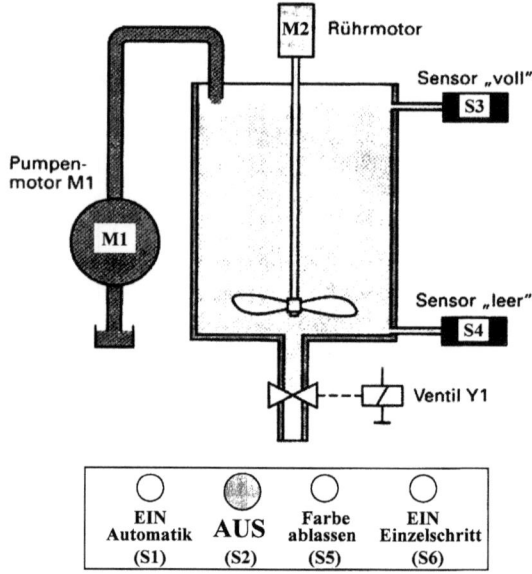

Bild 1: Schema eines Farbrührwerks

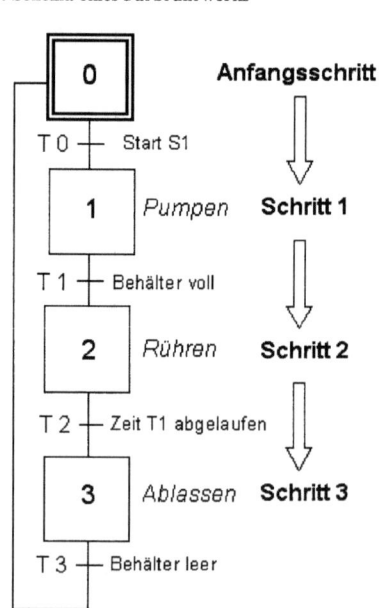

Bild 2: Entwurf einer Ablaufsteuerung für ein Rührwerk, nach IEC 1131-3

Beispielorientierte Variante des Informationsmaterials 175

3.2 Schaltplan und Symboltabelle des Farbrührwerks

Bild 1: Schaltplan des Farbrührwerks

Nach Erstellen des Programmablaufplanes wird ein Schaltplan gezeichnet (**Bild 1**). In der Symboltabelle ordnet man den Schaltern und Sensoren die Eingänge und den Aktoren die Ausgänge zu (**Tabelle 1**).

Symbol	Adresse	Datentyp	Kommentar
Betriebsarten	FC 1	FC 1	
Schrittkette	FC 2	FC 2	
Befehlsausgabe	FC 3	FC 3	
Meldungen	FC 4	FC 4	
EIN-Taster (S1)	E 0.0	BOOL	Automatik
AUS-Taster (S2)	E 0.1	BOOL	Öffner
Füllstandssensor (S3)	E 0.2	BOOL	Schließer
Drucksensor (S4)	E 0.3	BOOL	Öffner
Motorüberlast M1 (F1)	E 0.4	BOOL	Thermischer Öffner
Motorüberlast M2 (F2)	E 0.5	BOOL	Thermischer Öffner
Behälter leeren (S5)	E 0.6	BOOL	Schließer
EIN-Taster (S6)	E 0.7	BOOL	Einzelschritt
Startsignal	M 1.0	BOOL	Automatik oder Einzelschritt
Grundschritt	M 2.0	BOOL	
Farbe ablassen	M 3.0	BOOL	
Schritt 1	M 4.0	BOOL	Pumpen
Schritt 2	M 5.0	BOOL	Rühren
Schritt 3	M 6.0	BOOL	Farbe ablassen
Automatik	M 7.0	BOOL	Automatikbetrieb
Motorschütz für M1 (K1)	A 0.0	BOOL	
Motorschütz für M2 (K2)	A 0.1	BOOL	
Farbe ablassen (Y1)	A 0.2	BOOL	Ventil
Störung (H1)	A 0.3	BOOL	Warnlampe
Rührzeit	T 1	TIMER	

Tabelle 1: Symboltabelle Farbrührwerk (Die Adressen beziehen sich auf den Schaltplan in Bild 1)

3.3 Das S7-Programm (Übersicht S. 12)

Alle Teile des Programms sind als Funktionen (FC) geschrieben, da sie wiederkehrende Automatisierungsfunktionen darstellen.

3.3.1 Der Organisationsbaustein OB 1

Von dem **Organisationsbaustein OB 1** aus, der die Schnittstelle zum Betriebssystem der SPS bildet, werden die Programmteile in festgelegter Reihenfolge aufgerufen (**Bild 1**). Nacheinander werden so die Funktionen 1 bis 4 aufgerufen und abgearbeitet. Analog dazu werden im folgenden die einzelnen Funktionen des Programmierbeispiels erläutert.

```
OB1 : Farbrührwerk OB1
Netzwerk 1: Titel:
        CALL    "Betriebsarten"
        CALL    "Schrittkette"
        CALL    "Befehlsausgabe"
        CALL    "Meldungen"
```

Bild 1: OB 1

3.3.2 Die Funktion FC 1 „Betriebsarten"

Im Programmteil FC 1 „Betriebsarten" wird die Auswahl zwischen dem Automatikbetrieb und dem Einzelschrittbetrieb verwirklicht. Dies erfolgt durch das Setzen eines Merkers in Netzwerk 1 (**Bild 2**). Der Automatikbetrieb wird durch Betätigen des Ein-Tasters S1 (E0.0) gestartet und durch den AUS-Taster E0.1 (Öffner) zurückgesetzt.

Im Automatikbetrieb wird das Programm automatisch immer wieder durchlaufen, bis die Anlage ausgeschaltet wird. Im Einzelschrittmodus muss der jeweilige nächste Schritt durch den EIN-Taster S6 (E0.7) ausgelöst werden (**siehe S. 8, Bild 3**).

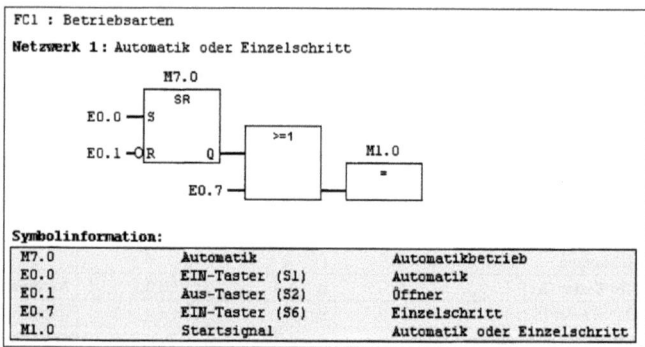

Bild 2: FC 1 Betriebsarten, Netzwerk 1

Das **Ausschalten** erfolgt durch den Öffner des AUS-Tasters S2 (E0.1). Damit dieser beim Öffnen wirksam wird, muss der Eingang über ein negiertes Signal geschaltet werden (vgl. das Rücksetzen von M7.0 in **Bild 2**). Da auch durch die thermischen Auslöser F1 (E0.4) und F2 (E0.5) die Anlage stillgesetzt werden soll, müssen diese Öffner mit dem Öffner des AUS-Tasters ODER-verknüpft werden. Durch die ODER-Verknüpf. der Öffner wird der Wert des Merkers M8.0 gleich 1, wenn ein oder mehrere Öffner betätigt werden.

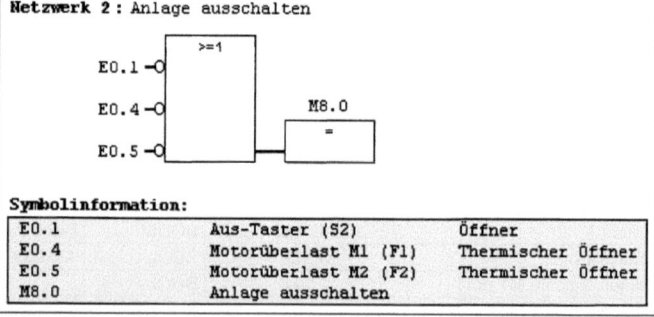

Bild 3: FC 1 Betriebsarten, Netzwerk 2

In vielen Programmen beschränkt sich der **Baustein FC 1 „Betriebsarten"** auf die Auswahl von **Automatikbetrieb** oder **Einzelschrittbetrieb**. Im Beispiel „Farbrührwerk" kommen noch der Anfangsschritt **(S. 8, Bild 1)** und die Betriebsart „Farbe ablassen hinzu **(S. 8, Bild 2)**.

Der Anfangsschritt (**M2.0, Bild 1**) ist immer vorhanden, wenn der Behälter leer ist, d.h. wenn der Drucksensor (S4) nicht geschaltet ist.

Der **Anfangsschritt** (oder ähnliche Startbedingungen) darf **nicht gespeichert** werden, um **gefährliche Zustände** zu verhindern. Sollte sich der Grundzustand verändern, nachdem der Merker z.B. in Form eines SR-Speichers gesetzt wurde, **könnte dies den Ablauf nicht mehr beeinflussen.**

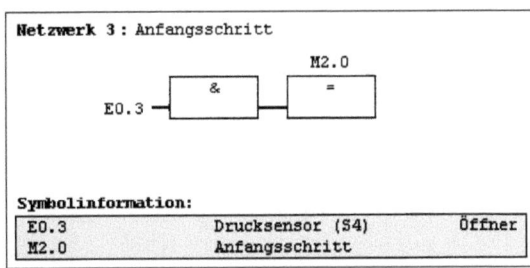

Bild 1: FC 1 Betriebsarten, Netzwerk 3

Im Falle einer Unterbrechung des Rührzyklus kann über die Betätigung der Taste S5 (E0.6) die Betriebsart „Farbe ablassen" (**M3.0, Bild 2**) eingeschaltet werden. Sie bleibt so lange bestehen, bis der Behälter leer ist, d.h. bis der Drucksensor S4 (**Öffner, siehe Bild 1**) schließt und dadurch der wieder Anfangsschritt erreicht ist.

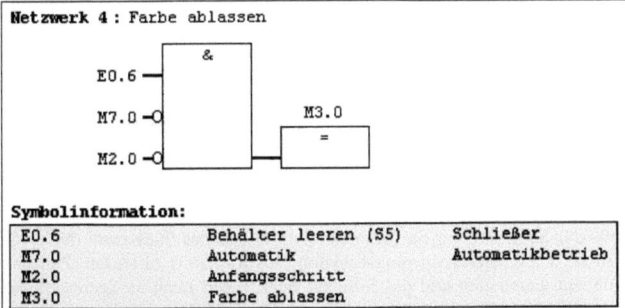

Bild 2: FC 1 Betriebsarten, Netzwerk 4

3.3.3 Die Funktion FC 2 „Schrittkette"

Die **Schrittkette (FC 2)** wird mit den **Schrittmerkern M4.0, M5.0** und **M6.0** für die Schritte Pumpen, Rühren und Farbe ablassen gebildet (**Bild 3 u. S. 9, Bild 1 u. Bild 2**). Die Schrittmerker werden mit SR-Speicherfunktionen realisiert. Der Schrittmerker M4.0 für „Pumpen" wird gesetzt, wenn der Merker 1.0 (**siehe S. 7, Bild 2**) UND der Anfangsschritt M2.0 ein 1-Signal führen. Er wird zurückgesetzt, wenn der Behälter voll ist (E0.2), d.h. wenn die Weiterschaltbedingung für den Schritt „Rühren" gegeben ist ODER die Anlage ausgeschaltet wird.

Bei der Betrachtung dieses Schrittmerkers **fällt auf**, dass es sich zwar um den **ersten Schritt** handelt, der Schrittmerker **aber M4.0** heißt. Dies ist eigentlich unerheblich, da Merkerbezeichnungen innerhalb der Systemgrenzen willkürlich gewählt werden können. Nichtsdestotrotz ist eine **sinnvolle Vergabe** der Merkerbezeichnungen anzustreben, da sie das Nachvollziehen eines Programms erleichtert.

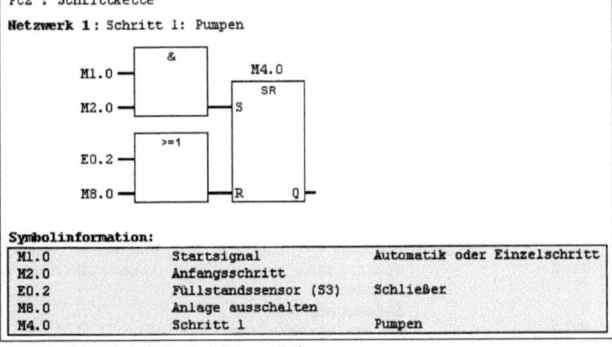

Bild 3: FC 2 Schrittkette, Netzwerk 1

Das **Startsignal M1.0** UND das **Signal des Füllstandssensors S3** (E0.2, d.h. der Behälter ist voll) setzen den **Schrittmerker M5.0** für „Rühren". Der Merker 5.0 wird zurückgesetzt, wenn die Weiterschaltbedingungen für den nächsten Schritt „Farbe ablassen" erfüllt sind. D.h. Das Rührwerk stoppt, sobald die Farbe abgelassen wird. Der Merker 5.0 wird ebenfalls zurückgesetzt, wenn die Anlage ausgeschaltet wird.

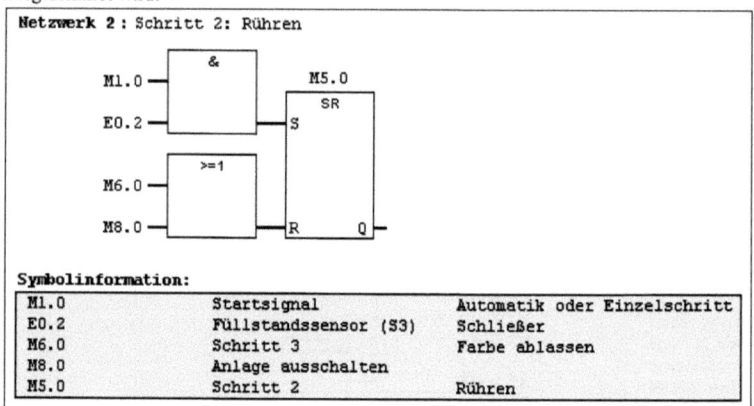

Bild 1: FC 2 Schrittkette, Netzwerk 2

Sind der Schrittmerker für „Rühren" (M5.0) und das Startsignal (M1.0) gesetzt **(Bild 2)**, beginnt die Zeit der Einschaltverzögerungsfunktion (10s Rührzeit) zu laufen (Zeitfunktionen siehe S. 13). Ist die Rührzeit abgelaufen und das S-Signal liegt immer noch an der Zeitfunktion an (d.h., das VKE von M1.0 UND M5.0 ist 1), wird der Schrittmerker M6.0 für „Farbe ablassen" gesetzt.

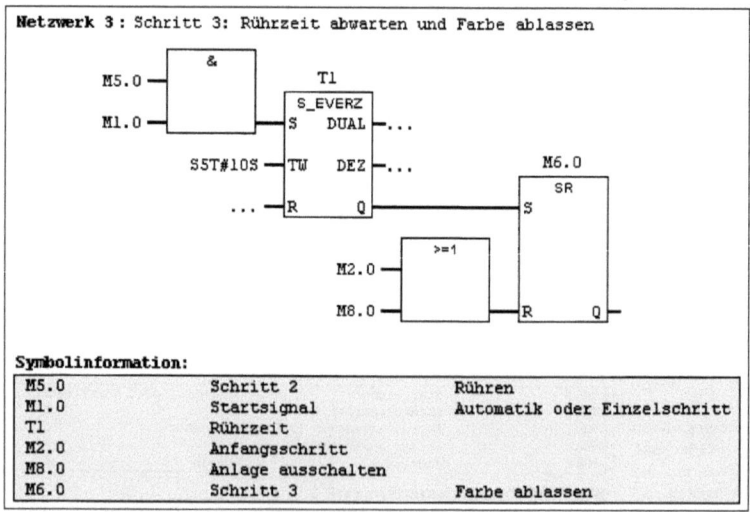

Bild 2: FC 2 Schrittkette, Netzwerk 3

Zurückgesetzt wird der Schrittmerker M6.0 durch die den Merker M2.0 (Anfangsschritt erreicht) ODER den Merker M8.0 (Anlage ausschalten).

3.3.4 Die Funktion FC 3 „Befehlsausgabe"

Im Programmteil **FC 3 „Befehlsausgabe" (Bild 1)** werden in unserem Beispielprogramm die Ausgänge mit **SR-Speichern gesetzt.** Dies wäre hier zwar nicht zwingen erforderlich, da keiner der angesteuerten Ausgänge über mehrere Schritte geschaltet bleiben muss. Jedoch sollten grundsätzlich SR-Speicher gesetzt werden, wenn das Signal außerhalb der SPS nicht gespeichert wird (z.B. Motorschütze oder monostabile Magnetventile).

Das Ausgabesignal für **das Einschalten der Pumpe** (K1) wird gebildet, indem der Schrittmerker M4.0 den SR-Speicher des Ausgangs A0.0 setzt. Zurückgesetzt wird der Ausgang durch E0.2 ODER M8.0.

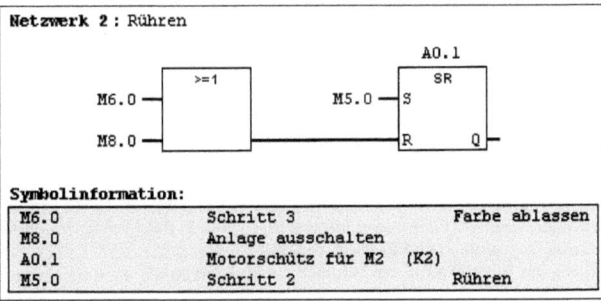

Bild 1: FC 3 Befehlausgabe, Netzwerk 1

In gleicher Weise wird das Ausgabesignal für das Einschalten des **Rührmotors** (M2) gebildet **(Bild 2)**. Der Schrittmerker M5.0 setzt den Ausgang A0.1 und wird durch den nachfolgenden Schrittmerker M6.0 ODER den Merker M8.0 zurückgesetzt. D.h., das Rührwerk hört auf zu arbeiten, wenn die Farbe abgelassen ODER die Anlage ausgeschaltet wird.

Das Ablassen der Farbe **(Bild 3)** durch das monostabile Ventil Y1 wird entweder durch den Schrittmerker M6.0 (d.h. die Weiterschaltbedingungen zum Ablassen der Farbe sind erfüllt) ODER die Betriebsart M3.0 (d.h. nach einer Unterbrechung des Ablaufs, vgl. FC 1, Netzwerk 4) ausgelöst.

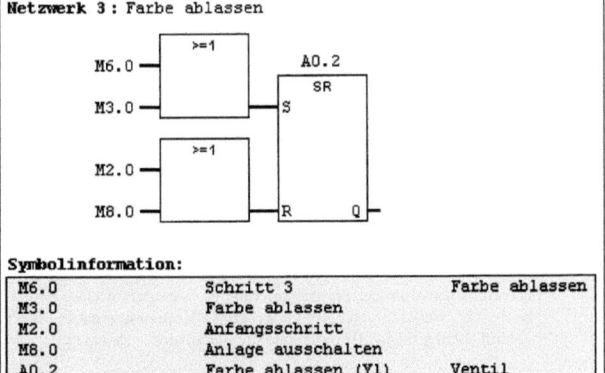

Bild 2: FC 3 Befehlsausgabe, Netzwerk 2

Bild 3: FC 3 Befehlsausgabe, Netzwerk 3

3.3.5 Die Funktion FC 4 „Meldungen"

Als **Melde- und Diagnoseeinrichtung** ist bei unserem Beispiel nur das Schalten der Meldeleuchte H1 erforderlich, wenn einer ODER beide Motorschutzschalter eine Überlast anzeigen. Bei der Programmierung muss hierbei beachtet werden, dass die Signale E0.4 und E0.5 wie in FC 1, Netzwerk 2 (**S. 7, Bild 3**) negiert werden müssen, da sie von Öffner erzeugt werden. Weitere Meldungen könnten z.B. auf eine **Zykluszeitüberschreitung** hinweisen.

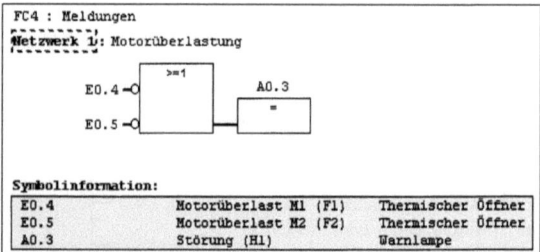

Bild 1: FC 4 Meldungen, Netzwerk 1

4. Befehlausgabe bei bistabilen Magnetventilen am Beispiel „Werkstück spannen"

Oftmals werden in technischen Anlagen aus Sicherheitsgründen **bistabile Magnetventile** verwendet. Diese haben den Vorteil, dass das empfangene Signal auch bei Netzausfall gespeichert wird. Das Ventil bleibt in der momentanen Schaltstellung bis wieder Spannung anliegt und das Impulsventil durch das Gegensignal zurückgesetzt wird. Bei der Ansteuerung des bistabilen Magnetventils ist es nicht mehr notwendig, das Ausgangssignal in einem SR-Speicher zu speichern, bis dieser zurückgesetzt wird (**vgl. S. 10**).

Am Beispiel „**Werkstück spannen**" soll die geänderte Befehlausgabe erläutert werden (**Bild 2 u. 3**): Beim Spannen des Werkstücks in **Aufgabe 1** des Leittextes soll nun ein **bistabiles Magnetventil** verwendet werden. **Damit soll verhindert werden, dass die Spannung des Werkstück bei einem Drahtbruch aufgehoben wird, während das Werkstück bearbeit wird.** Dazu wird der Schrittmerker des ersten Schritts M1.0 mit einer Identität dem Ausgang zugewiesen (**Bild 2**). Nach der Bearbeitung des Werkstücks in den Schritten 2 und 3 wird in Netzwerk 4 (**Bild 3**) das Werkstück wieder entspannt. Dazu wird der Schrittmerker M4.0 des vierten Schrittes wiederum mittels einer Identität dem Ausgang A4.3 zugewiesen (**Bild 3**), der dem bistabilen Magnetventil das Gegensignal gibt. Das Impulsventil schaltet um, der Spannzylinder fährt ein und das Werkstück ist wieder entspannt.

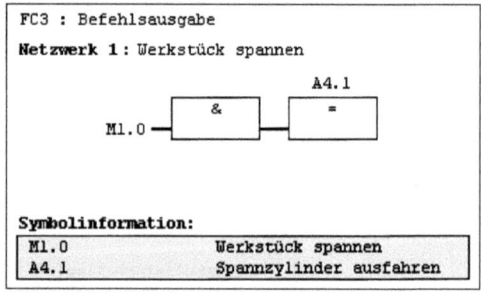

Bild 2: Befehlsausgabe „bistabil" ein

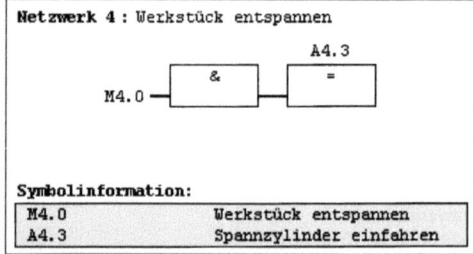

Bild 3: Befehlsausgabe „bistabil" aus

Größere Anlagen mit bistabilen Magnetventilen sollten über eine Möglichkeit verfügen, die bistabilen Ventile wieder in ihre **Ausgangsstellung** zurück setzen zu können, falls der Ablauf unterbrochen wird. Dies wird meist über eine **Richtfunktion** realisiert. Dabei werden die Ventile durch einen Tastendruck („Ventile richten") in ihre Ausgangsposition gebracht, worauf an dieser Stelle nicht eingegangen wird.

Die Dokumentation der Programmierung ist besonders wichtig. Durch das **Dokumentieren** der Aufgabe der Netzwerke in den darunter stehenden **Kommentaren** und die Vergabe von **Titeln** wird das Programm leichter nachvollziehbar und die Fehlersuche erleichtert.

Beispielorientierte Variante des Informationsmaterials 181

5. Übersicht zur zyklischen Abarbeitung des SPS-Programmes „Farbrührwerk"

Ist der Betriebsartenschalter der SPS auf RUN-Position geschaltet, wird das Programm zyklisch abgearbeitet. **Zunächst** wird aus dem Systemspeicher der **momentane Zustand der Eingänge eingelesen** (Prozessabbild der Eingänge). Gesteuert von OB 1 erfolgt danach die **Bearbeitung des Hauptprogramms**. **Anschließend** werden die sich daraus ergebenden **Zustände der Ausgänge** (Prozessabbild der Ausgänge) **in den Systemspeicher übertragen** und den **Ausgängen zugewiesen**. Jetzt wird das Prozessabbild der **Eingänge aktualisiert** und das **Hauptprogramm erneut abgearbeitet**.
Die zyklische Bearbeitung des Hauptprogramms wiederholt sich auf diese Weise, bis ein vollständiger Durchlauf des Programms erfolgt ist oder die Abarbeitung durch einen Fehler unterbrochen wird.
Wurde das Hauptprogramm vollständig bearbeitet, läuft das Programm weiter, falls die Betriebsart „Automatik" gewählt wurde.
Die Zeit für einen Durchlauf nennt man Zykluszeit (z.B. 50 ms). Sie ist abhängig von der Länge des Hauptprogramms und der Leistungsfähigkeit der verwendeten SPS.

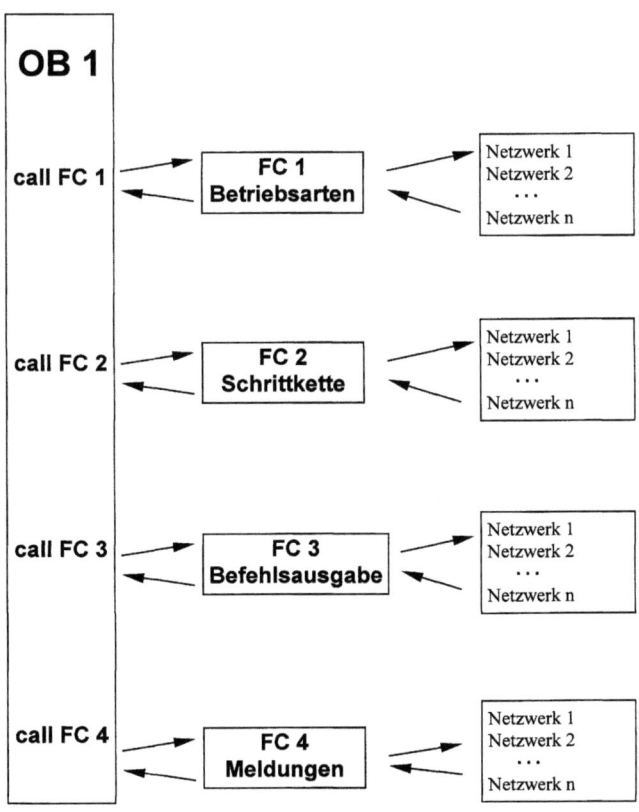

6. Zeitfunktionen

Mit Zeitfunktionen kann man zeitliche Abläufe programmtechnisch verwirklichen, wie z.b. Wartezeiten und Überwachungszeiten, Messungen einer Zeitspanne oder die Bildung von Impulsen.

Tabelle 1: Zeitfunktionen

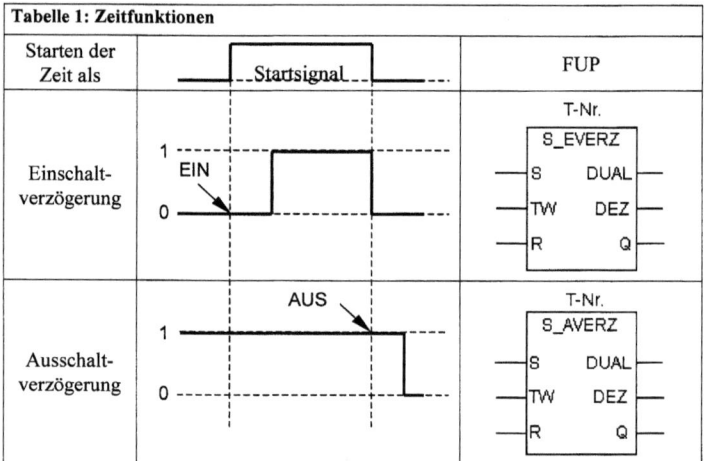

In **Tabelle 1** sind zwei gängige Zeitfunktionen aufgeführt. Eine Zeitfunktion startet, wenn das Verknüpfungsergebnis (VKE) vor dem Starteingang wechselt. Bei einer Ausschaltverzögerung (S_AVERZ) muss das Verknüpfungsergebnis von 1 nach 0 wechseln, alle anderen Zeitfunktionen werden mit einem Wechsel des Verknüpfungsergebnisses von 0 nach 1 gestartet. Die Zeitdauer wird durch den Wert bestimmt, der an TW ansteht. Bei einer S7-SPS wird die Zeitdauer als S5T#..h..m..s..ms angegeben (z.B. S5T#4s für die Zeitdauer von 4s). Der aktuelle Zeitwert kann an den Ausgängen DUAL und DEZ abgefragt werden. Der Zeitwert an Ausgang DUAL ist binär-codiert, der Zeitwert an Ausgang DEZ ist BCD-codiert. Die Zeit wird zurückgesetzt, wenn der Rücksetzeingang (R) von "0" auf "1" wechselt, während die Zeit läuft.

In **Tabelle 2** werden die beiden Zeitfunktionen an Hand eines Beispiels näher beschrieben.

Tabelle 2: Beispiele	
Einschaltverzögerung	**Ausschaltverzögerung**
T5 S_EVERZ E 0.0 — S DUAL S5T#2s — TW DEZ E 0.1 — R Q — ≠ M0 =	T5 S_AVERZ E 0.0 — S DUAL S5T#2s — TW DEZ E 0.1 — R Q — A 4.0 M =
Beschreibung Wechselt der Signalzustand an Eingang E0.0 von "0" auf "1", so wird die Zeit T5 gestartet. Ist die angegebene Zeit von zwei Sekunden abgelaufen und beträgt der Signalzustand an E0.0 noch immer "1", dann ist der Signalzustand des Merkers M4.0 = 1. Wechselt der Signalzustand an E0.0 von "1" auf "0", wird die Zeit zurückgesetzt und M4.0 ist "0". Wechselt der Signalzustand an E0.1 von "0" auf "1", während die Zeit abläuft, wird die Zeit neu gestartet..	**Beschreibung** Wechselt der Signalzustand an Eingang E0.0 von "1" auf "0", wird die Zeit gestartet. Der Merker M4.0 ist "1", wenn E0.0 = 1 ist oder die Zeit läuft. Wechselt der Signalzustand an E0.1 von "0" auf "1", während die Zeit abläuft, wird die Zeit zurückgesetzt.

7. Verknüpfungssteuerungen und Ablaufsteuerungen

Nach der Art der Signalverarbeitung unterscheidet man **Verknüpfungssteuerungen** (kombinatorische Steuerungen) und **Ablaufsteuerungen** (sequentielle Steuerungen).

Bei **Verknüpfungssteuerungen** entsteht die Steuergröße durch Verknüpfung (Kombination) mehrerer Signale. Z. B. darf eine Drehmaschine nur anlaufen, wenn die Schutztüre geschlossen ist UND das Werkstück im Spannfutter gespannt ist (**Bild 1**).
Verknüpfungssteuerungen sind binäre Steuerungen. Man entwickelt sie mit Hilfe der Schaltalgebra. Die Darstellung erfolgt durch schaltalgebraische Gleichungen, Kontaktpläne, Funktionstabellen und Funktionspläne.

Bild 1: Beispiel einer Verknüpfungssteuerung

Bei **Ablaufsteuerungen** werden die Steuerungsvorgänge schrittweise ausgelöst (in „Schrittketten"). Das Weiterschalten von einem Schritt zum nächsten erfolgt entweder zeitabhängig oder prozessabhängig. Die Bedingungen zum Weiterschalten nennt man auch **Transitionen** (von lat. transitus = der Übergang). In **Bild 2** ist die Weiterschaltbedingung T1 das Erreichen der Drehzahl n_0.

Bei **zeitabhängigen Ablaufsteuerungen** steuern ein Taktgeber, eine Zeitschaltuhr oder ein Zeitrelais den Ablauf. Ein einfaches Beispiel für eine zeitabhängige Ablaufsteuerung ist die Steuerung für den automatischen Anlauf von Drehstrommotoren über eine Stern-Dreieck-Anlassschaltung. Zunächst wird der Motor in Sternschaltung hochgefahren und nach Ablauf der geschätzten Hochlaufzeit zuzüglich einer Zeitreserve in Dreieckschaltung umgesteuert. Danach ist der Motor betriebsbereit.

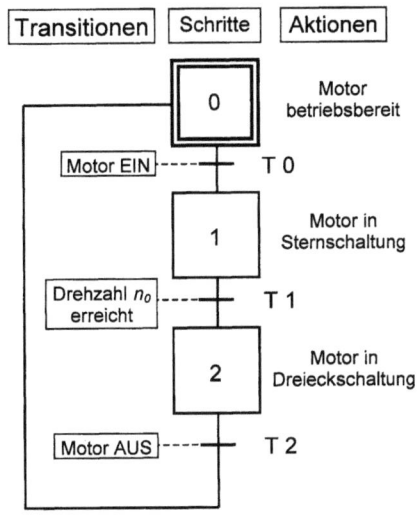

Bild 2: Programmablaufplan einer prozessabhängigen Schaltung nach IEC-1131-3

Bei **prozessabhängigen Ablaufsteuerungen** wird das Weiterschalten von einem Schritt zum nächsten durch den Prozess selbst ausgelöst. Im Falle einer Anlassschaltung für Drehstrommotoren (**Bild 2**) benötigt man einen Sensor für den Betriebszustand „Leerlaufdrehzahl erreicht". Ist die Leerlaufdrehzahl erreicht, wird automatisch auf Dreieckschaltung umgeschaltet.
Ablaufsteuerungen können durch Funktionspläne bzw. Programmablaufpläne dargestellt werden.

Prozessabhängige Ablaufsteuerungen sind grundsätzlich zeitabhängigen Ablaufsteuerungen vorzuziehen, da bei Störungen der Ablauf unterbrochen wird oder funktionsgerecht langsamer weiterläuft. Bei z.B. unerwartet stark belastetem Drehstrommotor wird erst dann in die Dreieckschaltung umgeschaltet, wenn eine hinreichend hohe Drehzahl erreicht ist.

	Lehrstuhl für Pädagogik TU München	Name:	Klasse: **11C - ME**
TECHNISCHE UNIVERSITÄT MÜNCHEN			Datum: **05.02.01**

Eingangstest

Bitte beantworten Sie die folgenden Fragen in Stichpunkten.

1. Wie lautet die genaue Bezeichnung für das nebenstehende binäre Verknüpfungselement? _____

   E0.0 → S (SR)
   E0.1 → R   Q →

2. Beschreiben Sie in knappen Sätzen die Funktion des Verknüpfungselements von Aufgabe 1.

   _____

   _____

   _____

3. Zählen Sie die Bestandteile auf, aus denen ein SPS-Programm besteht und beschreiben Sie diese <u>kurz</u>.

   _____

   _____

   _____

   _____

4. Wie lautet die genaue Bezeichnung für das nebenstehende binäre Verknüpfungselement? _____

   —[&]—[=]—

5. Beschreiben Sie kurz die Funktion des Verknüpfungselements von Aufgabe 4 und nennen Sie Möglichkeiten der Anwendung.

   _____

   zugewiesen.

6. Zu welchen Zwecken werden Merker in einem SPS-Programm eingesetzt?

   _____

   _____

Eingangstest 185

7. Wie lautet die genaue Bezeichnung für das nebenstehende Verknüpfungselement?

8. Beschreiben Sie wie das Verknüpfungselement reagiert, wenn die Eingänge E0.0 und E0.1 ein 0- bzw. 1-Signal führen oder die Signale wechseln.

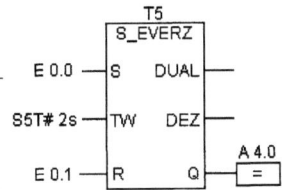

9. Bei dem untenstehenden Fallmagazin ist an einem nachfolgenden Förderband ein Sensor B3 (Schließer) angebracht. Meldet dieser Sensor, dass noch ein Teil auf dem Förderband liegt, bzw. meldet der Öffner S2, dass das Magazin leer ist, so darf der Zylinder 1A1 nicht ausfahren. Gesucht ist das zugehörige SPS-Programm (FUP) unter Verwendung von Merkern.

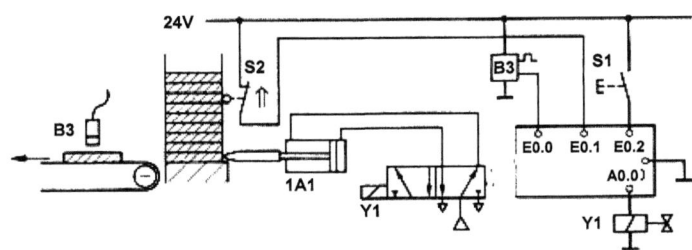

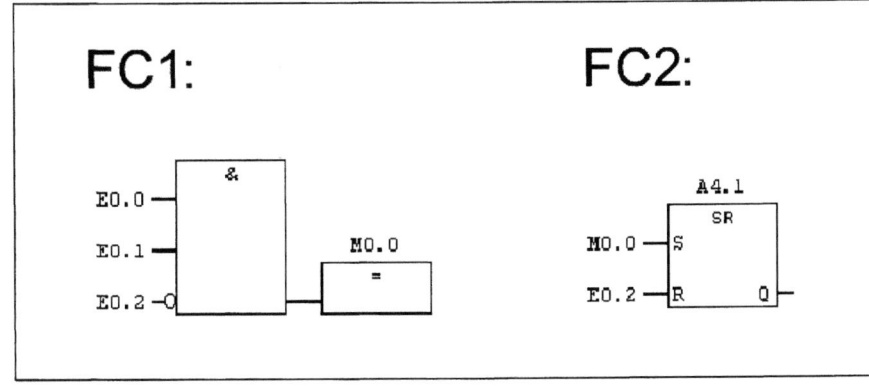

Viel Erfolg!

Städtische Berufsschule für Fertigungstechnik

Name:

Klasse: 11B/C - ME

Datum:

Abschlusstest
Theoretischer Teil

1. Zu welchen Zwecken werden Merker in einem Programm eingesetzt?

2. Was versteht man unter einem remanenten Merker?

3. Zählen Sie die Bestandteile auf, aus denen größere SPS-Programme meist bestehen und beschreiben Sie kurz, welchen Zweck sie erfüllen.

4. Welchen Vorteil bieten prozessabhängige Ablaufsteuerungen gegenüber zeitabhängigen?

5. Unten stehend sehen Sie ein Netzwerk eines SPS-Programmes. Der Ausgang A4.1 soll im ersten Schritt des Ablaufs ein monostabiles Magnetventil ansteuern, das über mehrere Schritte betätigt bleiben soll.

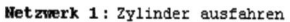

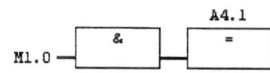

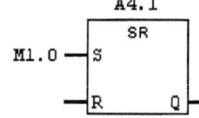

Die gegebene Lösung ist jedoch falsch. Zeichnen Sie auf dem freien Platz rechts der Verknüpfung die richtige Lösung und begründen Sie, warum die gegebene Verknüpfung für diesen Zweck nicht richtig ist.

6. Sie kennen von einem Verknüpfungselement folgende Reaktion:

   Der Ausgang A4.0 ist "1", wenn der S-Eingang E0.0 = 1 ist oder die Zeit läuft. Wechselt der Signalzustand am R-Eingang E0.1 von "0" auf "1", während die Zeit abläuft, wird die Zeit zurückgesetzt.

   Um welches Verknüpfungselement handelt es sich? Begründen Sie Ihre Wahl.

   _____

   _____

7. Zeichnen Sie ein Verknüpfungselement, das zum Ausschalten einer Anlage dient. Darin sollen die Signale NOT-AUS und ein Überlastungsschalter verknüpft und einem Merker zugewiesen werden. Erläutern Sie Ihre Skizze und begründen Sie Ihre Entscheidungen.

   Erläuterung: Skizze

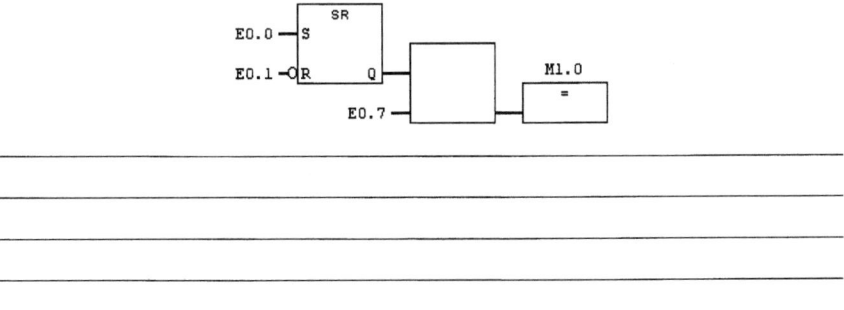

8. Vervollständigen Sie die untenstehenden Verknüpfung zur Auswahl zwischen Automatik und Einzelschrittbetrieb und beschreiben Sie deren Funktion.

   _____

   _____

   _____

   _____

Viel Erfolg!

Städtische Berufsschule für Fertigungstechnik	Name:	Klasse: 11B - ME
		Datum:

Abschlusstest
Praktischer Teil

Über eine Montieranlage sind das Weg-Schritt-Diagramm und Teile der Zuordnungsliste bekannt. Die **Zylinder 2A1** und **3A1** werden über **monostabile** Magnetventile angesteuert. Aus Sicherheitsgründen wird bei **Zylinder 1A1** ein **bistabiles** Magnetventil verwendet.

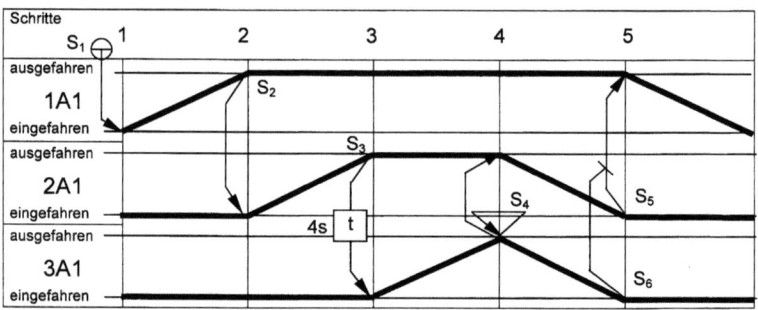

Symbol	Adresse	Kommentar
S0	E 0.0	Rücksetztaste (Reset)
S1	E 0.1	Start (Automatik)
S2	E 0.2	1A1 ausgefahren
S3	E 0.3	2A1 ausgefahren
S4	E 0.4	3A1 ausgefahren
S5	E 0.5	2A1 eingefahren
S6	E 0.6	3A1 eingefahren
S7	E 0.7	Start (Einzelschritt)
Y1	A 4.1	1A1 ausfahren

Symbol	Adresse	Kommentar
Y2	A 4.2	1A1 einfahren
Y3	A 4.3	2A1 ausfahren
Y4	A 4.4	3A1 ausfahren
Merker 0	M 0.0	Startmerker
Merker 1	M 1.0	
Merker 2	M 2.0	
Merker 3	M 3.0	
Merker 4	M 4.0	
Merker 5	M 5.0	

Schreiben Sie mit Hilfe des Weg-Schritt-Diagramms und der Zuordnungsliste das SPS-Programm für die Anlage. Beachten Sie weiter folgende Hinweise (bitte erst ganz durchlesen):

1. Legen Sie das Projekt unter Ihrem **Nachnamen** an.
2. Wählen Sie die **CPU 315-2DP** für Ihr Programm aus.
3. Übertragen Sie die obige, **unvollständige** Zuordnungsliste in die Symboltabelle Ihres SPS-Programms und **ergänzen Sie die fehlenden Bestandteile, Symbole** und **Kommentare**.
4. Achten Sie auf eine übersichtliche Struktur und die Dokumentation des Programms.
5. Das Programm soll **ohne symbolische Darstellung** aber **mit den Symbolinformationen und dem Kommentar** (Menü ANSICHT) dargestellt werden.
6. Es soll zwischen den Betriebsarten **Automatik** und **Einzelschrittbetrieb** gewählt werden können. Programmieren Sie diese Anforderung in **einer eigenen Funktion**.
7. Durch Betätigen der **Reset-Taste** soll die Anlage wieder in die **Ausgangsstellung** gebracht werden können.

Viel Erfolg!

Lösungsbeispiel Abschlusstest - Programmieraufgabe

Lösungsbeispiel eines Schülers für die Programmieraufgabe des Abschlusstests

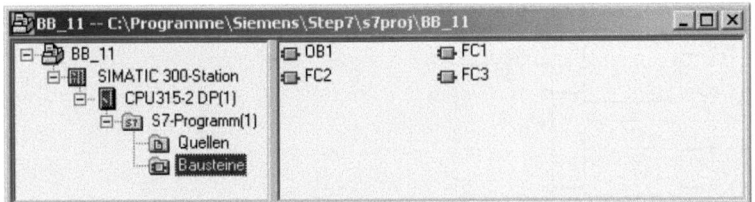

```
Baustein: OB1

OB1 :  Aufruf der Funktionsbausteine
Netzwerk 1:
         CALL    FC    1           - Betriebsart
         CALL    FC    2           - Schrittkette
         CALL    FC    3           - Befehlsausgabe
```

```
Baustein: FC1

FC1 :  Betriebsart
Netzwerk 1:  Wahl der Betriebsart
```

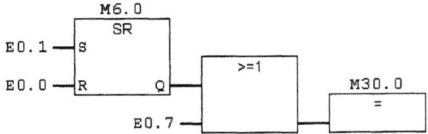

```
Symbolinformation
M6.0          Merker 6         Automatik
E0.1          S 1              Start (Automatik)
E0.0          S 0              Rücksetztaste (Reset)
E0.7          S 7              Start (Einzelschritt)
M30.0         Merker 30        Betriebszustand
```

```
Baustein: FC2

FC2 :  Schrittkette
Netzwerk 1:  1A1 ausfahren
```

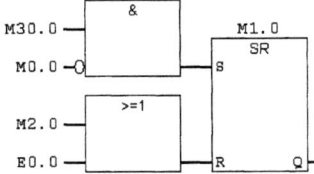

```
Symbolinformation
M30.0         Merker 30        Betriebszustand
M0.0          Merker 0         Startmerker
M2.0          Merker 2         2A1 ausfahren
E0.0          S 0              Rücksetztaste (Reset)
M1.0          Merker 1         1A1 ausfahren
```

Netzwerk 2: 2A1 ausfahren

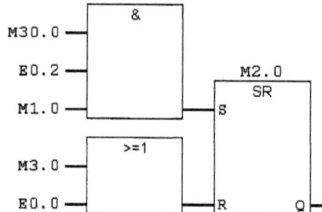

Symbolinformation

M30.0	Merker 30	Betriebszustand
E0.2	S 2	1A1 ausgefahren
M1.0	Merker 1	1A1 ausfahren
M3.0	Merker 3	3A1 ausfahren
E0.0	S 0	Rücksetztaste (Reset)
M2.0	Merker 2	2A1 ausfahren

Netzwerk 3: 3A1 ausfahren

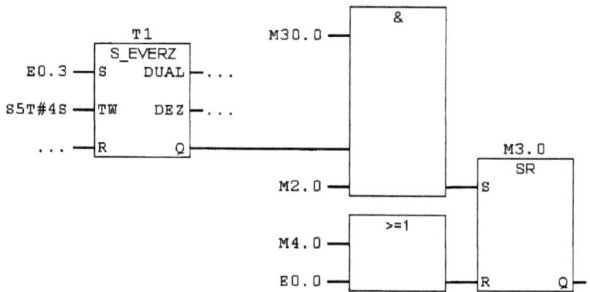

Symbolinformation

E0.3	S 3	2A1 ausgefahren
M30.0	Merker 30	Betriebszustand
M2.0	Merker 2	2A1 ausfahren
M4.0	Merker 4	2A1 und 3A1 einfahren
E0.0	S 0	Rücksetztaste (Reset)
M3.0	Merker 3	3A1 ausfahren

Netzwerk 4: 2A1 und 3A1 einfahren

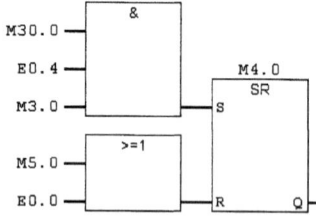

Symbolinformation

M30.0	Merker 30	Betriebszustand
E0.4	S 4	3A1 ausgefahren
M3.0	Merker 3	3A1 ausfahren
M5.0	Merker 5	1A1 einfahren
E0.0	S 0	Rücksetztaste (Reset)
M4.0	Merker 4	2A1 und 3A1 einfahren

Lösungsbeispiel Abschlusstest - Programmieraufgabe

Netzwerk 5: 1A1 einfahren

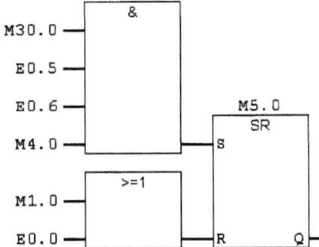

Symbolinformation
M30.0	Merker 30	Betriebszustand
E0.5	S 5	2A1 eingefahren
E0.6	S 6	3A1 eingefahren
M4.0	Merker 4	2A1 und 3A1 einfahren
M1.0	Merker 1	1A1 ausfahren
E0.0	S 0	Rücksetztaste (Reset)
M5.0	Merker 5	1A1 einfahren

Netzwerk 6: Startmerker

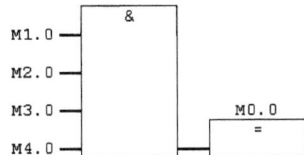

Symbolinformation
M1.0	Merker 1	1A1 ausfahren
M2.0	Merker 2	2A1 ausfahren
M3.0	Merker 3	3A1 ausfahren
M4.0	Merker 4	2A1 und 3A1 einfahren
M0.0	Merker 0	Startmerker

Baustein: FC3

FC3 : Befehlsausgabe

Netzwerk 1: 1A1 ausfahren

Symbolinformation
M1.0	Merker 1	1A1 ausfahren
A4.1	Y 1	1A1 ausfahren

Netzwerk 2: 2A1 aus- und einfahren

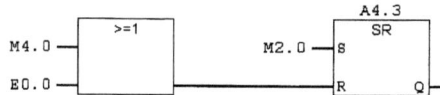

Symbolinformation
M4.0	Merker 4	2A1 und 3A1 einfahren
E0.0	S 0	Rücksetztaste (Reset)
A4.3	Y 3	2A1 ausfahren
M2.0	Merker 2	2A1 ausfahren

Netzwerk 3: 3A1 aus- und einfahren

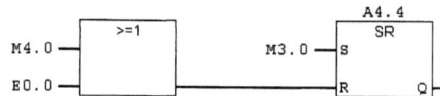

Symbolinformation
M4.0	Merker 4	2A1 und 3A1 einfahren
E0.0	S 0	Rücksetztaste (Reset)
A4.4	Y 4	3A1 ausfahren
M3.0	Merker 3	3A1 ausfahren

Netzwerk 4: 1A1 einfahren

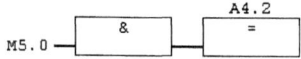

Symbolinformation
M5.0	Merker 5	1A1 einfahren
A4.2	Y 2	1A1 einfahren

Symboltabelle

Symbol	Adresse	Datentyp	Kommentar
Cycle Execution	OB 1	OB1	Aufruf der Funktionsbausteine
FC 1	FC 1	FC1	Betriebsart
FC 2	FC 2	FC2	Schrittkette
FC 3	FC 3	FC3	Befehlsausgabe
Merker 0	M 0.0	BOOL	Startmerker
Merker 1	M 0.0	BOOL	1A1 ausfahren
Merker 2	M 0.0	BOOL	2A1 ausfahren
Merker 3	M 0.0	BOOL	3A1 ausfahren
Merker 30	M 0.0	BOOL	Betriebszustand
Merker 4	M 0.0	BOOL	2A1 und 3A1 einfahren
Merker 5	M 0.0	BOOL	1A1 einfahren
Merker 6	M 0.0	BOOL	Automatik
S 0	E 0.0	BOOL	Rücksetztaste (Reset)
S 1	E 0.0	BOOL	Start (Automatik)
S 2	E 0.0	BOOL	1A1 ausgefahren
S 3	E 0.0	BOOL	2A1 ausgefahren
S 4	E 0.0	BOOL	3A1 ausgefahren
S 5	E 0.0	BOOL	2A1 eingefahren
S 6	E 0.0	BOOL	3A1 eingefahren
S 7	E 0.0	BOOL	Start (Einzelschritt)
Y 1	A 4.1	BOOL	1A1 ausfahren
Y 2	A 4.2	BOOL	1A1 einfahren
Y 3	A 4.3	BOOL	2A1 ausfahren
Y 4	A 4.4	BOOL	3A1 ausfahren

Schülerfragebogen 1 193

Lehrstuhl für Pädagogik
Technische Universität München

Einführung in die Programmierung von Schrittketten
Fragebogen zu Aufgabe 1

Name: _____

Die Aussage trifft zu

	ja sehr	ja	in etwa	nicht	überhaupt nicht
Beim Bearbeiten des Leittextes wusste ich oft nicht genau, was zu tun war.	☐	☐	☐	☐	☐
Durch die Beantwortung der Fragen des Leittextes auf dem eigenen DIN A4-Blatt habe ich viel gelernt.	☐	☐	☐	☐	☐
Im bereitgestellten Infomaterial waren zu wenig Beispiele.	☐	☐	☐	☐	☐
Die Programmierbeispiele im Informationsmaterial waren zu kompliziert.	☐	☐	☐	☐	☐
Im bereitgestellten Infomaterial waren alle benötigten Informationen vorhanden.	☐	☐	☐	☐	☐
Die im Informationsteil gegebenen Informationen waren klar gegliedert.	☐	☐	☐	☐	☐
Die Hilfestellungen und Erläuterungen des Lehrers haben mir immer geholfen.	☐	☐	☐	☐	☐
Ich hätte mehr Unterstützung und Erklärung durch den Lehrer gebraucht.	☐	☐	☐	☐	☐
Ich hätte lieber mehr schriftliche Informationen bekommen.	☐	☐	☐	☐	☐

Ich habe im Betrieb ☐ *schon viele*   ☐ *schon ein paar*   ☐ *noch keine*   Schrittketten programmiert.

Meinen Anteil am Gruppenergebnis würde ich als   ☐ *groß*   ☐ *durchschnittlich*   ☐ *klein*   bezeichnen.

Sie mussten sich im bisherigen Unterricht die Lerninhalte weitgehend selbst erarbeiten. Gab es dabei Phasen, in denen Sie sich überfordert fühlten?
Wenn „Ja", welche waren dies? Wie hätte dieses Problem vermieden werden können?

_____

_____

Welche Art der Hilfestellung durch den Lehrer hat Ihnen im Unterricht besonders geholfen?

_____

Vielen Dank für Ihre Mitarbeit an der Untersuchung!

Lehrstuhl für Pädagogik
Technische Universität München

Einführung in die Programmierung von Schrittketten
Fragebogen zu Aufgabe 2

Die Aussage trifft zu

Name: _____

	ja sehr	ja	in etwa	nicht	überhaupt nicht
Die Führung durch den Leittext war mir zu gering.	☐	☐	☐	☐	☐
Durch die Beantwortung der Fragen des Leittextes auf dem eigenen DIN A4-Blatt habe ich viel gelernt.	☐	☐	☐	☐	☐
Im bereitgestellten Infomaterial waren zu wenig Beispiele.	☐	☐	☐	☐	☐
Die Programmierbeispiele im Informationsmaterial waren zu kompliziert.	☐	☐	☐	☐	☐
Im bereitgestellten Infomaterial waren alle benötigten Informationen vorhanden.	☐	☐	☐	☐	☐
Die im Informationsteil gegebenen Informationen waren klar gegliedert.	☐	☐	☐	☐	☐
Die Hilfestellungen und Erläuterungen des Lehrers haben mir immer geholfen.	☐	☐	☐	☐	☐
Ich hätte mehr Unterstützung und Erklärung durch den Lehrer gebraucht.	☐	☐	☐	☐	☐
Ich hätte lieber mehr schriftliche Informationen bekommen.	☐	☐	☐	☐	☐

Meinen Anteil am Gruppenergebnis würde ich als ☐ *groß* ☐ *durchschnittlich* ☐ *klein* bezeichnen.

An welchen Stellen hätten Sie weitere Hilfestellungen durch den Lehrer benötigt?
_____
_____
_____

Welche Art der Hilfestellung durch den Lehrer hat Ihnen besonders geholfen?
_____
_____
_____

Sonstige Anmerkung zum Unterricht:
_____
_____
_____
_____

Vielen Dank für Ihre Mitarbeit an der Untersuchung!

Lehrstuhl für Pädagogik
Technische Universität München

Name: _____

Fragen zum Abschlusstest (1):

Was ist Ihnen im Theorieteil des Abschlusstests besonders schwer gefallen?

_____

_____

_____

_____

Worauf führen Sie dies zurück?

_____

_____

_____

_____

Was ist Ihnen im praktischen Teil des Abschlusstests bei der Programmieraufgabe besonders schwer gefallen?

_____

_____

_____

Fragen zum Abschlusstest (2):

Worauf führen Sie dies zurück

Sonstige Anmerkungen:

Befragung von Martin Müller nach der Blockwoche "beispielorientierte Instruktion":

Wie glaubst Du sind die Schüler mit den schriftlichen Unterlagen "Leittext" zurecht gekommen?
Mit dem Leittext kamen die Schüler ziemlich gut zurecht. Der Umfang war dem Thema angemessen. Die Aufgabenstellung war klar und übersichtlich.

2) Wie glaubst Du sind die Schüler mit den schriftlichen Unterlagen "Informationsmaterial" zu Recht gekommen?
Das Informationsmaterial war für manche Schüler fast zu umfangreich. Ich habe das Gefühl, dass manche den Text zu oberflächlich gelesen haben.

3) Haben Deiner Meinung nach die schriftlichen Unterlagen die von den Schülern benötigten Informationen enthalten? Was hat gefehlt oder müsste verbessert werden?
Das Beispiel der Schrittkette war gerade bei den Startbedingungen und Überwachungsfunktionen für viele Schüler verwirrend. Dadurch, dass die Schrittkette nicht mit Schrittmerker 1.0 begann, war die Struktur nicht mehr klar. Dies führte sehr schnell zum Abweichen vom strengen Schema der Schrittkette und der Misserfolg war dann nicht mehr weit. Auch die Abstrahierung des Weg-Schritt-Diagramms zum Ablaufplan machte vielen Schülern Schwierigkeiten. Ohne das Beispiel und mit einem stärkeren Bezug zum ersten Teil, wäre weniger Misserfolg und Frustration entstanden.

4) Wie wichtig waren Deiner Meinung nach die Erklärungen für die Schüler, die Du an die gesamte Klasse gerichtet hast und worauf haben diese Informationen insbesondere abgezielt?
Die zusammenfassenden Erklärungen waren für die Klasse sehr wichtig. Für mich als Lehrer hatte ich die Möglichkeit, das Gelernte zu hinterfragen und so Lücken und Missverständnisse zu klären. Im zweiten Teil war hierfür leider keine Zeit vorgesehen.

5) Welche weiteren Instruktionen oder Informationen hättest Du den Schülern im gesamten Klassenverband gegeben, wenn die Vorgaben durch das Forschungsvorhaben nicht bestanden hätten?
Ich hätte die Klasse noch mehr „dressiert", das notwendige Schema der vorgeschlagenen Schrittkette zunächst einzuhalten, um einzelnen Misserfolg in der Anfangsphase zu vermeiden. Die Schüler brauchen in diesem Stadium noch eine konsequente Führung durch den Lehrer.

6) Wie wichtig waren Deiner Meinung nach die Erklärungen für die Schüler, die Du ihnen individuell am Arbeitsplatz gegeben hast und worauf haben diese Informationen insbesondere abgezielt?
Die Erklärungen bezogen sich oft auf Bedienungsprobleme mit der Soft- und Hardware. In diesem Stadium treten zwangsläufig solche Schwierigkeiten auf.
Oft waren es jedoch auch Hinweise, sich konsequent an das Schrittkettenschema zu halten und nicht „Eigenes" zu erfinden, da dann die Fehlersuche sehr aufwendig ist.

7) Welche weiteren Instruktionen oder Informationen hättest Du den Schülern im Einzelgespräch gegeben, wenn die Vorgaben durch das Forschungsvorhaben nicht bestanden hätten?
Als ich das Gefühl hatte, dass ein größerer Teil der Schüler Schwierigkeiten hatte, die praktische Aufgabe logisch umzusetzen, hätte ich die ersten zwei Schritte mit den Schülern gemeinsam erarbeitet.

8) Wie schätzt Du allgemein die Beteiligung aller Schüler einer Gruppe an der Gruppenarbeit ein?
Die Schüler waren bei der Durcharbeitung des Leittextes und des Informationsmaterials hoch motiviert und arbeiteten zunächst sehr intensiv. So konnten auch die schriftlichen Fragen in der Regel richtig beantwortet werden. Erst bei der Programmierung kam durch teilweisen Misserfolg Unruhe in den Gruppen auf.

9) Wo waren für Dich als Lehrer die größten Schwierigkeiten während des Unterrichts?
Dadurch, dass sich die Schüler nicht an das vereinbarte Schema hielten, kam auch bei mir bei der permanenten Fehlersuche leichter Stress auf. Gerade bei Misserfolgen versuchen die Schüler mit der Software etwas Auszuprobieren, was dann zu noch mehr Problemen führt.

10) Wo siehst Du die größten Probleme für die Schüler während des Unterrichts?
Von den Schülern wird ein Höchstmaß an Konzentration gefordert. Diese Arbeitsweise ist teilweise vielleicht noch zu wenig eingeübt. Die Texte werden teilweise zu oberflächlich gelesen. Wenn der Text zu lang ist sinkt die Konzentration rapide.

11) Wo glaubst Du waren für die Schüler die größten Schwierigkeiten bei der Bearbeitung des theoretischen Abschlusstests?
Die Fragen waren angemessen und wurden auch entsprechend bearbeitet.

12) Wo glaubst Du waren für die Schüler die größten Schwierigkeiten bei der Bearbeitung des praktischen Abschlusstests?
Ein kleiner Teil der Schüler war durch den vorhergehenden Misserfolg demotiviert und konnte und wollte auch nicht den Test optimal absolvieren. Ein anderer Teil kam mit dem Test besser zurecht, als bei der vorangegangenen praktischen Übung. Versuch und Irrtum zusammen mit den erarbeiteten Kenntnissen ermöglichten schließlich die weitgehende Lösung der Aufgabe.

Weitere Anmerkungen:
Für die Einführung in das Gebiet der Schrittkettenprogrammierung sind in unserem Stoffverteilungsplan zwei bis drei Blockwochen vorgesehen. So sind auch längere Übungsphasen möglich.

Befragung von Martin Müller nach der Blockwoche „Systematikorientierte Instruktion"

Teil I – Vergleich der beiden Blockwochen

1. **Was hat sich für Dich durch die Vorgabe der systematikorientierten Instruktion verändert?**

   Für meine Arbeit hat sich zunächst nichts geändert. Die Schüler arbeiteten mit den Leittexten und dem Infomaterial. Im ersten Teil (Programmieren einer einfachen Schrittkette) kamen weniger grundsätzliche Fragen von den Schülern auf mich zu.

2. **Was hat sich Deiner Meinung nach für die Schüler durch die Vorgabe der systematikorientierten Instruktion verändert?**

   Der Schüler musste sich zunächst mit einer etwas abstrakter dargestellten Materie auseinandersetzen.

3. **Wo sind Defizite und Probleme der systematikorientierten Instruktionsform zu sehen? (Evtl. unterschieden nach Schüler- und Lehrersicht)**

   Bei der systematikorientierten Instruktion hat der Schüler zunächst das Problem die neuen Erkenntnisse in seinen praktischen Erfahrungsbereich einzuordnen. Schüler, welche diese Abstraktion nicht schaffen, reagieren dann zunehmend aggressiv und lehnen dann das gesamte Thema emotional bedingt ab.

4. **Wo sind Vorteile der systematikorientierten Instruktionsform zu sehen? (Evtl. unterschieden nach Schüler- und Lehrersicht)**

   Die Strukturen werden klarer aufgezeigt. Das erworbene Wissen ist später leichter auf ähnliche Anwendungsprobleme übertragbar. Die Schülermotivation bedarf aber mehr Unterstützung durch den Lehrer.

5. **Welche Instruktionsform (beispielorientiert / systematikorientiert) ist Deiner Meinung nach zu bevorzugen?**

   Die systematikorientierte Instruktion würde ich bevorzugen.

6. **Welche Leittextform (beispielorientiert / systematikorientiert) ist Deiner Meinung nach zu bevorzugen?**

   Den Leittext würde ich zur besseren Schülermotivation eher beispielorientiert gestalten, da der Schüler die neue Problematik schneller erkennen kann, und zu einer Problemlösung motiviert wird.

7. **Welches ist Deiner Meinung nach die optimale Kombination aus Leittext und Instruktion (beispielorientiert / systematikorientiert)?**

   Leittext beispielorientiert – Instruktion systematikorientiert.

8. Wie würdest Du ohne die Vorgaben des Forschungsansatzes einen leittextgesteuerten Unterricht gestalten? Wie müssten dazu die Leittexte gestaltet sein, die Du bevorzugt einsetzen würdest? An welchen Stellen des Unterrichts würdest Du lehrerzentrierte Instruktionsphasen einschieben? Wie würdest Du diese Instruktionsphasen gestalten?

Die Arbeitsunterlagen würde ich wie oben angegeben gestalten. An einer ersten einfachen praktischen Aufgabe würde ich das fachliche Problem darstellen. Die zur Lösung unbedingt notwendigen Fachkenntnisse erhalten die Schüler in der systematikorientierten Instruktion. Sie können so mit minimalen Erkenntnissen bei der Anwendung des neuen Lernstoffes erste Erfolge erzielen. Diese Art der Instruktion wird der ersten hohen Motivation der Schüler gerecht.

*Nach der Anwendung der ersten Kenntnisse muss der Lehrer die Thematik in einem **kurzen** Lehrer-Schülergespräch aufarbeiten und vertiefen, damit sich die Grundroutinen fest einprägen (man mag diesen Teil ruhig einen Dressurakt zum exakten Arbeiten nennen).*

Im zweiten Teil sollte die erheblich anspruchsvollere Programmierung eines Montageautomaten zunächst direkt am praktischen Objekt mit jeder Schülergruppe durchgesprochen werden. Dabei werden zunächst Lösungsstrategien vereinbart, damit sich der Lehrer später nicht mit zu vielen Lösungsansätzen beschäftigen muss. Erfahrungsgemäß steigen ohne diese vereinbarten Lösungswege auch die Misserfolge, und die Fehlersuche ist dann für den Lehrer erheblich schwieriger und vor allem zeitaufwendiger. Erst danach würde ich die Schüler mit einem reinen systematikorientierten Infomaterial arbeiten lassen.

Da die Schüler bei dieser Arbeitsweise hochkonzentriert sind und dies auch sehr anstrengend ist, sollte der Lehrer in kurzen lehrerzentrierten Phasen die neue Thematik zusammenfassen und vertiefen.

Dabei können auch ergänzende und weiterführende Aufgaben besprochen werden. Ein Methodenwechsel ist nach einer gewissen Zeit notwendig – gerade dann, wenn in einem Fach mehr als zwei Stunden unterrichtet wird.

Codierte und digitalisierte Schülerantworten auf die ungebundenen Fragen der Schülerfragebögen 1-3

Frage f1u1a: Gab es Phasen, in denen Sie sich überfordert fühlten?

BA_5	nein, eigentlich nicht. Der Leittext und das Informationsmaterial hätten jedoch etwas verständlicher gegliedert sein sollen.
BA_2	Nein
BA_10	Nein
BA_9	ja, manchmal, wenn viel Stoff auf einmal zu verarbeiten war
BA_9	ja durch die Unterrichtsgeschwindigkeit
BA_12	ja, denn unter Zeitdruck tut man die Zettel nicht richtig verstehen und hat keine Zeit sie noch mal zu überarbeiten
BA_7	Das Informationsmaterial war nicht gut eingeteilt, keine Beschränkungen auf Wesentliches, Text war nicht so verständlich gestaltet wie es möglich gewesen wäre
BA_8	Ja, denn das Infomaterial ist doch kompliziert, wenn man davor noch nichts von dem Thema in irgend einer Weise was mitbekommen
BA_4	die Erklärung (Sätze) sind größtenteils viel zu kompliziert und verschachtelt geschrieben
BA_1	Zum Teil, ich hatte Probleme die Logik zu verstehen
BA_6	Es gab oft Probleme beim Verstehen der Informationsunterlagen. Man könnte es leichter erklären und alle Fachbegriffe später aufzählen
BB_4	Nein
BB_6	Nein
BB_3	Nein
BB_2	Am Anfang hatte ich das Gefühl, dass ich unter Zeitdruck stehe. Dieses Gefühl hat sich aber schnell wieder gelegt.
BB_1	Es war ein bisschen viel Text, der teils unübersichtlich geschrieben war. Ein Inhaltsverzeichnis wäre nicht schlecht.
BB_9	ganz am Anfang, bis man sich eingearbeitet hat, und zwischendrin ein paar Phasen.
BB_11	Zusammenhang zwischen FC1 und FC2. Beantwortung meiner Fragen und fundiertes Wissen des Lehrers (allgemeines Problem bei neuen Technologien)
BB_7	Der Theorieteil sollte vor dem schriftlichen selbst erarbeiten kommen.
BB_12	Ja, weil ich den Leittext nicht verstanden habe.
BB_8	wenn man gleich starke Gruppen hätte, würde das "Projekt" wesentlich besser funktionieren, da es aber starke und schwache Gruppen gibt, ist es für schwache noch schwerer
BB_5	Ja,
CA_3	Nein
CA_11	Ja, das Verstehen von Sachen, die als selbstverständlich genommen werden, die man aber noch nie gemacht hat
CA_10	Ich halte Gruppenunterricht nicht für sinnvoll, da Leute die in der selben Gruppe sind und in diesem Fach besser sind immer vorausarbeiten wollen und nicht Schritt für Schritt die Aufgaben machen.
CA_1	Bei Dingen, die "normaler" Weise selbstverständlich sind für den Lehrer sind ab und zu recht schwer zu verstehen.
CA_9	Ja, teils schlechte Lernatmosphäre in der Klasse
CA_4	In der Phase des Programmaufbaus mit Startmerkern.
CA_5	Ja, als ich das Informationsmaterial durcharbeiten musste, hätten mir vorher mündliche Erläuterungen mehr geholfen.
CA_7	Mehr üben im Betrieb würde das Wissen vertiefen und "mobilisieren"
CA_12	Die Fragen waren schlecht formuliert, hätten genauer beschrieben werden müssen.
CA_8	Wenn man sich alles selbst erarbeiten muss ist es zu viel. (besser ½ der Zeit selbst arbeiten und die andere Hälfte mit dem Lehrer besprechen und wiederholen.
CA_6	Weniger Informationsmaterial dafür übersichtlicher und besser gegliedert.
CA_2	Wenn im Leittext einzelne Themen nicht verstanden wurden stand man im Wald, da von Lehrkörpern nicht entsprechend geholfen wurde.
CB_3	Nein
CB_5	Nein
CB_1	Als wir mir der SPS-Programmierung begonnen haben. Zu viele Schüler auf zu wenig Lehrer.
CB_10	Ab und zu fühlt man sich schon leicht überfordert weil man kein direktes Informationsmaterial hat, und sich auf Neuland befindet wo man keine Ahnung hat.
CB_9	Ja, am Anfang, da Schrittketten für mich etwas unbekanntes waren. Das Problem kann man vermutlich nicht vermeiden.
CB_11	Beim Aufstellen der Schrittkette fühlte ich mich oft überfordert. Die Unterstützung durch die Folienerklärung kommt zu spät.

CB_6	Bei dem Aufbau der ersten Schrittkette mit Startmerkern usw. Problemhilfe: Vielleicht keine Einleitung.
CB_7	Ein paar Dinge in der Elektropneumatik. Hat aber auch an mir gelegen, weil ich zu wenig gefragt hab, dass ist jetzt nicht mehr der Fall.

Frage f1u1b: Wie hätte dies vermieden werden können?

BA_9	wenn der Lehrer besser auf die Schüler eingehen würde
BB_9	Ab und zu eine kleine Pause
BB_5	Durch erneutes lesen des Textes bis es verständlich ist. ging nicht immer → Zeitdruck
CA_11	→ Bessere Erklärung durch den Lehrer
CA_4	durch mehr Freiheit im Programmaufbau und wenn's schon so sein muss, dann wenigstens genauere Infos über den gewollten Aufbau

Frage f1u2: Welche Art der Hilfestellung hat Ihnen im Unterricht besonders geholfen?

BA_5	Die Beantwortung persönlicher Fragen
BA_9	Lehrer hat versucht, die Sache mit eigenen Worten durchsichtiger zu machen. Gelingt nicht immer
BA_12	wenn mir gesagt wurde was (nicht wie ich was mache) ich machen soll wenn mir der Auftrag erläutert wurde
BA_7	wenn er das Thema kurz erklärt hat, dann konnte man sich eine bessere Vorstellung machen, erleichterte das Verständnis
BA_8	wenn er auf die Fehler aufmerksam machte, sie erklärte und wie man es besser machen könnte
BA_1	Jede, da ich erst 2 Stunden SPS hatte
BA_6	Bei Fragen zum Informationstext.
BA_2	Hilfe bei der Programmbedienung am PC
BA_11	in die Tiefe gehende Fragen zu den Antworten
BA_10	die vor Ort bei Problemen
BB_10	Die Hilfestellung nur auf Anfrage, Lernstoff selber erarbeiten
BB_2	Dass die Hintergrundinformationen noch zusätzlich von einem Lehrer vermittelt wurden.
BB_1	Nachbesprechung einer Aufgabe
BB_9	Erklärungen zu den Zusammenhängen und zeigen am Monitor
BB_11	Beantwortung von Fragen
BB_6	Das er mir gesagt hat, das nach dem gegebenen Schema vorgehen soll
BB_8	jegliche
BB_5	Aufarbeitung der letzten Stunde
CA_11	Kein Kommentar!
CA_10	Der L. kann schlecht erklären, wenn man was fragt, weiß man danach oft noch weniger als davor
CA_1	Der Lehrer ist meiner Meinung nach völlig inkompetent! Kann nichts erklären und geht nicht auf die Schüler ein. Denkt nur immer daran, wie er es früher gemacht hat und das müssen wir uns halt daheim ansehen. Verredet sich bei Erklärungsversuchen ständig.
CA_9	Persönliche Erläuterung an Beispielen
CA_3	Die bei den Startmerkern und der Befehlsausgabe
CA_5	Mündliche Erläuterungen.
CA_7	Das Eingehen auf die Probleme und deren Behandlung. Das Aufzeigen von Optionen im S7 die ich noch nicht kannte.
CA_12	Das er an den PC kam und uns das erklärt hat.
CA_8	Lehrer kommt zu jeder Gruppe einzeln und redet nicht immer nur vor allen.
CA_6	Die Erklärung am Anfang von dieser Stunde
CA_2	Die Hilfestellung an Folien zum Schrittkettenprogrammieren.
CB_1	Ausführliche Erklärungen
CB_10	Wenn man ein direktes Problem hat und den Lehrer nach den möglichen Fehlerquellen fragt und eine kurze genaue Erklärung bekommt.
CB_8	Unverständliche Textpassagen sinngemäß erläutern
CB_3	Genaue Erläuterungen
CB_2	Verweisung auf die richtigen Textstellen
CB_4	Verweisung auf die richtigen Textstellen
CB_13	Verweisung auf die richtigen Textstellen
CB_5	Der Lerninhalt wurde durch das Informationsmaterial gut vermittelt. Ich habe dem Lehrer

Schülerantworten auf die ungebundenen Fragen - codiert und digitalisiert

	nur Sachverhalte wiedergegeben um zu sehen, ob ich es verstanden habe.
CB_9	Die Erklärung anhand einfacher Beispiele.
CB_11	Die Folienerklärung.
CB_6	Er hat mich auf meinen Fehler hingewiesen und anschließend die Lösung erklärt.
CB_7	Wenn er mir etwas so erklärt hat, dass ich danach wusste wie es geht (Tipp)
CB_12	Wenn er mir einen kleinen Denkanstoß gab!

Frage f2u1: An welchen Stellen hätten Sie weiterer Hilfestellungen durch den Lehrer benötigt?

BA_11	Immer dann, wenn Probleme auftraten
BA_7	Eine Einführung und das gemeinsame Schreiben eines kleinen Beispielprogramms, während dessen auch Unklarheiten beseitigt werden können bzw. dadurch oft gar nicht auftreten wäre sehr hilfreich gewesen.
BA_12	Allgemeine Erklärung des Stoffes (Erklärung-Beispiel-selber ausprobieren)
BA_6	Wie der Startmerker genau funktioniert und überhaupt bei so gut wie allen Dingen.
BA_4	Bei der Fehlersuche.
BA_8	Weitere Hilfestellung währen beim programmieren der Schrittmerker und die Ein- bzw. Ausgänge hilfreich gewesen
BA_5	Beim Programmieren der Station (dabei speziell bei der Erläuterung der Fehler)
BA_9	Bei der Programmierung der SPS am Computer. wegen des Zahlenwirrwarr.
BB_12	Beim Programmieren der SPS-Programme
BB_11	wenn ich Hilfe gebraucht habe, habe ich sie bekommen
BB_8	es wäre besser gewesen, alle Programmieraufgaben noch ausführlicher zu besprechen
BB_10	Erklärung der praktischen Ausführung. Also wie die Anlage funktionieren soll.
BB_6	Keine – haben eher verwirrt
BB_2	Projekt Nr. 2: Belegung der Eingänge; Programmablauf (Stationenspezifisch)
BB_1	Nirgendwo, die Lehrer sind eh viel zu oft um einen herumgewuselt → stört
BB_4	Aufteilung der FC's (genauere Beschreibung der Aufteilung)
CA_6	Bei der 2. SPS-Programmierung
CA_11	An allen, ganz allgemein!!!
CA_8	Eigentlich gar nicht.
CA_7	Im Test.
CA_3	An dem Programmierbeispiel mit den Schrittketten. (1. Programmierbeispiel)
CA_4	Beim Aufbau des Programms mit Schrittketten.
CA_9	Überhaupt Hilfestellung bekommen!
CA_2	Programmierung von Schrittketten
CA_12	Nirgends
CA_10	An einfacheren Beispielen von Anfang des Lehrgangs den Lernstoff näher bringen.
CA_1	Bei den Erklärungen zu den Funktionen im Programm. Im Programmaufbau.
CB_6	Zeitglieder + Programmierung
CB_7	Als das Programm nicht zum Laden auf die SPS gegangen ist.
CB_12	Beim Einsetzen der Zeitglieder! Zwischen dem Sprung vom zweifach gegliederten ins mehrfach gegliederten SPS-Programm.
CB_2	Beim Programmieren am Computer und an der Station.
CB_10	An keinen
CB_1	In manchen Programmfehler Fragen.
CB_8	Anwendung des Programms (wie Beobachtung,...)
CB_4	Bei manchen Sachen der Programmierung.
CB_3	Beim Programmieren der Station.
CB_13	Beim Spannen der Vorrichtung
CB_11	Beim Aufbau der Schrittketten
CB_5	Bei den Rücksetzbedingungen

Frage f2u2: Welche Art der Hilfestellung hat Ihnen besonders geholfen?

BA_11	Hilfe bei der Fehlersuche, Erläuterungen am Anfang der Stunde, Eingehen auf Fragen Besprechung der Hintergründe von Sachverhalten
BA_7	viel Hilfestellung haben wir nicht erhalten, uns wurde meist nur gesagt: "das ist falsch, das muss so sein, der Fehler wurde dann zwar beseitigt, verstanden jedoch oft nicht. die "Korrekturen führten am Schluss dazu, dass wir gar nicht mehr durchblickten.

BA_6	Wenn er mir beim Programmieren geholfen hat.
BA_2	Lösen von Problemen im Programm (defekte bei Datenübertragung)
BA_4	jede
BA_8	wenn er gesagt hat, was falsch war und es dann einigermaßen versucht hat dies zu erklären
BA_5	Beantwortung der persönlichen Fragen.
BA_3	Es waren Kleinigkeiten die man vergessen hatte und die einem Fehler ins Programm gebracht hat, die man ohne Lehrer wohl nicht gefunden hätte.
BA_9	Wenn er direkt geholfen hat und dann erklär wieso und warum
BA_1	Wenn er das Softwareproblem lösen hätte können
BB_6	Keine
BB_12	Keine
BB_11	Beantwortung von Fragen
BB_8	Persönliche Hilfestellung und Tageslichtprojektor
BB_5	Jede Hilfestellung war hilfreich, z.B. Zusammenfassung der letzten Stunde
BB_10	Die Erklärung am Projektor
BB_7	Anmerkungen zum fertigen Programm
BB_2	Am Projekt Nr. 2: keine
BB_1	Gute Frage...nächste bitte!
BB_3	Wie das mit der Schrittkette funktioniert.
BB_4	Erklärungen auf bestimmte Fragen
CA_11	Genaue Erklärung der Vorgehensweise zur Programmierung des SPS-Programms.
CA_8	Direkt zur Gruppe kommen und die vorhandenen Fehler zeigen und versprechen, erklären und verbessern.
CA_7	Klären von Programmierweise „Prozessabhängige Steuerung"
CA_3	Klare und deutliche Aussagen und nicht immer gleich noch 15 Sachen auf einmal erklären.
CA_4	Die konkrete Beantwortung der gestellten Fragen.
CA_2	Keine
CA_12	Erklärung der Anlage und Programmierungshilfe.
CA_5	Erläuterungen und Anleitungen zum Prozessablauf
CA_1	? Der Lehrer hat nicht viel geholfen, denn das was er gesagt hat war entweder „schaut im Material (Infoblätter usw.) nach" Erklärungen von ihm waren schlecht.
CB_9	Erklärungen anhand einfacher Beispiele
CB_6	Wenn ich etwas nicht verstanden habe, hat er es mir erklärt.
CB_7	Ein Tipp
CB_12	Durch die Ratschläge des Lehrers und die Korrektur im Programm.
CB_2	Erklärungen am Projektor.
CB_10	Die Hilfestellung beim Lösen von Problemen wo ich den Fehler nicht finden konnte.
CB_1	Die Art direkt und ohne Ratespiele auf den Fehler hinzuweisen.
CB_8	Hat mich nur verwirrt.
CB_4	Verweisung auf die zutreffenden Textstellen.
CB_3	Hilfestellungen durch den Lehrer haben mich eher verwirrt. Der Informationstexts hat mir sehr geholfen.
CB_13	Nichts.
CB_5	Die Erläuterungen an der Maschine, also mehr an Praktik gehalten.
CB_9	Erklärungen anhand einfacher Beispiele
CB_6	Wenn ich etwas nicht verstanden habe, hat er es mir erklärt.
CB_7	Ein Tipp
CB_12	Durch die Ratschläge des Lehrers und die Korrektur im Programm.
CB_2	Erklärungen am Projektor.
CB_10	Die Hilfestellung beim Lösen von Problemen wo ich den Fehler nicht finden konnte.
CB_1	Die Art direkt und ohne Ratespiele auf den Fehler hinzuweisen.
CB_8	Hat mich nur verwirrt.
CB_4	Verweisung auf die zutreffenden Textstellen.
CB_3	Hilfestellungen durch den Lehrer haben mich eher verwirrt. Der Informationstexts hat mir sehr geholfen.
CB_13	Nichts.
CB_5	Die Erläuterungen an der Maschine, also mehr an Praktik gehalten.

Frage f2u3: Sonstige Anmerkungen zum Unterricht.

BA_7	Bisher habe ich in AT eigentlich alles ganz gut verstanden, da unser Lehrer die Themen relativ gut einleitet. In dieser Woche habe ich die SPS-Funktion am Anfang nicht 100%ig verstanden also einfach mal nach der Vorgabe angefangen und durchgearbeitet. Programm 1 lief dann auch, bei Programm 2 habe ich dann nichts mehr richtig hinbekommen, da ich bis dato kein Verständnis dafür entwickeln konnte, da wir uns die Unterlagen auch nicht zu Hause näher bringen konnten, was mir für gewöhnlich hilft – alles in ruhe nochmal durchgehen – habe ich diese Woche fast nicht dazulernen können
BA_6	Der Lehrer sollte mehr erklären
BA_10	Hab's lieber, wenn der Lehrer mehr unterrichtet.
BA_2	Die vielen "Regeln" zum vielfältigen Aufbau von Schrittkette und Automatikfunktion sind in kurzer Zeit schwer zu merken.
BA_4	Man hätte mehr erklärt bekommen müssen. Mit den Blättern alleine kommt man nur schwer zurecht.
BA_8	Es ist ziemlich schwer, sich so was selber zu erarbeiten, wenn von dem Thema noch nie gehört hat. Leichter wäre es wahrscheinlich mit einer Art Einführung gewesen.
BA_5	Meines Erachtens ist diese Art des Unterrichts für die BS nicht geeignet, da jeder Schüler unterschiedlich schnell beim Bearbeiten des Materials ist.
BA_3	Es hätte auf mehr Zeit verteilt werden sollen.
BA_1	Mehr Zeit wäre gut gewesen und evtl. auch mal selbst was ausprobieren, auch wenn es nicht "vorschriftsmäßig" gewesen wäre, nur um zu sehen, was denn passieren würde.
BB_12	Sie hat mir nicht geholfen. Es ging alles drunter und drüber.
BB_11	äußerst ungewohnt
BB_5	im Grunde ist das selbständige Erarbeiten sinnvoll, es bleibt mehr hängen. Dauert länger und der Unterricht durch den Lehrer bringt mehr Verständnis.
BB_10	Die prinzipielle Programmierung einer Schrittkette war leicht zu verstehen. jedoch bereitete mir die praktische Umsetzung Schwierigkeiten.
BB_6	keine
BB_9	Die gelernten Sachen konnte ich mir besser merken, weil man sich viel intensiver mir dem Stoff vertraut macht, wenn man sich das Wissen selbst "erarbeitet" und nicht alles vorgekaut wird.
BB_1	Nicht sehr gelungen. mein Motto: "Der dichteste Mensch bekommt im herkömmlichen Unterricht mehr mit als wie wenn derjenige etwas lesen sollte! → Zu viel Text für zu wenig Infos.
BB_3	Mehr zeit zum programmieren.
BB_4	Für mich nicht hilfreich
CA_6	Der Lehrer ist zu wenig auf die Probleme der Schüler eingegangen und hat kaum die Art der Programmierung erklärt
CA_11	Lehrer Müller setzt zu viel voraus, was nicht ersichtlich ist. „Schlechte" Schüler werden benachteiligt!!!
CA_8	Eigentlich gut. Nur etwas öfter miteinander mit dem Lehrer alles durchsprechen und wiederholen.
CA_7	Nie zuvor waren so viele Informationen verfügbar wie in dieser Woche (Infobogen). Relativ viel Zeit für Projekte, da kleine Klassen waren.
CA_3	War ganz gut, ABER noch mal will ich dies nicht machen (zu viele Stunden an einem Tag)
CA_4	Der Unterricht war recht gut aber es sollte mehr erklärt werden oder das Infomaterial muss kurz, bündig und präzise ausfallen.
CA_2	Öde, monoton.
CA_12	Hat Spaß gemacht und dich hab was gelernt, aber es braucht viel Zeit.
CA_5	Ein Lehrer war mit dieser Aufgabe überfordert, Es hätten mehrere sein sollen.
CA_10	Ich halte nicht viel von Gruppenunterricht. Da der Gruppenunterricht eh meistens so endet das jeder für sich arbeitet. Der eine voraus, der andere hinterher. Selten wird sich gegenseitig geholfen sondern in Hektik die Arbeit so schnell wie Möglich hinter sich gebracht.
CA_1	Der Unterricht war gut, da viel Praxis. Betreuung war sehr gut (Wussten teilweise mehr als der Lehrer) und halfen beide gut mir, Dinge zu verstehen! Leittext und Infoblatt war gut (Bring sehr viel)
CB_9	Zu wenig Zeit für soviel Lernmaterial der Zeitdruck war zu hoch → Schlechte Konzentration Bessere Unterrichtsmethode, da man selbst mehr erarbeiten muss und kleinere Gruppen/Klassen vorhanden sind
CB_6	Im allgemeinen war die zeit etwas zu knapp und falsch eingeteilt, da sich mehrere Stunden Konzentriert mir dem Thema z befassen fast unmöglich ist (Text er viele Informationen auf einmal)
CB_7	Es machte Spaß allein etwas auszuarbeiten, allerdings würde das auf Dauer auch schwierig werden, und der Lehrer soll es immer Abwechselnd machen (Selbstandig – Lehrer – Selbständig)
CB_12	Es sollte mehr vom Lehrer erklärt werden, damit die Einführung gegeben ist.
CB_2	Zu viele Stunden an einem Tag.
CB_10	Fand ich sehr interessant und ich konnte viel selbst erarbeiten und dadurch besser merken. Die Arbeiten mit Leittext und die direkte Umsetzung in die Praxis finde ich sehr gut.
CB_1	Gutes allgemein Klima, leicht verständlich.
CB_8	Gutes Konzept
CB_4	Die Stundenanzahl war zu lange, weil sie alle hintereinander waren.

CB_3	Ich habe zwar viel dazugelernt, doch etwas stressig war es teilweise schon.
CB_13	Unklares Weg-Schritt-Diagramm falsche Bezeichnungen.
CB_5	Es ist anstrengend und auch teilweise stressig. Man muss oft die anderen anhalten mitzuarbeiten oder Dinge lange erklären. Diese Unterrichtsform bringt jedoch sehr viel, wenn man weiß, wo man Nutzen daraus ziehen kann.

Frage f3u1: Was ist Ihnen im Theorieteil des Abschlusstests besonders schwer gefallen?

BA_1	Bauteilnahmen auswendig zu wissen, welche ich so gut wie noch nie gesehen habe.
BA_4	Die drittletzte Frage
BA_2	Funktion der Zeitglieder
BA_11	Die abgesprochenen Standards einzuhalten (genaue Bezeichnungen; Grundstruktur u. Aufbau d. Programme)
BA_5	Die beiden letzten fragen: Abschalten einer Maschine und...
BA_3	Fragen über Sachen, die ich nicht sicher wusste...
BA_8	Das Berichtigen der falschen Steuerung und das Ergänzen der einen Steuerung
BA_10	Ich hätte mehr gepunktet, hätten wir die Blätter bekommen die wir im Unterricht verwendet hatten.
BA_12	Mir fehlte Fachwissen
BA_6	Die genaue Erklärung von den Verknüpfungsgliedern
BB_10	Die einzelnen Komponenten zu verknüpfen, Symbolwirrwarr
BB_9	Merker erklären: Ich weiß zwar was ein Merker ist und wofür man ihn verwendet, konnte es aber nicht so richtig erklären.
BB_1	Nicht viel, war erstaunlich einfach.
BB_2	Eigentlich nichts.
BB_6	Die Aufgabe mit den Bestandteilen eines umfangreichen SPS-Programms
BB_5	Sich an die richtigen Antworten zu erinnern. → Im Grunde ging es im Theorietest wie von alleine, wenn auch FALSCH?
BB_12	Erklären zu müssen, wie es funktioniert.
BB_11	"allgemeine" Fragen, d.h. man weiß ganz genau um was es geht, kann es aber nicht in Worte fassen.
CA_1	Die Programmabläufe auf dem Papier festzuhalten!
CA_2	Die Umschaltung zwischen Automatik und Einzelschritt.
CA_12	Nicht so schwer. Die Fragen zu erklären
CA_10	Das Erklären von gezeichneten Verknüpfungen.
CA_4	nix
CA_3	Das schriftliche, weil ich keine Lust mehr auf Schreiben hatte. Ansonsten eigentlich nichts!
CA_5	Nichts
CA_9	Alle Fragen richtig zu beantworten!
CA_11	Einige logikfunktionierende Fragen
CA_8	Umstellung von Einzelschritt/Automatik
CA_6	Sich in die logischen Verknüpfungen rein zu versetzen
CB_4	Fragen über Merker
CB_13	Passt schon war alles klar
CB_9	Eigentlich alles.
CB_3	Besonders schwer war die Theorie eigentlich nicht.
CB_2	Fast alles zu SPS
CB_5	Die letzte Frage war mir nicht klar, jedoch nicht wegen der Frage, sondern weil ich es nicht wusste.
CB_8	Zu wenig üben um sich Lerninhalte gut zu merken.
CB_7	Mehrere → weiß ich nicht mehr.
CB_12	Das Zeitglied zu erklären und den Not-Ausschalter richtig zu erklären.
CB_11	Theorie und Praxis!
CB_10	Eigentlich nichts so großartiges.
CB_1	Sich in die einzelnen Schritte der Fragen hineinzuversetzen und so auf die richtige Lösung zu kommen.
CB_6	Erklären mancher Einzelheiten.

Frage f3u2: Worauf führen Sie das zurück? (schwer gefallen im theoretischen Teil)

BA_4	Fragestellung
BA_2	Sehr schwieriger Informationstext im Übungsmaterial
BA_11	Zu wenig wiederholen des gelesenen; durch die Arbeitsaufteilung während der Gruppenarbeit wurden einzelne Themen von manchen Gruppenmitgliedern nicht intensiv durchgearbeitet.
BA_5	Das Informationsmaterial war teilweise nur schwer verständlich. Außerdem war nicht genügend Zeit, den Text ein zweites oder eventuell sogar ein drittes mal durchzulesen.
BA_3	war anfangs zu viel krank
BA_7	Wir sollten uns alles selber aus unübersichtlichen Arbeitsblättern aneignen
BA_10	Viel zu viel "Input" ohne dass man es daheim noch mal durchgehen kann

BA_12	Wir waren zu sehr damit beschäftigt die Station zu programmieren
BA_6	Liegt daran, dass der Lehrer so wenig erklärt hat.
BB_10	Man konnte den Lernstoff nicht zu Hause in aller Ruhe abarbeiten. Es müsste erlaubt sein, die Infoblätter mitzunehmen.
BB_1	Weil fast alle Fragen bereits in den Unterlagen gefragt wurden (fast alle)
BB_2	Genügend Informationen im Infomaterial
BB_6	Konnte mich nur nicht entscheiden, was ich bei FC2 schreiben sollte – Schrittkette oder Schrittverarbeitung
BB_5	Hätte die Fragen im Unterricht gewissenhafter lernen und bearbeiten müssen.
BB_12	Die Gruppe hat nicht zusammengepasst. Man ist nicht auf den selben Nenner gekommen. ich hab mir das Informationsmaterial nicht gut genug angeschaut.
BB_11	großer Bezug zur praktischen Arbeit
CA_1	Schon zu viel Automatisierung am heutigen Tag!
CA_2	Nicht genau durchgelesen.
CA_10	Stoff nicht komplett verstanden.
CA_4	Auf mein eigenes gelerntes Wissen im Unterricht.
CA_3	Ich hatte keine Lust mehr, da ich Hunger hatte!
CA_5	Auf die lange Vorbereitungszeit im Unterricht.
CA_9	Krank gewesen!
CA_11	Vom Lehrer im Unterricht 0 (=null) Infos bekommen
CA_8	Im Unterricht bisschen zu wenig erklärt und nicht wiederholt
CA_6	Zu wenig Übung an SPS Steuerung und zuviel Theorie
CB_4	Darauf bin ich nicht richtig eingegangen bei der Ausarbeitung eher auf die Programmierung.
CB_13	Gutes Vorwissen?
CB_9	Keine Wiederholung nach dem Unterricht.
CB_2	Auf schlechte gemeinsame Gruppenarbeit, auf schlechte Fachkenntnisse, wenig Abwechslung am Computer
CB_5	Unwissenheit, speziell bei Einzelschritt und Automatik
CB_8	Zu wenig Übung
CB_7	Zu wenig Fragen gestellt
CB_12	Nicht richtig durchgelesen, da man ständig etwas neues dazu lernen muss.
CB_11	Auf mangelndes Verständnis. der Stoff wurde zu schnell bearbeitet.
CB_10	Durch die vielen praktischen Übungen. Wenn man sieht wie es geht kann man es sich besser merken und vorstellen.
CB_1	Das wir im normalen Unterricht nur die Informationsbrocken hingeworfen kriegen, und kaum noch entscheiden können was wir wie machen.
CB_6	Durch Überlesen oder herauskristallisieren wichtiger Informationen.

Frage f3u3: **Was ist Ihnen im praktischen Teil des Abschlusstests bei der Programmieraufgabe besonders schwer gefallen?**

BA_1	Das allgemeine Verständnis für das SPS programmieren ich hatte nämlich vor diesem Test erst 2 Stunden SPS Einführung
BA_11	Bezeichnung der Programmteile mustergültig auszuführen
BA_3	Nicht zu wissen, ob es funktioniert. Man müsste es irgendwie testen können
BA_8	Die Automatik einzubauen. Die einzelnen Programmierungsschritte.
BA_9	Man konnte das System nicht testen somit musste man sich viel merken und die komplizierte Programmierung im Kopf durchgehen ob alles stimmt
BA_7	Hatte keinen Überblick über den Ablauf des Programms.
BA_10	Alles. Ich wusste gar nichts mehr
BA_12	Ich wusste nicht mehr die Zeitfunktion eingestellt wird.
BA_6	Die Betriebsart, weil ich die noch nie praktisch ausprobiert habe.
BA_5	Das Programmieren der Betriebsartenwahl
BB_10	Ich wusste nicht, wo manche Programmfunktionen aufgerufen werden können.
BB_3	Stress, Zeitdruck
BB_7	Überblick behalten über die Symbole und deren Aufgabe im Programm. Die Verwendung von unterschiedlichen Ventilen
BB_9	Die Merker nicht durcheinander zu bringen.
BB_2	Eigentlich auch nichts
BB_6	nichts
BB_8	Das Programmieren selbst.
BB_5	Ich war die ganze Zeit im Zweifel ob die Arbeit richtig ist, so was erschwert ungemein.
BB_12	Ich kann mit dem Computer nicht umgehen. Programm ist mir abgestürzt. Dann konnte ich zeitlich nicht fertig werden. Das hat mich genervt. Dann hatte ich keine Lust mehr.

BB_11	Betriebszustand (Automatik – Einzelschritt)
CA_1	Die Zeit einzustellen.
CA_2	Programmierung des Einzelschritt.
CA_12	War leicht.
CA_10	Es hat mir das Gesamtverständnis gefehlt.
CA_4	Eine Simulation durchzuführen, und den überblick zu behalten.
CA_3	Eigentlich nur ein bisschen der Automatik-Einzelschritt-Teil um ihn in das Programm mit einzubringen (Denken!!!)
CA_5	Das Schreiben (Tippen)
CA_9	Ausgabeteil!
CA_7	Symboltabelle
CA_11	Das allgemeine Verständnis der Vorgehensweise
CA_8	Umstellung von Einzelschritt/Automatik
CA_6	Zu Programmieren ohne praktische Anwendung
CB_4	Die Programmierung von Dauer und Einzelbetrieb.
CB_13	Keine Ahnung!
CB_9	Die Zuordnung der Merker im FC2
CB_3	In der Befehlseingabe mit dem Zeitverzögerten Speicherbaustein
CB_2	Alles weil ich das meiste nicht gewusst hab und meine Gruppenmitglieder alles so schnell gemacht haben
CB_5	Einzelschritt zu programmieren
CB_8	Nix. Zu wenig Übung. Programm anwenden.
CB_7	Das Fertig werden.
CB_12	Die Betriebsartenfunktion aufzubauen. Die Zeitfunktion richtig einzubauen.
CB_11	Alles
CB_10	Nichts
CB_1	Eigentlich nur die Manuellbedienung
CB_6	Das bistabile Wegeventil

Frage f3u4: Worauf führen Sie das zurück? (schwer gefallen im praktischen Teil)

BA_11	Während der Übungsaufgaben konnte man sich auf das Informationsmaterial un die Beispielaufgaben stützen.
BA_3	keine Testmöglichkeiten
BA_7	Mangelnde Unterweisung
BA_10	Keine Lern und Einprägmöglichkeit.
BA_12	Ich hab es vergessen.
BB_10	Zu wenig Erfahrung mit Simatic 7. Schülerversionen für jeden wären hilfreich.
BB_3	Keine Ahnung geht mir immer so
BB_9	Zu wenig praktische Übung.
BB_1	Übersicht ging leider etwas verloren durch Merker, die mehrmals benutzt wurden. Im Unterricht und in den Beispielen kamen einige Fälle nicht oder nur wenig dran.
BB_2	Genügend praktische Erfahrung
BB_8	Keine Übung wir waren in unserer Gruppe nicht in der Lage unseren Computer zu programm. da wir das Thema nicht verstanden. Hilfe von Seiten der Lehrer war oft für unser Verständnis nicht ausreichend
BB_5	Hätte im Unterricht öfter selbst am PC arbeiten müssen.
BB_12	Dummheit, was anderes kann ich nicht sagen.
BB_11	zu wenig Übung, speziell für diese Thematik
CA_1	Hatte ich davor noch nicht geschafft zu machen.
CA_2	Nicht genau durchgelesen.
CA_10	Nicht ideal auf Prüfung vorbereiten können.
CA_4	Falsche CPU; nicht schriftlich dargestelltes Programm.
CA_3	Keinen blassen Schimmer!!!
CA_9	Krank gewesen!
CA_7	Nie geübt
CA_11	Vom Lehrer im Unterricht 0 (=null) Infos bekommen
CA_8	Im Unterricht zu wenig erklärt und nicht wiederholt
CA_6	Zu wenig Vorstellungskraft
CB_4	Weil ich noch kein Programm programmiert habe, wo dies Anwendung gefunden hat.
CB_13	Weiß nicht!
CB_9	Schlechten Überblick; hektisch → Zeitmangel
CB_3	Zu wenig damit auseinadergesetzt.
CB_2	Schlechte Gruppenarbeit, fast keine Zeit für Erklärungen, auf mangelnde Fachkenntnis

Schülerantworten auf die ungebundenen Fragen - codiert und digitalisiert

CB_5	Unwissenheit, speziell bei Einzelschr. und Automatik, nicht genau im Skript nachgelesen.
CB_7	Zu langsam beim Schreiben der Tabelle und so weiter
CB_12	Im Unterricht richtig geübt, doch keine Zeit mehr
CB_11	Auf mangelndes Verständnis. der Stoff wurde zu schnell bearbeitet.
CB_10	Durch das viele Üben.
CB_1	Da Herr Müller es wie in Frage 2 beschrieben erklärt hat. (die Informationsbrocken nur hingeschmissen)
CB_6	Wechsel zwischen Mono- und bistabil (es war kein bistabiles Ventil in dem Beiblatt)

Frage f3u5: Sonstige Anmerkungen:

BA_1	Man müsste mehr üben (Praktisches programmieren)
BA_4	War schneller fertig als ich dachte...
BA_2	Praxis fällt um einiges leichter als Theorie
BA_11	Fehler, die man während des Programmierens macht, sucht und. irgendwann auch findet, kann man sich gut merken; doch ist der Zeitaufwand hierfür lohnend? vielleicht würde ein vorheriges Aufmerksam-machen auf häufige Problemstellungen die Effektivität steigern.
BA_3	sick of it all!
BA_7	Diese Unterrichtsmethode ist nichts für mich, ich würde lieber etwas von Anfang an verstehen, um mich dann auch in komplizierte Aufgaben hineindenken zu können.
BA_6	Der Unterricht wäre besser gewesen, wenn der Lehrer mehr erklärt hätte.
BB_1	Na ja. Viel zu lesen und das leider teilweise unverständlich.
BB_6	keine
BB_8	Da mein Test mit Sicherheit keine 1 wird, möchte ich ihn nicht übernehmen, da ich mich mit einer 2 verschlechtern würde. Dieser Versuch hat mir keinen Spaß gemacht.
BB_5	Fand den Unterricht in der letzten Woche interessant, würde den normalen Unterricht dennoch vorziehen.
BB_12	Mir hat die Woche nichts gebracht.
BB_11	mal was neues, war sehr interessant
CA_1	Abschlusstest war Praktisch in Ordnung. Theorie sollte man jedoch die schriftliche Darstellung einer Funktion weglassen!
CA_10	Man muss sich Stoff zu Hause aneignen können. In der Schule kann man nicht alles lernen.
CA_4	keine
CA_3	Der Text war im großen und ganzen O.K.! Aber ich will nichts sagen, denn es kann ja sein, dass ich alles falsch gemacht habe!!!
CA_7	Mehr Kleinklassenunterricht in Zukunft – gutes Konzept (auch Gruppenunterricht)
CA_6	Mehr Praxisbezogenen Unterricht gewünscht
CB_13	Ein bisschen zu viel Automatisierungstechnik am Freitag
CB_9	Bessere Anwendung im Praxistest als bei den Übungen.
CB_3	Der Unterricht war ganz in Ordnung und mir ist dadurch einiges klarer geworden.
CB_2	Zu viele Stunden am Stück, sehr wenig Zeit.
CB_5	Gute Gestaltung des Tests, Aufgaben wären lösbar gewesen.
CB_12	Es sollte mehr vom Lehrer erklärt werden.
CB_10	Es hat mir sehr gefallen! Würde so etwas gerne öfters machen. Lob!
CB_1	Der Unterricht war sehr gelungen, aufschlussreich und ich habe viel gelernt.
CB_6	Vielleicht etwas zu wenig Zeit.

Statistische Übersichten zur Erhebung des themenspezifischen Vorwissens im Eingangstest

Zur Reliabilität:

Zusammenfassung der Fallverarbeitung

		Anzahl	%
Fälle	Gültig	45	100,0
	Ausgeschlossen(a)	0	,0
	Insgesamt	45	100,0

Zuverlässigkeitsstatistik

Cronbachs Alpha	Anzahl der Items
,575	11

Mittelwerte des Eingangstest

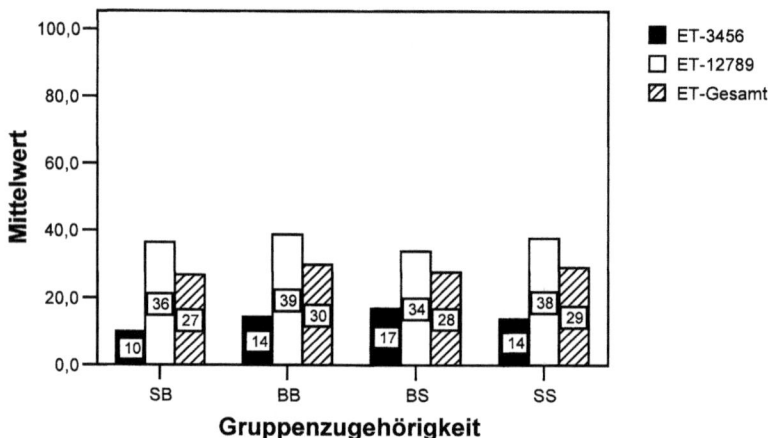

Deskriptive Statistik des Eingangstests

	N	Minimum	Maximum	Mittelwert	Standardabweichung
ET-Gesamt	45	7,6	67,8	28,032	13,8012
ET-3456	45	,0	40,6	12,708	9,9135
ET-12789	45	7,1	83,3	36,789	18,9109
Gültige Werte (Listenweise)	45				

Statistische Übersichten zum Eingangstest 211

Mittelwertvergleiche der Ergebnisse des Eingangstests

Alle Fragen:

Kruskal-Wallis-Test

	Gruppenzugehörigkeit	N	Mittlerer Rang
ET-Gesamt	SB	11	23,09
	BB	12	26,25
	BS	10	19,95
	SS	12	22,21
	Gesamt	45	

Statistik für Test(a,b)

	ET-Gesamt
Chi-Quadrat	1,322
df	3
Asymptotische Signifikanz	,724

a Kruskal-Wallis-Test
b Gruppenvariable: Gruppenzugehörigkeit

Kruskal-Wallis-Test

	Gruppenzugehörigkeit	N	Mittlerer Rang
ET-12789	SB	11	23,18
	BB	12	25,29
	BS	10	18,85
	SS	12	24,00
	Gesamt	45	

Statistik für Test(a,b)

	ET-12789
Chi-Quadrat	1,441
df	3
Asymptotische Signifikanz	,696

a Kruskal-Wallis-Test
b Gruppenvariable: Gruppenzugehörigkeit

Kruskal-Wallis-Test

	Gruppenzugehörigkeit	N	Mittlerer Rang
ET-3456	SB	11	19,45
	BB	12	26,00
	BS	10	27,60
	SS	12	19,42
	Gesamt	45	

Statistik für Test(a,b)

	ET-3456
Chi-Quadrat	3,739
df	3
Asymptotische Signifikanz	,291

a Kruskal-Wallis-Test
b Gruppenvariable: Gruppenzugehörigkeit

Mann-Whitney-Test

	Art des Leittextes	N	Mittlerer Rang	Rangsumme
ET-3456	beispielorientiert	22	26,73	588,00
	systematikorientiert	23	19,43	447,00
	Gesamt	45		

Statistik für Test(a)

	ET-3456
Mann-Whitney-U	171,000
Wilcoxon-W	447,000
Z	-1,912
Asymptotische Signifikanz (2-seitig)	,056

a Gruppenvariable: Art des Leittextes

Statistische Übersichten zu den Ergebnissen der beiden Teile des Abschlusstests

Reliabilität der Ergebnisse der Programmieraufgabe des Abschlusstests

Zusammenfassung der Fallverarbeitung

Fälle		Anzahl	%
	Gültig	45	100,0
	Ausgeschlossen(a)	0	,0
	Insgesamt	45	100,0

Zuverlässigkeitsstatistik

Cronbachs Alpha	Anzahl der Items
,768	7

Gesamt-Itemstatistik

	Mittelwert	Standard-Abweichung	Skalenmittelwert, wenn Item weggelassen	Skalenvarianz, wenn Item weggelassen	Korrigierte Item-Skala-Korrelation	Cronbachs Alpha, wenn Item weggel.
OB1	83,733	22,2786	391,822	13846,331	,694	,710
Symboltabelle	72,222	24,5541	403,333	15892,045	,240	,781
Beschriftung	62,844	32,7671	412,711	12718,392	,567	,721
Reset	62,222	32,7691	413,333	13345,364	,470	,744
Automatik	52,556	40,3623	423,000	13694,091	,281	,804
Schrittkette	71,511	22,4080	404,044	14249,498	,603	,724
Befehlsausgabe	70,467	27,7813	405,089	12303,037	,796	,675

Reliabilität der Ergebnisse der Programmieraufgabe des Abschlusstests

Zusammenfassung der Fallverarbeitung

Fälle		Anzahl	%
	Gültig	45	100,0
	Ausgeschlossen(a)	0	,0
	Insgesamt	45	100,0

Zuverlässigkeitsstatistik

Cronbachs Alpha	Anzahl der Items
,834	12

Gesamt-Itemstatistik

	Mittelwert	Standard-Abweichung	Skalenmittelwert, wenn Item weggelassen	Skalenvarianz, wenn Item weggelassen	Korrigierte Item-Skala-Korrelation	Cronbachs Alpha, wenn Item weggel.
AT Frage 1	29,444	25,7219	712,400	75437,336	-,118	,854
AT Frage 2	64,444	45,3800	677,400	62476,200	,436	,827
AT Frage 3	77,111	28,4143	664,733	68064,291	,375	,829
AT Frage 4	63,333	41,4921	678,511	63204,710	,455	,825
AT Frage 5a	56,667	33,0289	685,178	62935,240	,628	,812
AT Frage 5b	65,044	40,8361	676,800	58783,664	,706	,803
AT Frage 6a	51,111	50,5525	690,733	55508,473	,687	,803
AT Frage 6b	37,778	49,0310	704,067	56133,927	,684	,803
AT Frage 7a	73,333	26,9680	668,511	66485,846	,519	,822
AT Frage 7b	57,622	42,2924	684,222	59522,177	,636	,809
AT Frage 8a	93,333	25,2262	648,511	69875,846	,294	,834
AT Frage 8b	72,622	37,7608	669,222	63401,177	,505	,820

Statistische Übersichten zur teilnehmenden Beobachtung

Mittelwertvergleiche

Kruskal-Wallis Test

	Gruppenzugehörigkeit	N	Mittlerer Rang
AT Gesamt schriftl.	SB	11	21,32
	BB	12	27,08
	BS	10	24,25
	SS	12	19,42
	Gesamt	45	
AT gesamt program.	SB	11	21,18
	BB	12	22,88
	BS	10	24,55
	SS	12	23,50
	Gesamt	45	

Statistik für Test(a,b)

	AT Gesamt schriftl.	AT gesamt program.
Chi-Quadrat	2,324	,369
df	3	3
Asymptotische Signifikanz	,508	,947

a Kruskal-Wallis-Test
b Gruppenvariable: Gruppenzugehörigkeit

Mann-Whitney-Test

	Art des Leittextes	N	Mittlerer Rang	Rang-summe
AT gesamt program.	beispielorientiert	22	23,64	520,00
	systematikorientiert	23	22,39	515,00
	Gesamt	45		
AT Gesamt schriftl.	beispielorientiert	22	25,80	567,50
	systematikorientiert	23	20,33	467,50
	Gesamt	45		

Statistik für Test(a)

	AT gesamt program.	AT Gesamt schriftl.
Mann-Whitney-U	239,000	191,500
Wilcoxon-W	515,000	467,500
Z	-,318	-1,396
Asymptotische Signifikanz (2-seit.)	,751	,163

a Gruppenvariable: Art des Leittextes

Mann-Whitney-Test

	Art der Instruktion	N	Mittlerer Rang	Rang-summe
AT gesamt program.	beispielorientiert	23	22,07	507,50
	systematikorientiert	22	23,98	527,50
	Gesamt	45		
AT Gesamt schriftl.	beispielorientiert	23	24,33	559,50
	systematikorientiert	22	21,61	475,50
	Gesamt	45		

Statistik für Test(a)

	AT gesamt program.	AT Gesamt schriftl.
Mann-Whitney-U	231,500	222,500
Wilcoxon-W	507,500	475,500
Z	-,488	-,693
Asymptotische Signifikanz (2-seitig)	,625	,489

a Gruppenvariable: Art der Instruktion

Statistische Übersichten zur teilnehmenden Beobachtung

<u>Häufigkeit der Lehrerunterstützung</u>

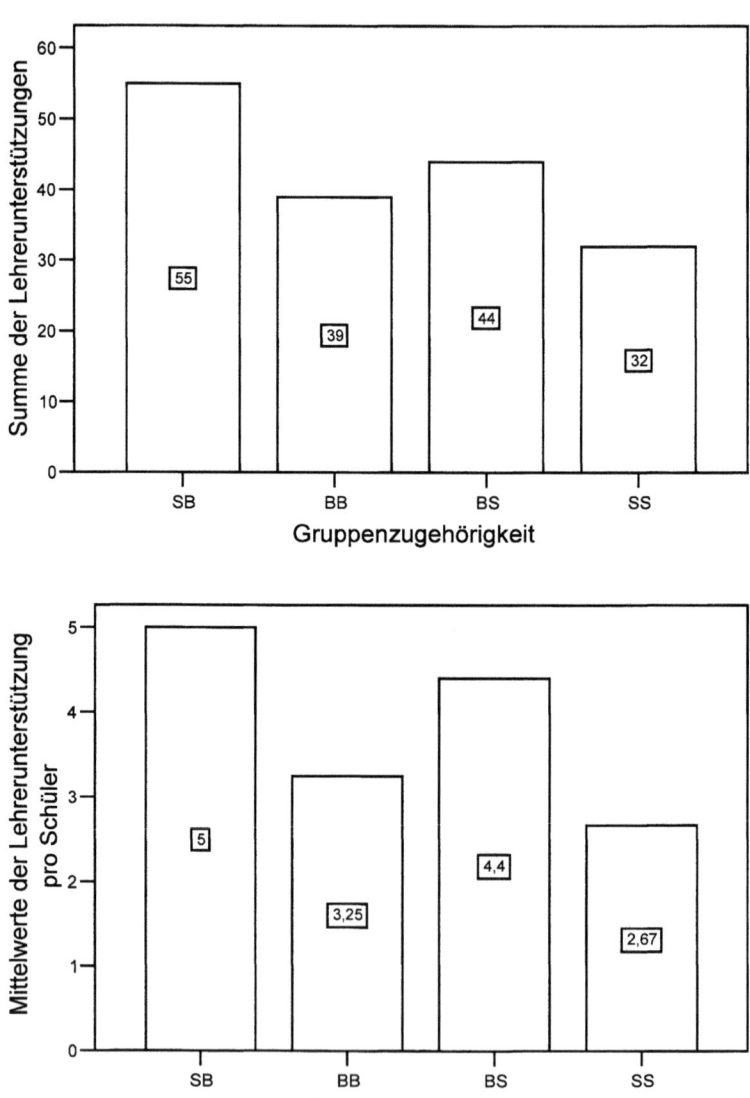

Statistische Übersichten zur teilnehmenden Beobachtung 215

Mittelwertvergleiche

Kruskal-Wallis-Test

	Gruppen-zugehörigkeit	N	Mittlerer Rang
Lehrerunterstützung	SB	11	30,14
	BB	12	20,13
	BS	10	28,40
	SS	12	14,83
	Gesamt	45	

Statistik für Test(a,b)

	Lehrerunterstützung
Chi-Quadrat	10,433
df	3
Asymptotische Signifikanz	,015

a Kruskal-Wallis-Test
b Gruppenvariable: Gruppenzugehörigkeit

Mann-Whitney-Test

	Art der Instruktion	N	Mittlerer Rang	Rang-summe
Lehrer-unterstützung	beispielorientiert	23	24,91	573,00
	systematikorientiert	22	21,00	462,00
	Gesamt	45		

Statistik für Test(a)

	Lehrerunterstützung
Mann-Whitney-U	209,000
Wilcoxon-W	462,000
Z	-1,013
Asymptotische Signifikanz (2-seitig)	,311

a Gruppenvariable: Art der Instruktion

Ränge

	Art des Leittextes	N	Mittlerer Rang	Rangsumme
Lehrer-unterstützung	beispielorientiert	22	23,89	525,50
	systematikorientiert	23	22,15	509,50
	Gesamt	45		

Statistik für Test(a)

	Lehrerunterstützung
Mann-Whitney-U	233,500
Wilcoxon-W	509,500
Z	-,449
Asymptotische Signifikanz (2-seitig)	,654

a Gruppenvariable: Art des Leittextes

BEITRÄGE ZUR ARBEITS-, BERUFS - UND WIRTSCHAFTSPÄDAGOGIK

Band 1 Otto B. Flicke: Lernprozesse und Partizipation bei Arbeitsstrukturierung. Ein arbeitspädagogischer Beitrag zur Humanisierung der Arbeitswelt. 1979.

Band 2 Gerhard P. Bunk/Andreas Schelten: Ausbildungsverzicht-Ausbildungsabbruch-Ausbildungsversagen. Jugendliche Problemgruppen unter empirischem Aspekt. 1980.

Band 3 Jürgen J. Justin: Berufsvorbereitung und Berufsgrundbildung. Ein Beitrag zur Grundlegung eines modernen Ausbildungskonzepts – dargestellt am Beispiel historischer Schulprogramme. 1982.

Band 4 Andreas Schelten: Motorisches Lernen in der Berufsausbildung. 1983.

Band 5 Josef A. Feld: Das Berufsvorbereitungsjahr. Mädchen ohne Ausbildungsverhältnis als Problem der Berufsschule. 1983.

Band 6 Günter Siehlmann: Die berufliche Integration lernbeeinträchtigter Jugendlicher. Eine empirische Untersuchung der Berufswege ehemaliger Teilnehmer einer berufsvorbereitenden Maßnahme. 1983.

Band 7 Gabriele Schneider: Selbstverständnis und Strukturen der Wirtschaftspädagogik. 1984.

Band 8 Michael Stentzel: Lernschwierigkeiten von Erwachsenen in der beruflichen Weiterbildung. 1986.

Band 9 Michael Stentzel: Berufserziehung straffälliger Jugendlicher und Heranwachsender. Empirische Untersuchungen in Justizvollzugsanstalten, in privaten Initiativen der Straffälligenhilfe und in sozialpädagogisch betreuten Beschäftigungsprojekten. 1990.

Band 10 Bruno Dorn: Landwirtschaftliche Berufsausbildung in Betrieb und Berufsschule nach dem Zweiten Weltkrieg. Unter besonderer Berücksichtigung der Verhältnisse in Bayern. 1990.

Band 11 Erwin Rothgängel: Berufliche Grundbildung im Wandel: Intention – Implementation – Realisation – Evaluation, am Beispiel des Landes Rheinland-Pfalz. 1991.

Band 12 Johann Hermann Roß: Didaktische Parallelität im dualen System der kaufmännischen Berufsausbildung. Curriculumentwicklung und -revision in Berufsschule und Betrieb. 1993.

Band 13 Dieter Katz: Leseverhalten von Berufsschülern. 1994.

Band 14 Brigitta Michel-Schwartze: Die Fortbildungspolitik der Bundesanstalt für Arbeit und ihre pädagogischen Konsequenzen. 1994.

Band 15 Ralf Tenberg: Schülerurteile und Verlaufsuntersuchung über einen handlungsorientierten Metalltechnikunterricht. 1997.

Band 16 Karl Glöggler: Handlungsorientierter Unterricht im Berufsfeld Elektrotechnik. Untersuchung einer Konzeption in der Berufsschule und Ermittlung der Veränderung expliziten Handlungswissens. 1997.

Band 17 Alfred Riedl: Verlaufsuntersuchung eines handlungsorientierten Elektropneumatikunterrichts und Analyse einer Handlungsaufgabe. 1998.

Band 18 Uwe Girke: Subjektive Theorien zu Unterrichtsstörungen in der Berufsschule. Ein Vergleich von Lehrern als Lehramtsstudenten und Referendaren sowie Lehrern im ersten Berufsjahr. 1999.

Band 19 Fritz Acksteiner: Schüleraktiver Experimentalunterricht in der Berufsschule. Experimentalübungen, untersucht am Einsatz eines mobilen Lehrsystems im elektrotechnischen Unterricht. 2001.

Band 20 Clemens Espe: Komplexes Problemlösen und Zusammenhangswissen in der beruflichen Bildung. Evaluation eines Unterrichtskonzeptes zur Verbesserung des Erwerbs von Zusammenhangswissen und dessen Anwendung beim komplexen Problemlösen mittels einer Verlaufsuntersuchung und einem computersimulierten Problemlöseszenario. 2001.

Band 21 Ralf Tenberg: Multimedia und Telekommunikation im beruflichen Unterricht. Theoretische Analyse und empirische Untersuchungen im gewerblich-technischen Berufsfeld. 2001.

Band 22 Michael Vögele: Computerunterstütztes Lernen in der beruflichen Bildung. Analyse von individuellen Lernwegen beim Einsatz einer Unterrichtssoftware und Darstellung eines Unterrichts in den Ausbildungsberufen der Informations- und Telekommunikationstechnik. 2003.

Band 23 Robert Geiger: Systematik- und beispielorientierte Gestaltungsvarianten eines handlungsorientierten technischen beruflichen Unterrichts. Eine Gegenüberstellung von systematik- und beispielorientierten Gestaltungsvarianten eines Automatisierungstechnikunterrichts bei Mechatronikern. 2005.

www.peterlang.de

Stefan Staiger

Computerbasierte Lehr-Lern-Arrangements

Didaktische Konzepte und Potenziale konkretisiert an einem Beispiel für beruflichen Unterricht

Frankfurt am Main, Berlin, Bern, Bruxelles, New York, Oxford, Wien, 2004.
313 S., zahlr. Abb. und Tab.
Europäische Hochschulschriften: Reihe 11, Pädagogik. Bd. 904
ISBN 3-631-52212-6 · br. € 51.50*

Didaktisch fundierte Konzepte sind eine wichtige Voraussetzung für den sinnvollen Einsatz computerbasierter Medien im Unterricht. Bislang existieren jedoch kaum derartige Konzepte. In dieser Arbeit wird auf der Basis von Literatur- und Internetrecherchen und eigenen unterrichtlichen Erfahrungen des Autors ein Konzept entwickelt. Zur Konzeptentwicklung wird ein interdisziplinärer Zugang gewählt, wobei technische, allgemeindidaktische, fachdidaktische und medienpädagogische Überlegungen zum Tragen kommen. Alle durchgeführten Überlegungen werden in einem Konzept für den Einsatz computerbasierter Medien zusammengeführt, welches in fünf Aspekten beschrieben wird. Abschließend wird das Konzept beispielhaft für die gewerblich-technische Berufsschule konkretisiert.

Aus dem Inhalt: Didaktische Potenziale · Aktueller Einsatz computerbasierter Medien · Forderungen für medienbezogene Kompetenzen · Stellenwert der Medien in Ansätzen der Allgemeinen Didaktik, der Fachdidaktik und der Medienpädagogik · Bestehende Konzepte zum Einsatz computerbasierter Medien · Entwicklung eines eigenen Konzeptes

Frankfurt am Main · Berlin · Bern · Bruxelles · New York · Oxford · Wien
Auslieferung: Verlag Peter Lang AG
Moosstr. 1, CH-2542 Pieterlen
Telefax 00 41 (0) 32 / 376 17 27

*inklusive der in Deutschland gültigen Mehrwertsteuer
Preisänderungen vorbehalten

Homepage http://www.peterlang.de